“十四五”职业教育国家规划教材

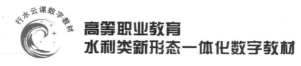
行水云课数字教材

高等职业教育
水利类新形态一体化数字教材

水利工程概论

（第2版）

主　编　吴伟民

中国水利水电出版社
www.waterpub.com.cn

·北京·

内 容 提 要

本书是"十四五"职业教育国家规划教材，是传统纸质教材与富媒体数字资源相结合的新形态一体化教材。全书共分九章，包括绪论、水利工程的基本知识、挡水建筑物、泄水建筑物、取水建筑物、灌溉排水工程、治河防洪工程、水利工程施工、水利工程管理等内容，并配套了内容丰富、形式多样的教学资源，对学生巩固所学知识、检验目标达成情况有很大帮助。

本书主要作为水利类职业院校水文与水资源、水利工程管理、造价管理、工程测量、水务管理等专业的教学用书，也可作为水利行业企业职工培训与技能鉴定用书，还可作为其他与水利水电有关专业的入门教材。

本书配套课程标准、PPT课件等教学资源包，可登录中国水利水电出版社"行水云课"平台免费下载。

图书在版编目（CIP）数据

水利工程概论 / 吴伟民主编. -- 2版. -- 北京：
中国水利水电出版社，2022.1(2023.8重印)
"十三五"职业教育国家规划教材
ISBN 978-7-5226-0393-3

Ⅰ．①水… Ⅱ．①吴… Ⅲ．①水利工程－高等职业教育－教材 Ⅳ．①TV

中国版本图书馆CIP数据核字(2021)第280294号

书　　名	"十四五"职业教育国家规划教材 **水利工程概论（第二版）** SHUILI GONGCHENG GAILUN	
作　　者	主编　吴伟民	
出版发行	中国水利水电出版社 （北京市海淀区玉渊潭南路1号D座　100038） 网址：www.waterpub.com.cn E-mail：sales@mwr.gov.cn 电话：(010) 68545888（营销中心）	
经　　售	北京科水图书销售有限公司 电话：(010) 68545874、63202643 全国各地新华书店和相关出版物销售网点	
排　　版	中国水利水电出版社微机排版中心	
印　　刷	北京市密东印刷有限公司	
规　　格	184mm×260mm　16开本　15.5印张　377千字	
版　　次	2017年7月第1版第1次印刷 2022年1月第2版　2023年8月第2次印刷	
印　　数	3001—6000册	
定　　价	**49.00元**	

凡购买我社图书，如有缺页、倒页、脱页的，本社营销中心负责调换

第 2 版前言

本教材是根据《国家职业教育改革实施方案》《职业教育提质培优行动计划（2020—2023 年）》等文件精神、《职业院校教材管理办法》及《水利行业规划教材管理办法》规定进行编写的。教材以学生能力提升为主线，具有鲜明的时代特点，体现实用性、实践性、创新性，是一套理论联系实际、面向全国水利类职业院校的规划教材。

本教材特色之一："构思新颖，注重思政引领"。本教材在注重对学生知识和能力培养的同时，还特别注重学生素养目标的达成；在每个章节开始之前均加入"思政导引"，通过与该章节知识点相关的典型案例讲述，使党的"二十大精神"进教材、进课堂、进头脑，采用"隐形"或"显性"的方式，达到一个思政教学子目标；通过全书九个章节的讲述，采用"润物无声"的方式，最终实现对学生进行"社会主义核心价值观"教育的总目标。

本教材特色之二："便于教学，资源配套完整"。为方便教师"教"与学生"学"，本教材配套建设了课程标准、全课程 PPT 课件，主要知识点和技能点有微课视频或 3D 动画，每节有课后练习题、每章有测试卷，且均附有答案，有利于学生巩固所学知识、检验目标达成情况。课后练习题还可以形成试题库，便于随机组卷和线上考试。

本教材特色之三："知识更新，紧跟行业发展"。教材编写时，尽可能采用最新的研究数据、最新的建筑形式、最新的技术标准，将水利信息化技术、流域生态治理等新理念、新技术、新成果引入教材。同时为增加教材的可读性和趣味性，书中文字叙述尽可能做到清晰简洁，并较大幅度地增加了典型工程的图片和应用案例。

本教材编写实行主编负责制，由福建水利电力职业技术学院吴伟民任主编，山西水利职业技术学院杨勇、长江工程职业技术学院谢永亮、广西水利电力职业技术学院刘惠娟任副主编。其中第一、二、三章由福建水利电力职业技术学院吴伟民编写，第四章由河南水利与环境职业学院李树慧编写，第五章由四川水利职业技术学院张磊编写，第六章由山西水利职业技术学院杨勇编写，第七章由河南水利与环境职业学院张银华编写，第八章由长江工程职业技术学院谢永亮编写，第九章由广西水利电力职业技术学院刘惠娟编写。全书由吴伟民负责统稿和校订。

本教材在编写中引用了大量的规范、教材、专业文献和资料，恕未在书中一一注明。在此，对有关作者表示诚挚的谢意。对书中存在的缺点和疏漏，恳请广大读者批评指正。

编者

2023 年 6 月

课件Ⓞ

课程标准Ⓟ

练习题及测试卷答案Ⓣ

第 1 版前言

本书是根据中国水利教育协会《关于公布全国水利行业"十三五"规划教材名单的通知》（水教协〔2016〕16号）文件精神、《全国水利人才队伍建设"十三五"规划》部署及《水利行业规划教材管理办法》规定进行编写的。本书以学员能力提升为主线，具有鲜明的时代特点，体现实用性、实践性、创新性，是一套理论联系实际、面向全国基层水利职工培训的规划教材。

本书的特色之一："内容全面、避免重复"，本次规划教材是成体系进行编写的，因此，在教材内容选取时，既考虑了对水利工程专业知识的全面涵盖，又尽可能避免与其他课程知识重复。特色之二："知识新、题材新"，教材编写时，尽可能采用最新的研究数据、最新的建筑形式、最新的技术标准，同时考虑基层水利职工培训的特点，做到文字叙述清晰简洁，并较大幅度地增加了典型工程的图片，还对重要知识点和技能点配套编写了应用案例，大大增加了教材的可读性。

本书的编写大纲由中国水利教育协会组织的编委审定，实行主编负责制，由福建水利电力职业技术学院吴伟民任主编，山西水利职业技术学院杨勇、长江工程职业技术学院谢永亮、广西水利电力职业技术学院刘惠娟任副主编。其中第一、二章和第三章的第一、二节由福建水利电力职业技术学院吴伟民编写，第三章的第三、四节由四川水利职业技术学院张磊编写，第四章由河南水利与环境职业学院李树慧编写，第五章由山东水利职业学院冷爱国编写，第六章由山西水利职业技术学院杨勇编写，第七章由河南水利与环境职业学院张银华编写，第八章由长江工程职业技术学院谢永亮编写，第九章由广西水利电力职业技术学院刘惠娟编写。全书由吴伟民负责统稿和校订。

本书在编写中引用了大量的规范、教材、专业文献和资料，恕未在书中一一注明。在此，对有关作者表示诚挚的谢意。对书中存在的缺点和疏漏，恳请广大读者批评指正。

编　者
2016 年 10 月

"行水云课"数字教材使用说明

"行水云课"水利职业教育服务平台是中国水利水电出版社立足水电、整合行业优质资源全力打造的"内容"＋"平台"的一体化数字教学产品。平台包含高等教育、职业教育、职工教育、专题培训、行水讲堂五大版块，旨在提供一套与传统教学紧密衔接、可扩展、智能化的学习教育解决方案。

本套教材是整合传统纸质教材内容和富媒体数字资源的新型教材，它将大量图片、音频、视频、3D动画等教学素材与纸质教材内容相结合，用以辅助教学。读者可通过扫描纸质教材二维码查看与纸质内容相对应的知识点多媒体资源，完整数字教材及其配套数字资源可通过移动终端APP、"行水云课"微信公众号或中国水利水电出版社"行水云课"平台查看。

内页二维码具体标识如下：

- ▶为微课视频
- 3D为三维动画
- Ⓣ为试题及答案
- ◉为课件
- Ⓟ为文档

线上教学与配套数字资源获取途径如下：

- 手机端

关注"行水云课"公众号→搜索"图书名"→封底激活码激活→学习或下载

- PC端

登录"xingshuiyun.com"→搜索"图书名"→封底激活码激活→学习或下载

数 字 资 源 索 引

目录

第一章　绪　论

【知识目标】

1. 了解中国水资源的状况及特点，掌握水利工程的概念和类型。

2. 了解水利工程建设成就与发展趋势。

3. 了解水利建设基本程序，理解各阶段的主要工作内容及作用。

【能力目标】

1. 能列举一些古今中外著名的水利工程项目，并简述它们的主要特征参数。

2. 能够按照水利建设基本程序规定，开展建设活动。

【素养目标】

1. 树立正确的学习观念，具备独立思考、有效沟通、与团队合作的能力，具备一定的国际视野及服务社会的信念与态度。

2. 了解与本课程有关的时事议题，了解工程技术对环境、社会及全球的影响；了解本行业技术革新的信息。

3. 有良好的思想品德、道德意识和献身精神，领悟以"公而忘私、民族至上、民为邦本、科学创新"为内涵的大禹治水精神。

【思政导引】

大禹治水精神——中华民族精神的象征

大禹治水（鲧、禹治水）是上古时期的一个神话传说。

鲧、禹都是黄帝的后代。尧、舜时代，黄河泛滥，人类生存面临着严重的威胁，帝尧为了解救百姓于水深火热之中，大力治水。帝尧先委派鲧治水。据《史记·夏本纪》记载，鲧采用"湮""障"之法治理洪水，历时九年，不仅没有治平洪水，反使堤溃坝毁，造成更大的灾难。鲧治水失败后被杀，于是舜命鲧之子禹治水。禹以民为重，公而忘私，抱着"我若不把洪水治平，怎奈天下苍生"的信念，毅然担起了治水重任，开始了长达十三年艰苦而又漫长的治水历程。为完成治水任务，禹远离家乡，远离亲人。据《尚书·益稷》记载，禹娶涂山氏的女儿为妻，结婚四天后就告别娇妻，回到治水前线，这一去竟十三年，其间曾三次路过家门而没有进去，就连他的儿子启降生时，他也未能回家看望、照料，以致有"启生不见父，昼夜呱呱啼泣"之说。

《史记·夏本纪》记载，为完成治平洪水、拯救百姓的伟大目标，禹以身作则，身先士卒，带头苦干，节衣缩食，吃最差的饭菜，穿最差的衣服，住最差的房子，顶风冒雨，风餐露宿，四处奔波，累得大腿没有了肉，小腿没有了毛，手脚上满是厚厚

1

的老茧，皮肤变得黝黑粗糙，并把所有财物都用在治理洪水的事业上。他白天带领人民开山辟地，战斗在治水第一线，晚上苦苦思索，寻找治理洪水的最好方法。在治水过程中，为了赶时间，禹在陆地上就乘车，水路上就乘船，泥泞之地就乘橇，左手确定平直（左准绳），右手测量长度（右规矩），一年四季，都在为治理洪水而奔波忙碌（开九州，通九道，陂九泽，度九山）。

在漫长的治理洪水岁月里，禹认真吸取了先辈治水的经验，大胆提出了"尊重自然、因势利导"的治水方针——"治水顺水之性，不与水争势，导之入海，高者凿而通之，卑者疏而宣之"（《孟子·告子下》），并把整个中国的山山水水当作一个整体来治理。禹根据山川地理情况，将中国分为九个州，即：冀州、青州、徐州、兖州、扬州、梁州、豫州、雍州、荆州，水土共治，该疏通的疏通，该平整的平整，使得大量的土地变得肥沃。因治水有功，禹被推举为部落联盟首领，人们尊称他为"大禹"。大禹建立军队、制定刑法、修筑城堡、征收贡赋，中华民族逐渐由部落联盟形成国家。

大禹治水成功后，没有居功自傲，而是克勤克俭，廉洁自律，成为历朝历代遵守法度的楷模。据《史记》记载，禹"为人敏给克勤，其德不违，其仁可亲，其言可信，声为律，身为度，称以出。"大禹原有喜欢饮酒的嗜好，有一次大臣仪狄进献美酒给大禹，大禹享用之余，忽然惊觉，"遂疏仪狄，绝旨酒"，从此不再喝酒。在当时大兴殓葬的世风下，大禹的节俭自律也体现在他对待自己殡葬的态度上。根据《墨子·节葬》，大禹曾交代自己的"身后事"："棺木三寸厚，足以让尸体在里面腐烂就行；衣衾三件，足以掩盖可怕的尸形就行。及至下葬，下面不掘到泉水深处，上面不使腐臭散发，坟地宽广三尺，就够了。死者既已埋葬，生者不当久哭，而应抓紧就业，人人各尽所能，用以交相得利。"在对待治水功臣防风氏时，大禹也体现出公正法纪、大公无私的法治精神。《国语·鲁语下》记载，大禹治水成功后，在茅山（今会稽山）大会各地诸侯，论功行赏。庆功会开始后，其他各地诸侯都到了，唯独防风氏迟迟未到，为严明法度，严肃法纪，大禹斩杀了防风氏。

大禹入主中原时，东有夷，南有苗，西有羌，北有犬戎等民族，生产、生活方式十分原始落后，他从各民族的特点出发，在尊重各民族生活方式、风俗习惯的前提下，以"敬民、养民、护民、教民"的思想为基础，传授先进的生产技术，传播优秀的文化艺术，帮助各族人民因地制宜，兴修水利，大力发展农业，使各族人民逐渐从原始生产方式进入安居乐业的农耕文明时代。

大禹治水在中华文明发展史上起着重要作用。在治水过程中，大禹依靠"艰苦奋斗、因势利导、科学治水、以人为本"的理念，克服重重困难，终于取得了治水的成功，并由此形成以"公而忘私、民族至上、民为邦本、科学创新"等为内涵的大禹治水精神。舜评价大禹说："能治水成功，行声教之言，成就最大。勤劳于国，尽力沟洫；节俭于家，卑宫菲食；谦恭而不自满，可谓贤才之最；备受赞美而不骄，天下无人敢与之争能；不尚征伐而战绩斐然，天下无人能与之争功。"

大禹治水精神是中华民族精神的源头和象征。

第一节　水资源与水利工程

【课程导航】

问题1：中国水资源的状况及特点如何？

问题2：什么是水利工程？水利工程的类型有哪些？

一、水资源

水是自然界一切生物赖以生存不可替代的物质，地球上的总储水量约为13.86亿km³，其中海洋水约为13.38亿km³，占全球总水量的96.5％。在余下的水量中，能够被人类利用的淡水量（地表水和浅层地下水）仅为0.047亿km³，约占全球总水量的0.34％。其余的则以冰川、永久积雪和多年冻土的形式储存。

1-1

水资源与
水利工程

根据《中国水资源公报2021》的数据，全国水资源总量为29638.2亿m³，其中地表水资源量为28310.5亿m³。但人均水资源量约为2053m³（根据2021年第七次全国人口普查公报数据计算），不足世界人均水资源量的1/4。按照国际公认的标准，人均水资源低于3000m³为轻度缺水，人均水资源低于2000m³为中度缺水，人均水资源低于1000m³为严重缺水，人均水资源低于500m³为极度缺水。总体上说，中国属于缺水国家。

同时，中国水资源的时空分布很不均匀。就空间分布来说，长江流域及其以南地区，水资源约占全国的80％，但耕地面积只为全国的36％左右；黄河、淮河、海河流域，水资源只有全国的8％，而耕地则占全国的40％。从时间分配来看，中国大部分地区冬、春少雨，夏、秋雨量充沛，降水量大都集中在5—9月，占全年雨量的70％以上，且多为暴雨。此外，随着近几十年基础设施的大规模建设，工农业生产方式发生变化，水质污染和水土流失现象均较为严重。

二、水利工程

对自然界的地表水和地下水进行控制与调配，以达到兴利除害目的而修建的工程，称为水利工程。水利工程按其承担的任务可分为防洪工程、农田水利工程、水力发电工程、给排水工程、航道及港口工程、环境水利工程等。

1. 防洪工程

防洪措施是防止或减轻洪水灾害损失的各种手段和对策，现代防洪措施包括工程防洪措施和非工程防洪措施。

工程防洪措施主要通过"上拦下排、两岸分滞"的方式来达到防洪减灾的目的。"上拦"是防洪的根本措施，它主要包括：在流域范围内采取水土保持措施，有效减少地面径流；兴建水库拦蓄洪水，减少下泄流量。"下排"是指采取疏浚河道、修筑堤防等河道整治措施，提高河道泄洪能力。"两岸分滞"是指在河道两岸适当位置修建分洪闸、引洪道、滞洪区等，将超过河道安全泄量的洪峰流量通过泄洪建筑物分流到该河道下游或其他水系，或者蓄于滞洪区，以保证保护区的安全。图1-1为荆江分洪工程示意图。

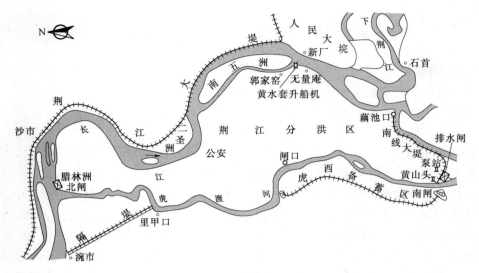

图 1-1 荆江分洪工程示意图

非工程防洪措施是通过行政、法律、经济和洪水监测预报等手段，调整洪水威胁地区的开发利用方式，加强防洪管理，以减轻洪灾损失，节省防洪投资和工程维护管理费用。

2. 农田水利工程

农田水利工程就是通过工程措施调节和改变地区水利条件和农田水分状况，使之符合发展农业生产的需要，一般包括取水工程、输配水工程和排水工程。

3. 水力发电工程

水力发电工程通常是通过筑坝或修引水道，集中流量并利用河段落差，引导水流通过电站厂房中安装的水轮发电机组，将水能转换为机械能和电能，然后通过输变电线路，把电能输送到电网或用户。

4. 给排水工程

给水是将水从天然水源中取出，经过净化、加压，再用管网输送到城市和工矿企业等用水部门；排水是指排出工矿企业及城市中的废水、污水和地面雨水。给水必须满足国家对用水水质、水量、水压要求，排水必须符合国家规定的污水排放标准。

5. 航道及港口工程

航道及港口工程是为发展水上运输而兴建的各种工程设施。航道分为天然航道和人工运河两大类；港口按所处地理位置可分为内河港、河口港和海岸港。

6. 环境水利工程

环境水利工程是为保护和改善水环境而修建的工程设施，主要包括过鱼建筑物、人工孵育场和人工产卵场、为改善水生物环境的蓄水或排水工程、改善鱼类洄游和河口环境的排沙防淤工程、污水深水排放工程、景观工程等。

【知识拓展】

1. 查阅相关资料，简要说明本省的水资源状况及特点。

2. 查找相关资料，列举出古今中外著名的水利工程，并简要阐述其主要特征参数。

【课后练习】

扫一扫，做一做。

第二节　水利工程建设成就与发展

【课程导航】

问题1. 中国在水利工程建设方面取得了哪些成就？

问题2. 现代水利工程建设和发展的方向是什么？

1-2 ▶

水利工程建设
成就与发展

一、水利工程建设成就

几千年来，我国劳动人民在与洪水作斗争和开发利用水资源方面，取得了许多成就。例如，从春秋时期开始，在黄河下游沿岸修建的堤防，后经历代整修加固，至今已形成近 1600km 的黄河大堤，为江河治理、堤坝建设与养护提供了丰富的经验；从公元前 485 年开始兴建到 1293 年全线通航的京杭大运河，全长 1794km，纵贯我国南北，是世界上最长的运河；公元前 256 年建成的都江堰水利枢纽工程，灌溉面积达 1000 万亩，至今仍发挥着巨大的效益。

中华人民共和国成立以来，我国水利工程建设得到飞速发展，先后建成目前世界上装机容量最大的长江三峡水电站、黄河小浪底水利枢纽工程，南水北调中线工程也已建成供水。根据 2013 年第一次全国水利普查资料，全国整修、新建各类江河堤防、海塘总长度为 41.4 万 km（约为需修建堤防长度的 1/3），其中 5 级及以上堤防长度为 27.5 万 km；水库 9.8 万座（10 万 m^3 以上），总库容 9323 亿 m^3；灌溉面积 10.02 亿亩，其中耕地灌溉面积 9.22 亿亩，园林草地等非耕地灌溉面积 0.80 亿亩，30 万亩以上灌区达 456 处；水电站 4.68 万座，装机容量 3.33 亿 kW，为世界第一位，分别占水能理论蕴藏量 6.94 亿 kW、技术可开发装机容量 5.42 万 kW 的 48.0% 和 61.4%；水闸 26.8 万座（过闸流量 $1m^3/s$ 以上），其中过闸流量 $5m^3/s$ 以上的水闸 9.7 万座；泵站 42.4 万座，其中装机流量 $1m^3/s$ 及以上的泵站 8.9 万座；建成农村供水工程 5887.46 万处，总受益人口达 8.12 亿人；水土保持措施面积为 99.16 万 km^2，约为土壤侵蚀总面积的 1/3。

二、水利工程的发展方向

1. 完善防洪减灾体系建设

当前，大江大河防洪减灾工程体系已初步形成，但仍存在一些重点薄弱环节，中小河流治理和山洪地质灾害防御滞后；一些城市排涝能力严重不足，主要易涝地区农田排涝能力和沿海地区防御风暴潮能力偏低，蓄滞洪区建设与管理问题突出；小型水库和大中型水闸病险问题还比较突出。在今后 10～15 年内，将基本建成工程措施与非工程措施相结合的综合防洪减灾体系，全面完成水库、水闸等重要水利设施的除险加固任务，重要海堤、城市达到国家规定的防洪和防风暴潮标准，基本建立山洪地质

5

灾害重点防治区监测预报预警体系，重点低洼地区排涝能力基本达到国家标准。

2. 加强水资源保障和农田水利基础设施建设

全面解决农村居民饮水安全问题，农村集中式供水受益人口比例提高到 85% 左右，城市供水水源保证率不低于 95%；基本建立抗旱减灾体系，重要城市应急备用水源建设得到全面加强，干旱易发区、粮食主产区抗旱能力显著提高。

3. 加大节水设施和水污染防治工程建设力度

通过节水工程设施建设，将农田灌溉水有效利用系数提高到 0.55 以上，万元工业增加值用水量明显降低，全国用水总量控制在 6700 亿 m^3 以内。重要江河湖泊水功能区水质达标率提高到 60% 以上，提高集中式饮用水水源地水质达标率；城市污水处理率达到 85%，资源型和水质型缺水城市的污水再生利用率达到 20% 以上。

4. 提高水土保持与河湖生态修复工程建设水平

力争每年新增水土流失综合治理面积 5 万 km^2，重点区域水土流失得到有效治理，生态环境脆弱地区及重点河湖的生态环境用水状况得到明显改善，生态环境得到初步修复，地下水超采基本遏制。

5. 健全水法规体系，增强水利科技创新能力

基本建成有利于水利科学发展的制度体系，基本建立最严格的水资源管理制度，完成江河水量分配方案，流域综合管理成为流域管理和区域管理的基本模式，有利于水资源节约和合理配置的水价形成机制基本建立；以信息技术为依托的"智慧水利"工程得到全面发展。

随着国民经济的发展，财富的增加和科学技术的进步，国家对水利工程建设提出了更高要求，也提供了有利的保障。今后一个时期，国家将从全面性、系统性、综合性方面统筹推进水利发展。如新近推出的《国家水网建设规划纲要》指出：以自然河湖为基础、引调排水工程为通道、调蓄工程为结点、智慧调控为手段，建设集水资源优化配置、流域防洪减灾、水生态系统保护等功能于一体的综合体系，实现"水资源时空分布不均、更大范围实现空间均衡，生态环境积累欠账、更深层次实现绿色发展，有效应对水旱灾害风险、更高标准筑牢国家安全屏障"等目标。再如数字孪生流域建设是通过综合运用全局流域特征感知、联结计算（通信技术、物联网与边缘计算）、云边协调技术、大数据及人工智能建模与仿真技术，实现平行与物理流域空间的未来数字虚拟流域孪生体。通过流域数字孪生体对物理流域空间进行描述、监测、预报、预警、预演、预案仿真，进而实现物理流域空间与数字虚拟流域空间交互映射、深度协同与融合，在跨流域重大引调水工程、跨省重点河湖水资源管理与调配等各项水利治理管理活动中全面实现数字化、网络化、智能化。

【知识拓展】

查阅《水利改革发展"十四五"规划》等资料，进一步了解中国水利建设的发展方向。

【课后练习】

扫一扫，做一做。

第三节 水利工程建设程序

【课程导航】

问题1. 水利建设基本程序是什么？各阶段的主要工作内容及作用是什么？

水利工程一般投资大，建设周期长，影响范围广，牵涉因素多，受自然条件影响大。因此，水利工程的建设必须严格按照科学的程序进行。基本建设程序是指工程从计划决策到竣工验收交付使用的全过程中，各项工作必须遵循的先后顺序。水利工程的建设程序，一般可分为项目建议书、可行性研究报告、施工准备（包括招标设计）、初步设计、建设实施、生产准备、竣工验收、后评价等8个工作阶段。建设基本程序如图1-2所示。

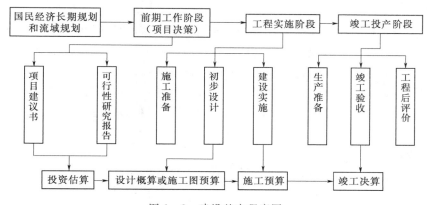

图1-2 建设基本程序图

一、项目建议书阶段

项目建议书是对拟建项目有了初步设想后，向国家提出建设该项目的建议性文件。其主要作用是从宏观上衡量分析项目建设的必要性和可能性，即分析其建设条件是否具备，是否值得投入资金和人力。即向国家推荐建设项目，供国家选择并确定是否进行下一步工作。

项目建议书的编制一般由政府委托具有相应资格的设计单位承担，并按国家规定的审批权限向主管部门申报审批。项目建议书一经批准，该项目即被列入国家或地方中长期发展规划，政府可组建项目筹备机构，进行可行性研究工作。

二、可行性研究报告阶段

可行性研究是指在工程项目决策之前，通过调查、研究等手段，对拟建项目在技术上是否可行、经济上是否合理等进行科学的分析论证，并提出可行性研究报告和设计任务书，作为项目决策、筹措资金、初步设计等工作的基础和依据。

可行性研究报告一般由项目法人或项目筹备机构组织编制，并按国家规定的审批权限报批。可行性研究报告经有关部门审批通过后，拟建项目正式立项，可正式成立项目法人，并按项目法人责任制实行项目管理。

三、施工准备阶段

施工准备的任务是创造有利的施工条件，从技术、物质和组织等方面做好必要的准备，使建设项目能连续、均衡、有节奏地进行。主要工作内容有：施工现场的征地、拆迁；完成施工用水、用电、通信、路和场地平整等工程；必须的生产、生活临时建筑工程；实施经批准的应急工程、试验工程等专项工程；组织招标设计、咨询、设备和物资采购等服务；组织相关监理招标，组织主体工程招标准备工作。

四、工程设计阶段

一般工程采用两阶段设计，即初步设计和施工图设计；重大项目和技术复杂项目，可采用三阶段设计，即增加技术设计阶段。

初步设计阶段是在可行性研究报告批准后，项目法人选择具备相应资质的勘测设计单位，以批准的设计任务书为依据，进行工程项目勘测，并对主要建筑物和设备的布置、结构形式、控制性尺寸、施工方案、移民安置及工程量计算等做初步设计，提出相应的设计文件，并编制项目的总概算。

技术设计是针对初步设计中的重大技术问题而进一步开展的设计工作。它是在进行科学研究、设备试制后取得可靠数据和资料的基础上，具体地确定初步设计中所采用的工艺、土建方面的主要技术问题，并编制修正概算。

施工图设计是按初步设计或技术设计的设计原则、结构方案和控制尺寸，根据建筑安装工作的需要，分期分批地编制施工详图设计，使设计达到建筑安装的施工要求，并编制施工图预算。

五、建设实施阶段

在施工准备工作完成，建设工程具备开工条件并取得施工许可证后，主体工程方可正式开工，即进入建设实施阶段。建设实施阶段是指项目建设单位按照批准的建设文件组织工程建设，保证项目建设目标（质量、进度、成本）实现的过程。水利工程建设必须按照有关规定认真执行项目法人负责制、招标投标制、工程监理制等管理制度，确保工程质量。

六、生产准备阶段

生产准备是工程项目投产前的一项重要工作，是建设阶段转入生产经营的必要条件。生产准备的具体内容根据不同类型的工程要求确定，一般包括组建生产运行管理机构、制定有关制度和规定、招收和培训生产管理人员等。

七、竣工验收阶段

竣工验收是工程建设过程的最后一个环节，是全面考核基本建设成果、检验设计和工程质量的重要步骤，也是基本建设转入生产或使用的标志。工程在投入使用前必须通过竣工验收。竣工验收合格后，建设工程方可办理移交手续，交付使用。

八、后评价阶段

在建设项目竣工投产、运营 1～2 年后，要进行一次系统的项目后评价，通过对项目前期工作、项目实施、项目运营情况的综合研究，分析项目的实际情况与其预测情况的差距，从项目完成过程中吸取经验教训。其评价内容包括影响评价、经济效益评价、过程评价。

【知识拓展】

以你熟悉的一个基本建设工程为例，简要阐述水利工程建设程序。

【课后练习】

扫一扫，做一做。

【阶段测试】

扫一扫，做一做。

第一章
练习题

第一章
测试卷

第二章　水利工程的基本知识

【知识目标】

1. 理解河流与流域的概念、特征。

2. 掌握特征水位与特征库容相关的概念及它们之间的关系。

3. 理解水利枢纽和水工建筑物的概念、类型、特点。

4. 了解水能开发方式、水电站类型、典型水电站建筑物的类型及作用、水电站厂区枢纽的组成和功用等知识。

【能力目标】

具备水利枢纽和水工建筑物分等分级及洪水标准确定的能力。

【素养目标】

1. 树立正确的学习观念，具备独立思考、有效沟通与团队合作的能力，具备一定的国际视野及服务社会的信念与态度。

2. 注重收集与本次课有关的专业信息，了解相关技术对环境、社会及全球的影响。

3. 有良好的思想品德、道德意识和献身精神，弘扬"科学民主，改革创新、精益求精、顽强拼搏、甘于奉献"的三峡精神和民族自豪感。

【思政导引】

三峡水利枢纽工程——跨世纪的大国重器

三峡水利枢纽工程位于长江西陵峡中段，坝址在湖北省宜昌市三斗坪，坝址控制流域面积 100 万 km^2，总库容 393 亿 m^3，电站装机总容量 2240 万 kW（截至目前世界上装机容量最大的水电站），年平均发电量 847 亿 $kW \cdot h$，为 I 等大（1）型水利枢纽工程。枢纽主要建筑物由大坝、电站厂房、船闸和升船机组成（图 2-1）。大坝为混凝土重力坝，轴线全长 2335m，坝顶高程 185m，最大坝高 181m。泄洪坝段位于河床中部，两侧为电站厂房坝段及非溢流坝段。电站采用坝后式，分设左岸及右岸厂房，分别安装 14 台及 12 台水轮发电机组。水轮机为混流式，单机容量均为 70 万 kW。右岸预留后期扩机 6 台机组（单机容量为 70 万 kW）的地下厂房位置。通航建筑物包括永久船闸和垂直升船机，均布置在左岸。永久船闸为双线五级连续船闸，位于左岸临江最高峰坛子岭的左侧，单级闸室有效尺寸为 280m（长）×34m（宽）、5m（坎上水深），可通过万吨级船队，年单向通过能力 5000 万 t。升船机为单线一级垂直提升式，承船箱有效尺寸为 120m、18m、3.5m，一次可通过一艘 3000t 级客货轮或 1500t 级船队。建设长江三峡水利枢纽工程是我国实施跨世纪经济发展战略的一

图 2-1　三峡水利枢纽布置图

个宏大工程，具有发电、防洪和航运等巨大的综合效益，对建设长江经济带，加快我国经济发展的步伐，提高我国的综合国力有着十分重大的战略意义。

从专家论证、全国人民代表大会表决到施工建设，体现了科学民主精神。20 世纪 80 年代，国家先后组织了两次大规模论证。最终得出令人信服的结论：三峡工程技术上是可行的，经济上是合理的，建比不建好，早建比晚建有利。1992 年 4 月 3 日，全国人民代表大会通过了三峡工程建设方案。1994 年，三峡工程正式开工。工程的组织者、施工者始终抱着"如临深渊、如履薄冰"的科学态度，向 20 多项水利史上的难题发起挑战。

1997 年三峡工程首次截流，难度之大世所未有。研究人员创造性地提出"人造江底、江水变浅"预平抛垫底方案，成功截断长江，这一成果跻身当年世界十大科技成就之列；二期围堰防渗墙这一公认的世界级难题，是清华大学、河海大学和长江水利委员会的专家联手破解的；双线五级船闸高边坡开挖稳定、二期深水围堰填筑、大型施工设备体系的运用和混凝土高速度施工等一系列技术难题也一一得以解决，创造了世界水电建设史上的奇迹。

从体制创新、管理创新到技术创新，蕴含着改革创新精神。三峡工程采用市场经济的模式建设，是与国际接轨的现代企业管理制度。许多管理和运行方式，如资金筹措、人才引进、技术合作等，在国内外水利工程建设中均是首次采用，被国内外人士誉为"三峡模式"，现已被世界各地推广使用。

建设者以振兴中华的一腔热血，凝聚成顽强拼搏的三峡精神。远望足有 40 层楼高的世界最大船闸——三峡永久船闸，武警水电部队官兵在刀削般陡峭的边坡上，像纳鞋底一样把岩石与混凝土墙紧紧地铆为一体，所用锚索、锚杆钻的总长度甚至能够穿透地球。十多年栉风沐雨，十多年春华秋实，建设者和百万移民共同唱响了一曲团结协作、精益求精、顽强拼搏的战歌。

百万移民顾全大局、甘于奉献的精神，彰显出中华民族一脉相承的爱国主义情怀。为破解百万移民的"世界级难题"，早在三峡工程决策阶段，党中央和国务院就提出了实行开发性移民的方针，实行"前期补偿，后期扶持"，确保移民"搬得出，稳得住，能致富"。为完成国家确定的开发性移民任务，大巴山的晨风夜露，记住了一个个基层党员干部在移民一线跋涉的身影！也记载了百万移民顾全大局、甘于奉献的精神。三峡精神再次印证了一个真理：中华民族一脉相承的优良传统和改革开放的时代精神交相辉映，就会发出绚丽夺目的光彩。

第一节　河流与流域

【课程导航】

问题 1：何谓河流？如何分段？河流的类型有哪些？其特点如何？

问题 2：何谓水系？其特征值有哪些？如何确定？

问题 3：何谓流域？流域的特征值有哪些？如何确定？

2-1

河流与水系

一、河流与水系

（一）河流

1. 河流的概念

河流是一种天然水道，它是在一定地质和气候条件下形成的河槽与在其中的水流的总称。落在地面的降水，一部分在重力作用下沿着地面流动成为地表径流，一部分渗入地下成为沿着土壤空隙流动的地下径流。地表径流和地下径流均汇集于地面低洼的河谷内而继续流动，成为河流。

中国幅员辽阔，跨纬度较广，东南临海，西北面山，地势西高东低，呈阶梯状分布，且地形类型及山脉走向多样，使河流具有如下特点：数量众多；水量充沛，并随季节而变化；径流地区差异很大，各地区利用不平衡；河网密度地区差异大；水能资源丰富。

2. 河流的分段

一般按照河床情况、冲刷和淤积的程度、流量和流速大小等特点，可将河流划分为河源、上游、中游、下游和河口 5 段。

河源是河流的发源地，它可能是溪涧、泉水、冰川、湖泊或沼泽等。

上游是紧接河源的河流上段，多位于深山峡谷，河槽窄深，流量小，落差大，水位变幅大，河谷下切强烈，多急流险滩和瀑布。

中游即河流的中段，两岸多丘陵岗地，或部分处于平原地带，河谷较开阔，两岸见滩，河床的纵比降较平缓，流量较大，水位涨落幅度较小，河床善冲善淤。

下游即河流的下段，位处冲积平原，河槽宽浅，流量大，流速、比降小，水位涨落幅度小，洲滩众多，河床易冲、易淤，河势易发生变化。

河口是河流的终点，即河流流入海洋、湖泊、水库的地方或河流消失的地方。入海河流的河口，又称感潮河口，受径流、潮流和盐度三重影响。一般把潮汐影响所及

之地作为河口区。河口区可分为河流近口段、河口段
和口外海滨3段，如图2-2所示。从某种意义讲，
可以把河流近口段与河口段的分界处视为河流真正意
义上的终点。

3. 河流的类型与特点

河流根据地理位置，可分为山区河流和平原河流
两大类型（图2-3）。

山区河流流经地势高峻、地形复杂的山区，其河
谷形成与地壳构造运动和水流侵蚀作用有关。河谷横
剖面常呈发育不完全的V形或U形，纵剖面一般比
降陡峻，形态也极不规则，平面形态极为复杂，河岸
线极不规则；水文特点是洪水猛涨猛落，且流量与水
位变幅极大；河流中悬移质含沙量的多少，视地区不

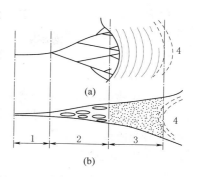

图2-2　河口区分段图
（a）三角洲；（b）三角港
1—河流近口段；2—河口段；
3—口外海滨；4—前缘急滩

同而不同，岩石风化不严重和植被较好的地区含沙量较小，反之含沙量就较大。

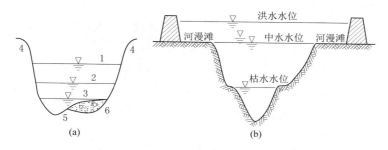

图2-3　河流横断面示意图
（a）山区河流河谷示意图；（b）平原河流河谷示意图
1—洪水水位；2—中水水位；3—枯水水位；4—河岸；5—主河槽；6—滩地

平原河流流经地势平坦、土质疏松的平原地区，其显著的特点是有较厚的河谷冲
积层和宽阔的河漫滩。河谷形状多为抛物线形、W形或不对称三角形，河床纵剖面
无明显阶梯状变化，为有起伏的平缓曲线，而河漫滩上常存在与水流方向大致平行或
斜交的狭长沙丘；水文特点是洪水涨落过程平缓，水位变幅较小；河流中的悬移质多
为细沙或黏土。

4. 河道演变

河床受自然因素或人工建筑物的影响而发生的变化。河床演变是水流与河床相互
作用的结果。水流作用于河床使河床发生变化；变化了的河床又反过来作用于水流，
影响水流的结构，这种相互作用表现为泥沙的冲刷、搬移和堆积，从而导致河床形态
的不断变化。

水流和河床的作用是以泥沙运动为纽带的。在某个河段内，在一定的水流条件
下，水流具有一定的挟沙能力，如果来沙量与挟沙力相适应，则水流处于输沙平衡状
态，河床既不冲刷也不淤积。当来沙量大于水流挟沙力时，过多的泥沙将逐渐沉积下

来，使河床淤高；反之河床冲深。当河床发生冲淤变化后，水流的水力条件就发生了相应的变化，从而使水流的挟沙力也发生相应的变化。

（二）水系

1. 水系的概念

降落在地面上的雨水在水流集中流动的过程中，逐渐由小溪、小河汇集成大河，这样便构成了脉络相通的河流系统，称为水系或河系。水系的最末一级，直接流入海洋或湖泊的河流，称为干流。汇入干流的河流称为一级支流，汇入一级支流的河流称为二级支流，以此类推。水系通常用干流的名称来命名，例如长江水系、黄河水系等。当研究某一支流或某一区域时，也可用支流的名称或区域的名称来命名的，如汉水水系、淮北水系等。

2. 水系特征

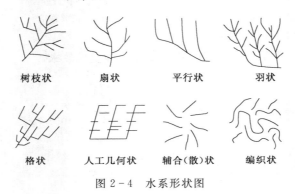

树枝状　　扇状　　平行状　　羽状

格状　　人工几何状　　辅合（散）状　　编织状

图 2-4　水系形状图

由于各地区的自然地理条件不同，河流的发育阶段也不相同，根据干支流的分布及组合情况，可归纳为以下几种水系形状（图 2-4）：树枝状、扇状、平行状、羽状、格状、人工几何状、辅合（散）状和编织状等。分析研究水系的组成及特征，对于了解河流的自然情势是十分必要的。

在这几种水系形状中，羽状水系的汇流时间较短，如果流域普遍降雨，各支流的洪水几乎同时汇入干流，易形成陡涨陡落的洪水过程；而扇状水系的汇流时间较长，各支流洪水先后汇入干流，干流洪水过程平缓。

水系的特征值有：河长、落差、比降，河网密度，河网（河道）发展系数，水系不均匀系数，河流弯曲系数，分岔系数等。

（1）河长。河长指从河源到河口沿河槽中各断面上最大水深点的连线（航线）所量的长度。它是结合河流落差、比降，估算水能和航程，决定汇流时间的重要参数。河段两端的河底高程之差称为落差，河源到河口两处的河底高程之差称为总落差。河流的平均比降是一条河流的总落差与这条河流总长度的比值。

（2）河网密度。河网密度指一个流域内各河道总长度与流域面积之比，即单位面积的河流长度。

（3）河网（河道）发展系数。某级支流的总河长与干流河长之比，称为该河某级河网发展系数。发展系数越大，表明支流长度超过干流长度越多，河网对径流的调节作用也就越大。

二、流域及其特征

1. 流域的概念

流域是指地表水及地下水分水线所包围的集水区域的总称。根据地形图勾绘的地表水分水线，一般为山脊线。地面集水区和地下集水区相重合的流域，称为闭合流域；不重合的，则称为非闭合流域。

2. 流域的几何特征

流域的几何特征常用流域面积、流域长度、流域平均宽度、流域形状系数和流域平均高度来表示。

（1）流域面积。流域分水线与河口（或坝、闸址）断面之间所包围的面积称为流域面积，习惯上往往指地表水的集水面积，其单位以 km^2 计。流域面积是河流的基本特征。一般地说，在自然条件基本相同的条件下，流域面积愈大，径流量也愈大，对径流过程所起的调节作用也愈大。

（2）流域的长度和平均宽度。流域长度是指从河源到河口断面，流域的几何中心线长度。其求法：以出口断面为圆心，画出若干个不同半径的圆弧交于流域边界两点，圆心与这些弧线中点连线的长度即为流域长度。流域面积除以流域长度即为流域平均宽度。

3. 流域的自然地理特征

流域的自然地理特征包括地理位置、气候条件、土壤性质、地形、地质构造、塘库、湖泊以及植被等。这些自然地理条件都将直接或间接地影响河川径流的形成及其过程。例如，地理位置和山川形势，直接影响内陆水分循环和水汽的运移；气候条件直接和间接影响径流大小；土壤性质与地质构造同河流的地下水补给量、下渗损失量、流域冲刷程度等有密切的关系；地形及植被与暴雨洪水直接相关；湖泊、塘库对河川径流起着均化的调节作用等。

【例 2-1】 伏尔加河是世界第一大内河，发源于俄罗斯加里宁州奥斯塔什科夫区、瓦尔代丘陵东南的湖泊间，源头高程 228.00m。自源头向东北流至雷宾斯克后，转向东南，至古比雪夫折向南，流至伏尔加格勒后，向东南注入里海。河口高程为 -28.00m，河流全长 3688.00km，流域面积 138.00 万 km^2。试确定该河流的总落差、比降和流域平均宽度。

解：（1）干流总落差：$\Delta H = Z_{源头} - Z_{河口} = 228.00 - (-28.00) = 256.00 (\text{m})$

（2）干流的平均坡降：$J = \Delta H / L = (256.00/3688.00)‰ = 0.07‰$

（3）流域平均宽度：$B = F/L = 138.00 \times 10^4 / 3688.00 = 374.20 (\text{km})$

【知识拓展】

查阅相关资料，进一步了解我国主要河流与水系的基本情况。

【课后练习】

扫一扫，做一做。

第二节　水利枢纽与水工建筑物

【课程导航】

问题 1：何谓水利枢纽？有哪些类型？

问题 2：何谓水工建筑物？有哪些类型？有什么特点？

2-2

安砂水利枢纽

问题3：为什么要对水利枢纽和水工建筑物进行分等分级？如何进行分等分级？

问题4：如何确定永久性水工建筑物的洪水标准？

为了综合利用水资源，最大限度地满足各用水部门的需要，实现兴水利除水害的目标，就必须对整个河流进行全面综合规划、开发和利用，并根据国民经济发展的需要分阶段、分步骤地建设实施。为了控制和支配水流，达到防洪、灌溉、发电、供水等兴利除害的目的，修建的各种不同类型的建筑物称为水工建筑物。而由不同作用的水工建筑物组成的、协同运行的工程综合群体称为水利枢纽。

一、水利枢纽

水利枢纽按其作用主要可分为蓄水枢纽、发电枢纽、引水枢纽等。

蓄水枢纽：在河道来水年际、年内变化较大，不能满足下游防洪、灌溉、引水等用水要求时，通过修建大坝调蓄天然来水，用于汛期防洪、枯水期灌溉、城镇引水等。如湖北的丹江口水利枢纽。

发电枢纽是以发电为主要任务，利用河道中丰富的水量和水库形成的落差，安装水力发电机组，将水能转变为电能。如福建的水口水电站枢纽。

引水枢纽是在河道上修建拦河闸（坝）等水工建筑物，调节水位和流量，以保证引水的质量和数量。如四川的都江堰引水灌溉枢纽。

一个水利枢纽的功能可以是单一的，也可以是多用途的，兼有几种功能的水利枢纽称为综合利用的水利枢纽。如图2-1的三峡水利枢纽。

二、水工建筑物

（一）水工建筑物的分类

水工建筑物按其在枢纽中所起的作用可分为以下几种。

1. 挡水建筑物

挡水建筑物用以拦截江河水流，抬高上游水位以形成水库，如各种坝、闸、堤等。图2-5为水库特征水位与特征库容示意图。

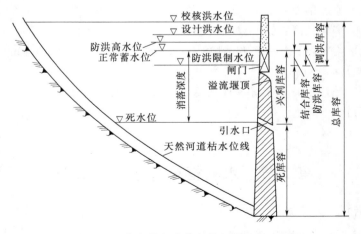

图2-5 水库特征水位与特征库容示意图

说明：

（1）水库特征水位：水库在各时期和遭遇特定水文情况下，需控制达到、限制超过或允许消落到的各种特征库水位。主要有：①校核洪水位，水库遇到大坝的校核洪水时，在坝前达到的最高水位；②设计洪水位，水库遇到大坝的设计洪水时，在坝前达到的最高水位；③防洪高水位，水库遇到下游保护对象的设计洪水时，在坝前达到的最高水位；④防洪限制水位（汛前限制水位），水库在汛期允许兴利的上限水位，也是水库汛期防洪运用时的起调水位；⑤正常蓄水位，水库在正常运用的情况下，为满足设计的兴利要求，在供水期开始时应蓄到的最高水位；⑥死水位，水库在正常运用的情况下，允许消落到的最低水位。

（2）水库特征库容：相应于某一水库特征水位以下或两个水库特征水位之间的水库容积，一般均指坝前水位水平面以下的静库容。主要有：①总库容，最高水位以下的水库静库容；②防洪库容，防洪高水位至防洪限制水位之间的水库容积；③调洪库容，校核洪水位至防洪限制水位之间的水库容积；④兴利库容（有效库容、调节库容），正常蓄水位至死水位之间的水库容积；⑤共用库容（重复利用库容、结合库容），正常蓄水位至防洪限制水位之间，汛期用于蓄洪、非汛期用于兴利的水库容积；⑥死库容，死水位以下的水库容积。

2. 泄水建筑物

用以在洪水期河道入库洪量超过水库调蓄能力时，宣泄多余的洪水，以保证大坝及有关建筑物的安全，如溢洪道、泄洪洞、泄水孔等。

3. 输水建筑物

用以满足发电、供水和灌溉的需求，从上游向下游输送水量，如输水渠道、引水管道、水工隧洞、渡槽、倒虹吸管等。

4. 取水建筑物

一般布置在输水系统的首部，用以控制水位、引入的水量或人为提高水头，如进水闸、扬水泵站等。

5. 河道整治建筑物

用以改善河道的水流条件，防止河道冲刷变形及险工的整治，如顺坝、导流堤、丁坝、护岸等。

6. 专门建筑物

为水力发电、过坝、量水而专门修建的建筑物，如调压室、电站厂房、船闸、升船机、筏道、鱼道、各种量水堰等。

需要指出的是，有些建筑物的作用并非单一，在不同的状况下，有不同的功能。如水闸，既可挡水又可泄水，同时还可作为灌溉渠首或供水工程的取水建筑物；泄洪洞，既可泄洪又可引水。

（二）水工建筑物的特点

水工建筑物和一般工业与民用建筑物相比，除了工程量大、投资多、工期长外，还具有以下特点。

1. 工作条件复杂

水工建筑物在水中工作，其工作条件较复杂，主要表现在：①水工建筑物将受到静水压力、风浪压力、冰压力等推力作用，会对建筑物的稳定性产生不利影响；②在水位差作用下，水将通过建筑物及地基向下游渗透，产生渗透压力和浮托力，可能发生渗透破坏而导致工程失事。另外，对泄水建筑物，下泄水流集中且流速高，将对建筑物和下游河床产生冲刷，高速水流还容易使建筑物产生振动和空蚀破坏。

2. 施工条件艰巨

水工建筑物的施工比其他土木工程困难和复杂得多，主要表现在：①水工建筑物多在河流中建设，必须进行施工导流；②由于水利工程规模较大，施工技术复杂，工期比较长，且场地狭窄，又受截流、度汛的影响，工程进度紧迫，施工强度高、速度快；③施工受气候、水文地质、工程地质等方面的影响较大，如冬、雨期施工，地下水排除以及重大的复杂的地质情况等。

3. 建筑物独特

水工建筑物的形式、构造及尺寸与地形、地质、水文、建筑功能等因素密切相关。特别是地质条件的差异对建筑物的影响更大，这就形成了各式各样的水工建筑物。除一些小型渠系建筑物外，一般都应根据其特性，进行单独设计。

4. 与周围环境相关

水利工程可防止洪水灾害，并能发电、灌溉、供水，但同时其对周围自然环境和社会环境也会产生一定影响。工程的建设和运用将改变河道的水文和小区域气候，对河中水生生物和两岸植物的繁殖和生长产生一定影响，即对沿河的生态环境产生影响。另外，由于占用土地、开山破土、库区淹没等而必须迁移村镇及人口，会对人群健康、文物古迹、矿藏造成影响。

5. 对国民经济影响巨大

水利工程建设项目规模大、综合性强、组成建筑物多。因此，其本身的投资巨大，尤其是大型水利工程，大坝高、库容大，担负着重要防洪、发电、供水等任务，一旦出现堤坝溃决等险情，将对下游工农业生产造成极大损失，甚至对下游人民群众的生命财产带来灭顶之灾。所以，必须高度重视主要水工建筑物的安全性。

三、水利枢纽的分等和水工建筑物的分级

为了使水利工程建设达到既安全又经济的目的，遵循水利工程建设的基本规律，应对水利枢纽和枢纽中的水工建筑物进行分等分级。

1. 水利枢纽分等

根据《水利水电工程等级划分及洪水标准》（SL 252—2017）的规定，水利工程根据工程规模、效益以及在国民经济中的重要性划分为5等，具体划分指标见表2-1。

对于综合利用的水利水电工程，当按各综合利用项目的分等指标确定的等别不同时，其工程等别应按其中的最高等别确定。

2. 水工建筑物级别

（1）永久性水工建筑物级别。枢纽中的永久性水工建筑物按其所属枢纽工程的等别及其在工程中的作用和重要性分为5级（表2-2）。

表 2 - 1　　　　　　　　　　　　水利水电工程分等指标表

工程等别	工程规模	水库总库容 /$10^8 m^3$	防洪			治涝	灌溉	供水		发电
			保护人口 /10^4 人	保护农田面积 /10^4 亩	保护区当量经济规模 /10^4 人	治涝面积 /10^4 亩	灌溉面积 /10^4 亩	供水对象重要性	年引水量 /$10^8 m^3$	发电装机容量 /MW
Ⅰ	大（1）型	≥10	≥150	≥500	≥300	≥200	≥150	特别重要	≥10	≥1200
Ⅱ	大（2）型	<10,≥1.0	<150,≥50	<500,≥100	<300,≥100	<200,≥60	<150,≥50	重要	<10,≥3	<1200,≥300
Ⅲ	中型	<1.0,≥0.10	<50,≥20	<100,≥30	<100,≥40	<60,≥15	<50,≥5	比较重要	<3,≥1	<300,≥50
Ⅳ	小（1）型	<0.1,≥0.01	<20,≥5	<30,≥5	<40,≥10	<15,≥3	<5,≥0.5	一般	<1,≥0.3	<50,≥10
Ⅴ	小（2）型	<0.01,≥0.001	<5	<5	<10	<3	<0.5		<0.3	10

注　1. 水库总库容指水库最高水位以下的静库容；治涝面积指设计治涝面积；灌溉面积指设计灌溉面积；年引水量指供水工程渠首设计年平均引（取）水量。

2. 保护区当量经济规模指标仅限于城市保护区；防洪、供水中的多项指标满足 1 项即可。

3. 按供水对象的重要性确定工程等别时，该工程应为供水对象的主要水源。

表 2 - 2　　　　　　　　永久性水工建筑物级别划分表

工程等别	主要建筑物	次要建筑物	工程等别	主要建筑物	次要建筑物
Ⅰ	1	3	Ⅳ	4	5
Ⅱ	2	3	Ⅴ	5	5
Ⅲ	3	4			

　　水库大坝按表 2 - 2 规定为 2 级、3 级，如坝高超过表 2 - 3 规定的指标时，其级别可提高一级，但洪水标准可不提高。

表 2 - 3　　　　　　　　　　水库大坝级别指标表

级别	坝　型	坝高/m
2	土石坝	90
	混凝土坝、浆砌石坝	130
3	土石坝	70
	混凝土坝、浆砌石坝	100

　　拦河闸永久性水工建筑物的级别若按表 2 - 2 规定为 2 级、3 级，当其校核洪水过闸流量分别大于 $5000 m^3/s$、$1000 m^3/s$ 时，其建筑物级别可提高一级，但洪水标准可不提高。

　　防洪工程中堤防永久性水工建筑物的级别应根据其保护对象的防洪标准按表 2 - 4 确定。当经批准的流域、区域防洪规划另有规定时，应按其规定执行。

表 2 - 4　　　　　　　　堤防永久性水工建筑物级别划分表

防洪标准/［重现期（年）］	≥100	<100,≥50	<50,≥30	<30,≥20	<20,≥10
堤防级别	1	2	3	4	5

治涝排水工程、灌溉工程、供水工程永久性水工建筑物的级别确定，参照《水利水电工程等级划分及洪水标准》（SL 252—2017）的有关规定执行。

（2）临时性水工建筑物级别。临时性挡水和泄水建筑物的级别，应根据保护对象的重要性、失事造成的后果、使用年限和临时建筑物的规模，按表2-5确定。对于同时分属于不同级别的临时性水工建筑物，其级别应按照最高级别确定。但对于3级临时性水工建筑物，符合该级别规定的指标不得少于两项。如利用临时性水工建筑物挡水发电、通航时，经技术经济论证，3级以下临时性水工建筑物的级别可提高一级。

表2-5　　　　　　　　　　　临时性水工建筑物级别划分表

级别	保护对象	失事后果	使用年限/年	临时性水工建筑物规模	
				高度/m	库容/亿 m³
3	有特殊要求的1级永久性水工建筑物	淹没重要城镇、工矿企业、交通干线或推迟总工期及第一台（批）机组发电，造成重大灾害和损失	>3	>50	>1.0
4	1、2级永久性水工建筑物	淹没一般城镇、工矿企业、交通干线或影响总工期及第一台（批）机组发电，造成较大经济损失	1.5～3	15～50	0.1～1.0
5	3、4级永久性水工建筑物	淹没基坑，但对总工期及第一台（批）机组发电影响不大，经济损失较小	<1.5	<15	<0.1

对不同级别的水工建筑物，其不同要求主要体现在以下方面。

1）抗御洪水能力：如洪水标准，坝顶安全超高等。

2）强度和稳定性：如建筑物的强度和抗滑稳定安全度，防止裂缝发生或限制裂缝开展的要求及限制变形要求等。

3）建筑材料：如选用材料的品种、质量、混凝土标号及耐久性等。

4）运行可靠性：如建筑物各部分尺寸裕度、是否设置专门设备等。

四、永久性水工建筑物洪水标准

按某种频率或重现期表示的洪水称洪水标准。永久性水工建筑物洪水标准分为设计洪水标准（正常运用）、校核洪水标准（非常运用）两种，根据建筑物的级别和结构类型，并结合风险因素，按山区、丘陵区和平原、滨海区分别确定（表2-6和表2-7）。

表2-6　　　　　　山区、丘陵区永久性水工建筑物洪水标准划分表　　　　重现期单位：年

项　目		永久性水工建筑物级别				
		1	2	3	4	5
设计		500～1000	100～500	50～100	30～50	20～30
校核洪水标准	土石坝	可能最大洪水（PMF）或5000～10000	2000～5000	1000～2000	300～1000	200～300
	混凝土坝、浆砌石坝	2000～5000	1000～2000	500～1000	200～500	100～200

表 2-7		平原地区永久性水工建筑物洪水标准划分表				重现期单位：年
项目	永久性水工 建筑物级别	1	2	3	4	5
水库工程	设计	100～300	50～100	20～50	10～20	10
	校核	1000～2000	300～1000	100～300	50～100	20～50
拦河水闸	设计	50～100	30～50	20～30	10～20	10
	校核	200～300	100～200	50～100	30～50	20～30

【例 2-2】 芹山水电站位于福建省宁德市周宁县境内，为堆石面板坝，工程以发电为主，兼顾防洪。坝高 120m，总库容 2.65 亿 m^3，装机容量 7.0 万 kW、防洪城镇为周宁县城。试确定该水利枢纽工程的等别，枢纽中主要、次要、临时建筑物的级别，永久性水工建筑物的洪水标准。

解：（1）分等：根据《水利水电工程等级划分及洪水标准》（SL 252—2017），查分等指标表（表 2-1），按总库容为 Ⅱ 等、装机容量为 Ⅲ 等、防洪等级为 Ⅳ 等，故取最高等别 Ⅱ 等。

（2）级别：主要建筑物（拦河坝）按表 2-4 查为 2 级，但坝高超过 90m，且坝型较新，故按规范规定可提高为 1 级，洪水标准不变。次要建筑物 3 级、临时建筑物 4 级。

（3）洪水标准：该工程位于山区，主要建筑物（拦河坝）为堆石面板坝、1 级建筑物。由于洪水标准不变，仍按 2 级建筑物确定，故其设计洪水标准为 1000～500 年一遇、校核洪水标准为 2000～5000 年一遇；次要建筑物为 3 级，设计洪水标准为 50～100 年一遇、校核洪水标准视结构形式确定。

【知识拓展】

以你熟悉的一个水利枢纽工程为例，试确定该水利枢纽工程的等别，枢纽中主要、次要、临时建筑物的级别，永久性水工建筑物的洪水标准。

【课后练习】

扫一扫，做一做。

第三节 水能开发方式与水电站

【课程导航】

问题 1：水电站的基本开发方式有哪些？基本类型有哪些？其适用条件如何？

问题 2：压力前池由哪些部分组成？其作用如何？

问题 3：调压室的作用是什么？其基本布置方式有哪些？

问题 4：水电站厂区枢纽的组成是什么？功用如何？

一、水能资源的基本开发方式

天然河道的流量在时间上分配是不均匀的，河段的落差一般也是分散的。因此，

2-3 ▶

水能开发方式
与水电站

开发河道的水能必须调节其流量和集中落差。

根据调节流量的方法和集中落差等的不同，水能开发可分为如下方式。

（1）按调节流量方式分类，可分为蓄水式和径流式。蓄水式是在天然河道上筑坝形成水库以调节径流，用调节的流量发电。蓄水方式还包括抽水蓄能式。径流式是利用河流的天然径流发电，它没有调节库容。

（2）按调节周期（水库由空到满再到空，循环一次所经历的时间称为调节周期）长短分类，可分为无调节、日调节、月（季）调节、年调节和多年调节。

（3）根据河道的水流条件、地形地质条件以及集中落差的不同分类，可分为坝式、引水式和混合式。此外，还有潮汐式和抽水蓄能式。

二、水电站的基本类型

1. 坝式水电站

在河流峡谷处，拦河筑坝，壅高坝前水位，集中落差形成水头的水电站称为坝式水电站。坝式水电站可分为河床式、坝后式、溢流式、闸墩式和坝内式等类型。

当水头较大时，水电站厂房的尺寸难以满足挡水要求，水电站的落差靠筑坝形成，厂房布置在拦河坝下游，不挡水，称为坝后式水电站，如图 2-6 所示。坝后式水电站多建于河流的中上游，并具有一定的水库库容，对水量有不同程度的调节作用。

图 2-6　坝后式水电站厂房布置图

当水电站水头较低时，可将厂、坝并列，使厂房参与挡水而成为挡水建筑物的一部分，称之为河床式水电站，如图 2-7 所示，河床式水电站多建于河流的中下游。当挡水建筑物为水闸、厂房建在闸墩中间时，称之为闸墩式水电站。

当河谷狭窄而水电站机组较多，泄洪建筑物与电站厂房的布置有矛盾时，可把厂房置于泄洪建筑物之下，而构成厂房顶溢流式水电站，如图 2-8 所示。

当坝址河谷狭窄且泄洪量大时，为了解决枢纽布置的困难，挡水建筑物可采用空腹混凝土坝的形式，将厂房布置在坝体的空腹内，构成坝内式水电站，如图 2-9 所示。

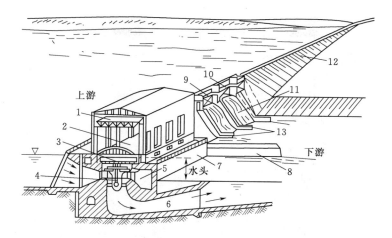

图 2-7　河床式水电站厂房布置图

1—桁车；2—主厂房；3—发电机；4—水轮机；5—蜗壳；6—尾水管；7—尾水平台；
8—尾水导墙；9—闸门；10—桥；11—混凝土溢流坝；12—非溢流坝；13—导水墙

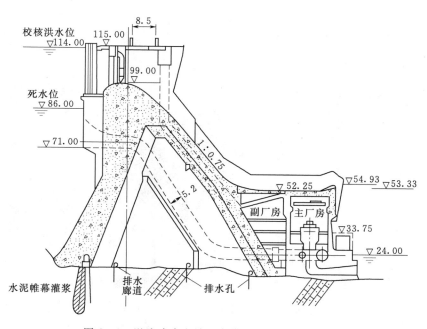

图 2-8　溢流式水电站厂房横剖面图（单位：m）

2. 引水式水电站

引水式水电站是在河段上游筑闸或低坝取水，经引水道将水引至河段末端来集中落差形成水头的水电站，如图 2-10 所示。引水道可以是无压的，也可以是有压的。

引水式水电站多建于河流的中上游，河道坡陡流急或有跌水，有时也修建于河流中下游有大转弯的河段，利用"裁弯取直"的方法集中水头。

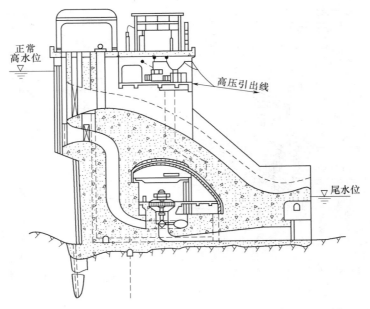

图 2-9　坝内式水电站厂房横剖面图

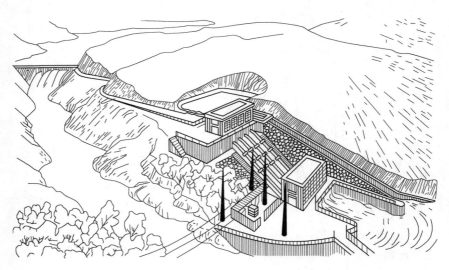

图 2-10　引水式水电站布置示意图

3. 混合式水电站

通过拦河坝集中部分水头，又利用引水道集中另一部分水头，水电站所利用的总水头是由两种工程措施共同取得的，称之为混合式水电站，如图 2-11 所示。

当上游河段地形较为平缓，且有良好的筑坝条件，下游河段坡降较大时，适宜修建混合式水电站。

4. 抽水蓄能水电站

抽水蓄能水电站由一个建在高处的上水库（上池）和一个建在低处的下水库（下

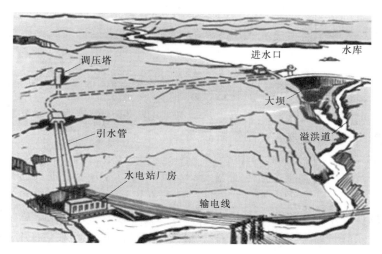

图 2-11　混合式水电站布置示意图

池）及建在上下水库之间的水电站组成。

　　抽水蓄能水电站是在电力系统的低谷负荷时，利用电网多余的电能，将水电站机组作为水泵运行，把下池水抽往上池存蓄；在高峰负荷时，将水电站机组作为发电机组运行，把上池的水放至下池发电，将水能转变为电网高峰时期的高价值电能。抽水蓄能水电站还适于调频、调相，稳定电力系统的周波、电压和作为事故备用，同时可提高系统中火电站和核电站的效率。若羌抽水蓄能水电站 3D 示意图见图 2-12。

图 2-12　若羌抽水蓄能水电站 3D 示意图

三、水电站建筑物

　　水电站建筑物有挡水建筑物（坝、闸）、泄水建筑物、取水建筑物、输水建筑物、平水建筑物和发电、变电、配电建筑物。下面主要介绍几种典型的水电站建筑物。

（一）压力前池

压力前池设置在引水渠道或无压隧洞的末端，是引水渠道（或无压隧洞）和压力水管之间的连接建筑物。

1．压力前池的作用

（1）将流量按要求分配给压力管道，并加以必要的控制。

（2）当水电站出力变化时，调节流量，必要时，可从溢流堰放水至下游。

（3）水电站停止运行时，供给下游必需的流量。

2．压力前池的组成（图 2-13）

（1）池身及渐变段。压力前池的宽度及深度取决于压力水管进口的布置和满足调节流量的要求，一般比渠道宽和深。因此，需要在渠道与压力前池之间设置扩散和斜坡段连接，以保证水流平顺，水头损失小，不发生旋涡等不利水流形态。

（2）压力水管进水口。进水口一般采用挡水墙式，由拦污栅、工作门、检修门、通气孔等组成。

（3）泄水建筑物。一般采用侧堰式，宣泄多余水量，保证压力前池不产生漫溢或向下游供水。

（4）排污、排沙和排冰建筑物。应在压力前池处设置排污、冲沙孔等，以防止有害物质进入压力管道。在严寒地区还要设拦冰、排冰设施。

3．压力前池的布置

压力前池应尽可能靠近厂房，以缩短压力水管长度。压力前池和渠道的渗漏，可能会引起山坡坍滑等，为了确保安全，压力前池要布置在地质条件良好的挖方中，并进行建筑物结构强度和地基的渗漏、稳定等校核。

（二）压力水管

压力水管是从水库、压力前池或调压室将水引向水轮机的输水管道。

1．压力水管的特征值

压力管道的主要荷载是内水压力，压力管道的内径 D（m）、水压 H（m）及其乘积 HD 值是标志压力管道规模及其技术难度的特征值。

2．压力水管的类型

压力水管按材料可分为钢管、钢筋混凝土管。钢管由于具有强度高、防渗性能好等优点，在高、中水头的水电站中得到广泛应用；钢筋混凝土管具有造价低、能承受较大的外压和经久耐用等优点，在内压不高的中小型水电站中应用较多。压力水管按其布置形式可分为明管、地下埋管、坝内埋管等几种形式。

3．压力管道的线路选择

压力管道的线路选择应按水电站引水系统建筑物布置要求确定，其基本原则如下。

（1）尽可能选择短而直的路线。这样不仅可以缩短管道的长度，降低造价，减小水头损失，而且可以降低水击压力，改善机组的运行条件。

（2）尽可能选择良好的地质条件。明钢管应敷设在坚固而稳定的山坡上，特别应避开可能产生滑坡和崩塌的地段；支墩和镇墩应尽量设置在坚固的基岩上。

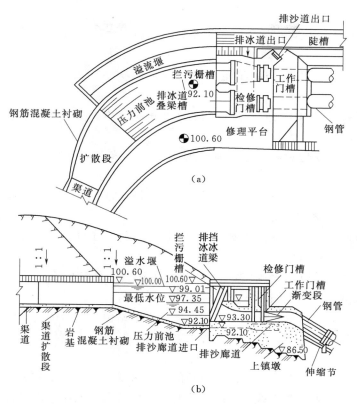

图 2-13　压力前池布置图（单位：m）
(a) 进水口平面；(b) 进水口纵剖面

（3）尽量减少管道的起伏波折。管道应避免出现反坡，以方便管道排空；管道任何部位的顶部应在最低压力线以下，并有不小于 2m 的安全裕压。当为减少挖方而将明管布置成折线时，应在转弯处设镇墩，管轴线的曲率半径不应小于 3 倍管径。明钢管的底部应高出地表 0.6m 以上，以便安装检修；在直管段超过 150m 时，管道中间宜设镇墩。地下埋管的坡度应利于开挖出碴和钢管的安装检修。

（三）调压室

1. 调压室的作用

调压室是一个具有自由水面的筒式或井式建筑物，位于有压引水隧洞与压力水管衔接处。调压室利用扩大断面和自由水面反射水锤波，它将有压引水系统分成两段，上游段为有压引水隧洞，下游段为压力水管。由于调压室体积较大，故可像水库一样造成水锤波的反射，从而限制水锤压力继续向引水隧洞传播，使其水锤压力减小；同时由于缩短了压力水管的长度，压力管道及厂房过流部分中的水锤压力也减小，改善了机组在负荷变化时运行条件及系统供电质量。

设在地面以上的调压室称为调压塔，设置在地面以下的称为调压井。

2. 对调压室的基本要求

（1）尽可能靠近厂房，以减小压力水管的长度，从而降低引水管道中的水锤

27

压力。

（2）尽可能充分反射由压力水管传来的水锤波，将传至引水隧洞的水锤值控制在合理范围内。

（3）调压室的断面应满足稳定要求，保证调压室中的一切水位波动都能逐渐衰减。

（4）调压室底部和压力水管连接处的断面积应较小，以尽可能减小正常运行情况下的水头损失。

（5）电站负荷变化时，引起的波动振幅小，以减小调压室高度，利于机组稳定运行。

（6）工程安全可靠，施工简单方便，造价经济合理。

3. 调压室的基本布置方式

（1）上游调压室（引水调压室）。调压室在厂房上游的压力水管上游侧，它适用于厂房上游有压引水道比较长的情况。

（2）下游调压室（尾水调压室）。当厂房下游具有较长的有压尾水隧洞时，需要设置下游调压室，且尾水调压室应尽可能靠近水轮机。

（3）上下游双调压室系统。在有些地下式水电站中，厂房的上下游都有比较长的有压引水道，为了减小水锤压力，改善水电站的运行条件，在厂房的上下游均设置调压室。

（4）上游双调压室系统。在上游较长的有压引水道中，因结构、地质等原因，设置一个调压室不能满足要求或因电站扩建时，可设置两个调压室。

4. 调压室的结构形式

（1）筒式调压室，如图 2-14（a）所示。其特点是自上而下具有相同的断面，结构简单，反射水击波效果好，施工方便；当流量变化时，调压室中水位波动振幅较大，衰减较慢，所需调压室的容积较大。一般多用于低水头、小流量的水电站。

（2）阻抗式调压室，如图 2-14（b）所示。这种调压室的体积小于简单筒式调压室，正常运行时水头损失小，但由于阻抗的存在，水击波不能完全反射，隧洞可能受到水击的影响，设计时必须选择合适的阻抗。适用于中水头和引水隧洞长度不大的电站。

（3）双室式调压室，如图 2-14（c）所示。它是由一个断面较小的竖井和上、下两个断面扩大的储水室组成。当水电站丢弃负荷时，竖井的水位迅速上升，一旦升到断面较大的上室，水位上升的速度便立即缓慢下来；增加负荷时，水位迅速下降至下室，并由下室补充不足的水量，从而限制了水位的下降。这种调压室的容积较小，适用于水头较高，要求的稳定断面较小，而水库水位变化较大的水电站。

（4）溢流式调压室，如图 2-14（d）所示。其顶部设有溢流堰，当水电站丢弃负荷时水位迅速上升至溢流堰顶后自动溢流，限制水位继续上升。这种调压室水位下降的波动无法限制，故经常与双室式调压室结合使用，如上室设溢流堰的溢流双室式调压室。

（5）差动式调压室，如图 2-14（e）所示。它由两个直径不同的同心圆筒组成，中间的圆筒直径较小，上有溢流口，通常叫升管，底部以阻抗孔口与外面大井相通。这种调压室兼有阻抗式和溢流式调压室的优点，但结构较复杂。

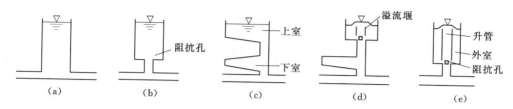

图 2-14　调压室的类型示意图

(a) 筒式；(b) 阻抗式；(c) 双室式；(d) 溢流式；(e) 差动式

四、水电站厂区枢纽

水电站厂区枢纽通常由主厂房、副厂房、主变压器和开关站等部分组成，它是发电、变电、配电的机电设备和其相应的水工建筑物组成的综合体。

（一）主厂房

1. 主厂房的功用

主厂房中安置了水轮机、发电机和各种辅助设备，是将水能转变为电能的生产场所，其主要任务是满足各种机电及其辅助设备的安装、检修和运行条件，保证发电质量，并为运行人员创造良好的工作条件，使建筑物与自然环境协调。

2. 主厂房的基本类型

（1）地面式厂房。厂房建于地面上，主要有坝后式、河床式、岸边式厂房等。

（2）地下式厂房。将厂房等主要建筑物布置在地下山岩中。当河道比较狭窄，洪水又较大时采用。优点是厂房施工不受气候影响，与大坝施工无干扰，下游尾水变化对厂房影响小，人防条件好；缺点是地下开挖大，施工条件差，需照明、通风、防潮系统。

（3）坝内式厂房。厂房位于坝体空腔内，适用于洪水量大，河谷狭窄，在坝轴线上不易布置水电站厂房的情况。

（4）溢流式厂房。当河谷狭窄、泄洪量大，机组台数较多、地质条件又差时采用。

3. 主厂房的组成

（1）按设备组成的系统划分。水电站厂房内配置的机械和电气设备可归纳为：水流系统、电流系统、机械控制设备系统、电气控制设备系统、辅助设备系统等。

（2）按水电站厂房的结构划分。在平面上，主厂房分为主机室和装配场。在剖面上，以发电机层为界，分为上部结构和下部结构，见图 2-15。

1）上部结构。厂房上部结构与一般工业厂房类似，包括主机室和装配场，一般称为发电机层或主机房。

2）下部结构。下部结构为大体积的钢筋混凝土结构，一般分为四部分：发电机出线层、水轮机层、蜗壳层、尾水管层。

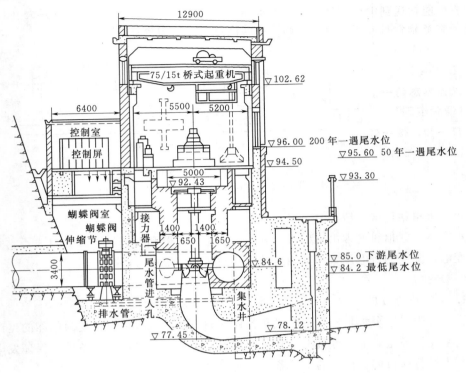

图 2-15 主厂房横剖面图（尺寸单位：mm，高程单位：m）

4. 水电站主厂房的设计要求

水电站厂房除满足稳定、强度、防渗要求外，还应保证机电设备的安全运行，电能损失尽可能小，运行人员有良好的工作条件和卫生条件。

（二）副厂房

副厂房是布置机电设备、运行、控制、试验、管理和运行人员工作及生活的房间。副厂房的房间包括如下结构。

（1）控制及运行室，如中央控制室（是副厂房布置的关键）、集缆室、发电机配电装置室、继电保护室、蓄电池室、载波通信室、充电机室、通风室等。

（2）辅助设备房间，如厂用配电装置室、厂用变压器室、空气压缩机和储气罐室、水泵室、油处理及油罐室等。

（3）生产车间，如电器修理车间、油和水化验室、高压试验室、仪表试验室等。

（4）工作场所，如办公室、会议室、值班室、卫生间、浴室等。

（三）主变压器

主变压器的作用是将电能升高到规定的电压后送到开关站。主变压器应尽可能靠近厂内的机组，以缩短昂贵的发电机母线的长度，减少电能损失和故障机会；并尽量与主厂房内装配场处在同一高程，以方便安装、检修和排除故障，并满足防火要求。

（四）开关站

开关站是装设高压开关、高压线和保护措施等高压电气设备的场所，高压输电线由此将电能输送到电网。开关站可以是露天的，也可以是户内的。从方便运行的角度来讲，开关站应与变压器布置在同一高程，多布置在岸边，以便运行管理人员检查和维护，并且应满足防火要求。

【知识拓展】

以你熟悉的一条流域为例，简要阐述水电站的基本开发方式有哪些？

【课后练习】

扫一扫，做一做。

【阶段测试】

扫一扫，做一做。

第二章
练习题

第二章
测试卷

第三章 挡水建筑物

【知识目标】

1. 掌握重力坝、土石坝、拱坝的工作原理、特点和分类。

2. 了解作用在挡水建筑物上的荷载及组合。

3. 了解挡水建筑物的设计计算内容和方法。

4. 掌握挡水建筑物剖面拟定方法。

5. 掌握挡水建筑物的筑坝材料要求、构造组成和构造要点，掌握挡水建筑物地基的处理措施。

6. 了解堆石坝、碾压混凝土坝、砌石坝的特点和主要构造内容。

7. 熟悉橡胶坝的工作原理、组成及构造。

【能力目标】

1. 能根据不同挡水建筑物的工作原理正确确定其适用情况。

2. 初步掌握重力坝、土石坝剖面拟定方法。

3. 初步掌握挡水建筑物的筑坝材料要求、坝体构造和坝基处理方法。

【素养目标】

1. 树立正确的学习观念，具备独立思考、有效沟通与团队合作的能力，具备一定的国际视野及服务社会的信念与态度。

2. 收集与本次课有关的专业信息，了解挡水建筑物技术革新的信息，了解相关技术对环境、社会及全球的影响。

3. 有良好的思想品德、道德意识和献身精神，弘扬"自强不息、开拓创新、敢为人先"的水利精神。

【思政导引】

中国坝工发展历程——自强不息之路

大坝是水利水电发展最重要的标志。历史没有明确记载第一座大坝何时产生，但公认中国、印度、伊朗、埃及是最早建设大坝的国家。据记载，公元 1000 年以前坝高超过 30m 的大坝只有 3 座，最高的是中国浮山堰土坝（坝高 48m）；1900 年以前坝高超过 30m 的大坝只有 31 座，最高的是法国 Gouffre d'Enfer 砌石重力拱坝（坝高 60m）。1900 年之后，中国的坝工发展可分为四个阶段：

1900—1949 年为第一阶段，中国高于 30m 以上的大坝只有 21 座，总库容约 2.8×10^{10} m³，水电总装机容量为 5.4×10^5 kW。当时的中国，水灾是心腹大患，基本是大雨大灾、小雨小灾、无雨旱灾，水利事业整体技术落后。

第二阶段从 1949—1978 年改革开放开始，这一时期中国是国际上修建水库大坝最活跃的国家，30m 以上的大坝由 21 座增加到 3651 座，总库容增加到约 2.989×10^{11} m^3，水电总装机容量增加到 1.867×10^7 kW，大坝建设的主要目的是防洪、灌溉等。由于受技术、投资等因素制约，虽然取得了很大的成就，但总体上与发达国家相比还比较落后。

第三阶段从 1978—2000 年，以二滩等特大型大坝建成为标志，中国水利水电建设实现了质的突破，由追赶世界水平到不少方面居于国际先进和领先水平，很多工程经受了 1998 年大洪水、2008 年汶川大地震的严峻考验。这一阶段工程的突出特点是设计质量高、施工速度快、安全性好，普遍达到了预期目标。

21 世纪以来，以三峡、南水北调工程投入运行为标志，中国进入了自主创新、引领发展的第四阶段，先后竣工的小湾、龙滩、水布垭、锦屏一级水电站等工程，建设技术不断刷新世界纪录。这一阶段中国更加关注巨型工程和超高坝的安全，注重环境保护，在很多领域居于国际引领地位，同时也全面参与国际水利水电建设市场，拥有一半以上的国际市场份额。

中国现有各类水库大坝约 10 万座，总库容为 8.166×10^{11} m^3，达到全国河川年径流量的 29%；农田有效灌溉面积达 6.9×10^7 hm^2，占世界的 23%；已建、在建坝高超过 30m 的大坝 6539 座，占世界的 43%；已建水电总装机容量超过 3×10^8 kW，占世界的 27%；已建抽水蓄能电站总装机容量达 2.211×10^7 kW，占世界的 12%。中国已成为世界上水库大坝数量最多、农田灌溉面积最大、水电总装机容量最大、调水工程里程最长的国家。

中国坝工发展走的是人与自然和谐共生的道路。正如党的二十大报告中指出，人与自然是生命共同体，我们坚持可持续发展，坚持节约优先、保护优先、自然恢复为主的方针，像保护眼睛一样保护自然和生态环境，坚定不移走生产发展、生活富裕、生态良好的文明发展道路，实现中华民族永续发展。

第一节 岩基上的重力坝

【课程导航】

问题 1：重力坝的工作原理和工作特点是什么？

问题 2：重力坝分几类？如何进行分类？

问题 3：重力坝的设计内容有哪些？其设计方法如何？

问题 4：混凝土重力坝对筑坝材料有哪些要求？其构造内容有哪些？

问题 5：重力坝对地基的要求是什么？地基处理措施有哪些？

重力坝是一种应用广泛的坝型，通常修建在岩基上，用混凝土或浆砌石筑成。坝轴线一般为直线，垂直坝轴线方向设有永久性横缝，将坝体分为若干个独立坝段，以适应温度变化和地基不均匀沉陷，坝的横剖面基本上是上游近于铅直的三角形，如图 3-1 所示。

3-1 ▶

认识重力坝

一、重力坝的工作原理及特点

重力坝的工作原理是在水压力及其他荷载的作用下，主要依靠坝体自身重量在滑动面

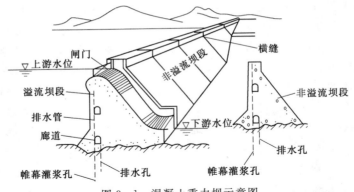

图 3-1 混凝土重力坝示意图

上产生的抗滑力来满足稳定要求；同时也依靠坝体自重在水平截面上产生的压应力来抵消由于水压力所引起的拉应力，以满足强度要求。与其他坝型比较，其主要特点如下。

（1）结构作用明确，设计方法简便。重力坝沿坝轴线用横缝将坝体分成若干个坝段，各坝段独立工作，结构作用明确，稳定和应力计算都比较简单。

（2）泄洪和施工导流比较容易解决。重力坝的断面大，筑坝材料抗冲刷能力强，适用于在坝顶溢流和坝身设置泄水孔。在施工期可以利用坝体或底孔导流。枢纽布置方便紧凑，一般不需要另设河岸溢洪道或泄洪隧洞。在意外的情况下，即使从坝顶少量过水，一般也不会招致坝体失事，这是重力坝最大的优点。

（3）结构简单，施工方便，安全可靠。坝体放样、立模、混凝土浇筑和振捣都比较方便，有利于机械化施工。而且由于剖面尺寸大，筑坝材料强度高，耐久性好，因此抵抗水的渗透、冲刷，以及地震和战争破坏的能力都比较强，安全性较高。

（4）对地形、地质条件适应性强。地形条件对重力坝的影响不大，几乎任何形状的河谷均可修建重力坝。由于坝体作用于地基面上的压应力不高，所以对地质条件的要求也较低。重力坝对地基的要求虽比土石坝高，但低于拱坝及支墩坝，无重大缺陷、一般强度的岩基均可满足要求。

（5）受扬压力影响较大。坝体和坝基在某种程度上都是透水的，渗透水流将对坝体产生扬压力。由于坝体和坝基接触面较大，故受扬压力影响也大。扬压力的作用方向与坝体自重的方向相反，会抵消部分坝体的有效重量，对坝体的稳定和应力不利。

（6）材料强度不能充分发挥。由于重力坝的断面是根据抗滑稳定和无拉应力条件确定的，坝体内的压应力通常不大，使材料强度得不到充分发挥，这是重力坝的主要缺点。

（7）坝体体积大，水泥用量多，一般均需采取温控散热措施。许多工程因施工时温度控制不当而出现裂缝，有的甚至形成危害性裂缝，从而削弱坝体的整体性能。

二、重力坝的类型

（1）按坝的高度分类，可分为高坝、中坝、低坝三类。坝高大于 70m 的为高坝，坝高为 30～70m 的为中坝，坝高小于 30m 的为低坝。坝高指的是坝体最低面（不包括局部深槽或井、洞）至坝顶路面的高度。

（2）按筑坝材料分类，可分为混凝土重力坝和浆砌石重力坝。一般情况下，较高的坝和重要的工程经常采用混凝土重力坝，中、低坝则可以采用浆砌石重力坝。

（3）按泄水条件分类，可分为溢流坝和非溢流坝。坝体内设有泄水孔的坝段和溢流坝段统称为泄水坝段。非溢流坝段也可称为挡水坝段，如图 3-1 所示。

（4）按施工方法分类，可分为浇筑式混凝土重力坝和碾压式混凝土重力坝。

（5）按坝体的结构型式分类，可分为实体重力坝 ［图 3-2（a）］、宽缝重力坝 ［图 3-2（b）］、空腹重力坝 ［图 3-2（c）］。

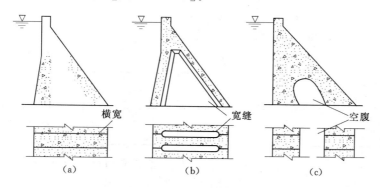

图 3-2　重力坝的型式
（a）实体重力坝；（b）宽缝重力坝；（c）空腹重力坝

三、重力坝的剖面设计

本节仅介绍非溢流重力坝剖面设计，溢流重力坝剖面设计见第四章相关内容。

（一）基本剖面

重力坝承受的主要荷载是静水压力、扬压力和自重，控制剖面尺寸的主要指标是稳定和强度要求。因为作用于上游面的水压力呈三角形分布，所以重力坝的基本剖面是三角形，如图 3-3 所示。

图 3-3 中，坝高 H 是已知的，关键是要确定最小坝底宽 B 以及上下游边坡系数 n、m。经分析计算可知，坝体断面尺寸与坝基的好坏有着密切关系。当坝体与坝基的摩擦系数较大时，坝体断面由应力条件控制；当摩擦系数较小时，坝体断面由稳定条件控制。根据工程经验，重力坝基本剖面的上游边坡系数常采用 0～0.2，下游边坡系数常采用 0.6～0.8，坝底宽为 0.7～0.9 坝高。

（二）实用剖面

1. 坝顶宽度

由于运用和交通的需要，坝顶应有足够的宽度。

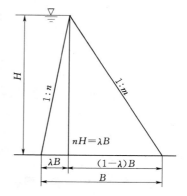

图 3-3　重力坝的基本剖面

坝顶宽度应根据设备布置、运行、检修、施工和交通等需要确定，并满足抗震、特大洪水时抢护等要求。无特殊要求时，常态混凝土坝坝顶最小宽度为 3m，碾压混凝土坝为 5m，一般取坝高的 8％～10％。若有交通要求或有移动式启闭机设施时，应根据实际需要确定。

2. 坝顶超高

实用剖面必须加安全高度，坝顶应高于校核洪水位，坝顶上游防浪墙顶的高程应高于波浪顶高程。坝顶高于水库静水位的高度按下式计算：

$$\Delta h = h_{1\%} + h_z + h_c \tag{3-1}$$

式中　Δh——坝顶高于水库静水位的高度，m；

　　　$h_{1\%}$——累积频率为 1% 时的波浪高度，m；

　　　h_z——波浪中心线至静水面的高度，m；

　　　h_c——安全超高，m，按表 3-1 选用。

表 3-1　　　　　　　　　　　　安　全　超　高　h_c

坝的安全级别 运用情况	Ⅰ 1 级	Ⅱ 2，3 级	Ⅲ 4，5 级
正常蓄水位	0.7	0.5	0.4
校核洪水位	0.5	0.4	0.3

必须注意，在计算 $h_{1\%}$ 和 h_z 时，由于正常蓄水位和校核洪水位采用了不同的风速计算值（正常蓄水位时，采用重现期为 50 年的最大风速；校核洪水位时，采用多年平均最大风速），故坝顶高程或坝顶上游防浪墙顶高程应按下列两式计算，并取大值：

$$Z_{坝顶}（坝顶高程）= Z_{正}（正常蓄水位）+ \Delta h_{正} \tag{3-2}$$

$$Z_{坝顶}（坝顶高程）= Z_{校}（校核洪水位）+ \Delta h_{校} \tag{3-3}$$

式中　$\Delta h_{正}$——计算的坝顶（或防浪墙顶）距正常蓄水位的高度，m；

　　　$\Delta h_{校}$——计算的坝顶（或防浪墙顶）距校核洪水位的高度，m。

重力坝常用的剖面如图 3-4 所示。

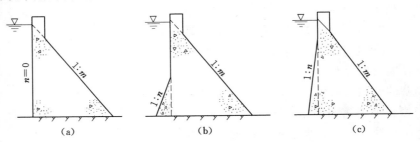

图 3-4　重力坝常用剖面形式

(a) 上游面为铅直；(b) 上游面为折线；(c) 上游面为倾斜

四、重力坝的荷载及组合

（一）重力坝的荷载

作用在重力坝上的主要荷载有：坝体自重、上下游坝面上的水压力、扬压力、浪压力或冰压力、泥沙压力以及地震荷载等。荷载分布如图 3-5 所示，按其性质可分为基本荷载和特殊荷载两种。

1. 基本荷载

（1）坝体及其上永久设备的自重。

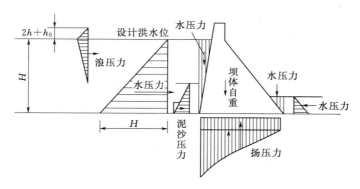

图 3-5　重力坝的荷载分布图

（2）正常蓄水位或设计洪水位时的静水压力。

（3）相应于正常蓄水位或设计洪水位时的扬压力。

（4）泥沙压力。

（5）相应于正常蓄水位或设计洪水位时的浪压力。

（6）冰压力。

（7）土压力。

（8）相应于设计洪水位时的动水压力。

（9）其他出现机会较多的荷载。

2. 特殊荷载

（1）校核洪水位时的静水压力。

（2）相应于校核洪水位时的扬压力。

（3）相应于校核洪水位时的浪压力。

（4）相应于校核洪水位时的动水压力。

（5）地震荷载。

（6）其他出现机会很少的荷载。

（二）荷载组合

作用在重力坝上的各种荷载，除坝体自重外，都有一定的变化范围。例如，在正常运行、放空水库、设计或校核洪水等情况下，其上下游水位就不相同。当水位发生变化时，相应的水压力、扬压力亦随之变化。又如，在短期宣泄最大洪水时，就不一定会同时发生强烈地震。再如，当水库水面封冻，坝面受静冰压力作用时，波浪压力就不存在。因此，在进行坝的设计时，应按"可能性和最不利"的原则把各种荷载组合成不同的设计情况，然后用不同的安全系数对坝体的稳定和强度进行验算，以妥善解决安全和经济的矛盾。

荷载组合情况分为两大类：一类是基本组合，指水库处于正常运用情况下可能发生的荷载组合，又称设计情况，由基本荷载组合而成；另一类是特殊组合，指水库处于非常运用情况下的荷载组合，又称校核情况，由基本荷载和一种或几种特殊荷载组合而成。

五、重力坝的稳定应力分析

1. 稳定计算

重力坝的稳定分析一般选择坝基面为计算截面，当坝基内有软弱夹层、缓倾角结构面时，也核算其深层滑动稳定性。

当把坝体与基岩间看成一个接触面，而不是胶结面，可按抗剪强度公式计算坝基面的抗滑稳定安全系数 K_s。

$$K_s = \frac{f \sum W}{\sum P} \tag{3-4}$$

若认为坝体与基岩胶结良好，滑动面上的阻滑力包括抗剪断摩擦力和抗剪断凝聚力，则采用抗剪断强度公式计算坝基面的抗滑稳定安全系数 K_s'。

$$K_s' = \frac{f' \sum W + c'A}{\sum P} \tag{3-5}$$

式中　K_s、K_s'——按抗剪强度公式、抗剪断强度公式计算的抗滑稳定安全系数；

　　　$\sum W$——作用在坝体上全部荷载对滑动平面法向分力的代数和，kN；

　　　$\sum P$——作用在坝体上全部荷载对滑动平面切向分力的代数和，kN；

　　　f、f'——坝体混凝土与坝基接触面间的抗剪摩擦系数及抗剪断摩擦系数；

　　　c'——坝体混凝土与坝基接触面间的抗剪断凝聚力，kPa；

　　　A——坝体与坝基接触面的面积，m^2。

抗剪断参数的选取直接关系到工程的安全性和经济性，必须合理地选用。一般情况下，应综合分析试验数据，并参照地质条件类似工程的经验数据后确定。

当坝体的抗滑稳定安全系数不能满足要求时，除改变坝体的剖面尺寸外，还可以采取以下的工程措施提高坝体的稳定性。

（1）利用水重。将坝体的上游面做成倾向上游的斜面或折坡面，利用坝面上的水重增加坝的抗滑力，以达到提高坝体稳定的目的。

（2）减小扬压力。通过结构措施或工程措施加强防渗排水，以达到减小扬压力的目的。

（3）提高坝基面的抗剪断参数 f'、c' 值。措施有：将坝基开挖成"大平小不平"等形式，对整体性较差的地基进行固结灌浆，设置齿墙或抗剪键槽等。

（4）预应力锚固措施。一般是在靠近坝体上游面采用深孔锚固预应力钢索，既增加了坝体稳定性，又可消除坝踵处的拉应力。

（5）增大筑坝材料重度（在坝体混凝土中埋置重度大的块石），或将坝基面开挖成倾向上游的斜面，借以增加抗滑力，提高稳定性。

2. 应力分析

坝体的最大和最小应力一般发生在上、下游坝面，对于较低重力坝的强度，只需用上、下游坝面垂直正应力控制即可，所以，应首先计算坝体边缘应力。计算简图及荷载、应力的正方向，如图 3-6 所示。其材料力学法的计算公式为

$$\begin{matrix} \sigma_y^u \\ \sigma_y^d \end{matrix} = \frac{\sum W}{T} \pm \frac{6 \sum M}{T^2} \tag{3-6}$$

式中 σ_y^u——上游面垂直正应力，kPa；

σ_y^d——下游面垂直正应力，kPa；

T——坝体计算截面沿上下游方向的水平宽度，m；

$\sum W$——计算截面以上所有垂直分力的代数和（包括扬压力，下同），以向下为正，kN；

$\sum M$——计算截面以上所有作用力对计算截面形心的力矩代数和（以逆时针方向为正），kN·m。

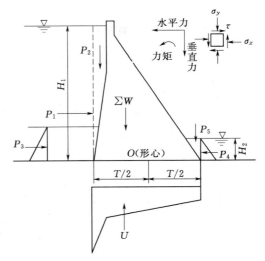

图3-6 坝体应力计算图

【例3-1】 某混凝土重力坝为3级建筑物，剖面尺寸如图3-7所示。设计洪水位177.2m，相应下游水位154.3m；淤沙高程160.40m；水的重度取10.0kN/m³，淤沙的浮重度为8.0kN/m³，内摩擦角 $\varphi=18°$；混凝土强度等级为C10，允许压应力为2.5MPa，混凝土重度取24kN/m³；坝基为较完整的微风化花岗片麻岩，允许压应力为20MPa，摩擦系数 $f=0.6$；帷幕及排水孔的中心线距上游坝脚分别为5.3m和6.8m，排水处扬压力折减系数 $\alpha=0.3$。50年一遇风速22.5m/s，水库吹程 $D=3$km。试核算基本组合的设计洪水位情况下：①坝体与坝基接触面的抗滑稳定性；②坝趾和坝踵垂直正应力是否满足要求。

解：（1）荷载及组合计算。作用在重力坝上的荷载包括坝体自重、水平水压力、水重、扬压力、浪压力、水平泥沙压力和垂直泥沙压力，计算结果为：$\sum W=7621.3$kN，$\sum P=4081.0$kN，计及扬压力时荷载对坝基截面形心的力矩 $\sum M=-14421.0$kN·m。

（2）坝基面抗滑稳定性核算。

$$K=\frac{f\sum W}{\sum P}=\frac{0.6\times 7621.3}{4081}=1.12>1.05$$

故在设计洪水位情况下，坝基面的抗滑稳定性满足要求。

（3）坝踵和坝趾应力核算。

1）坝踵垂直正应力（计扬压力）：

$$\sigma_y^u=\frac{\sum W}{T}+\frac{6\sum M}{T^2}=\frac{7621.3}{26.4}+\frac{6\times(-14421)}{26.4^2}=164.54(\text{kPa})>0$$

2）坝趾垂直正应力（计扬压力），计入扬压力时：

$$\sigma_y^d=\frac{\sum W}{T}-\frac{6\sum M}{T^2}=\frac{7621.3}{26.4}-\frac{6\times(-14421)}{26.4^2}=412.84(\text{kPa})$$

远小于坝基和坝体允许压应力。

故在设计洪水位情况下，坝趾和坝踵应力满足要求。

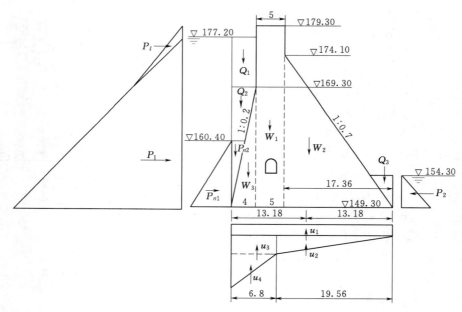

图 3-7 坝体剖面及荷载计算简图（单位：m）

六、重力坝的材料及构造

（一）混凝土重力坝的材料

建造重力坝的混凝土，除应有足够的强度承受荷载外，还要有一定的抗渗性、抗冻性、抗侵蚀性、抗冲耐磨性以及低热性等。

1. 强度等级

混凝土按标准立方体试块抗压极限强度分为 12 个强度等级，用符号 C 表示。重力坝常用的有 C7.5、C10、C15、C20、C25、C30 六个级别。混凝土的强度随龄期而增加，坝体混凝土抗压强度一般采用 90 天龄期强度，保证率为 80%；抗拉强度采用28 天龄期强度，一般不采用后期强度。

2. 混凝土的耐久性

混凝土的耐久性包括抗渗性、抗冻性、抗冲耐磨性、抗侵蚀性等。

（1）抗渗性是指混凝土抵抗水压力渗透作用的能力。抗渗性可用抗渗等级表示，抗渗等级是用 28 天龄期的标准试件测定的，分为 W2、W4、W6、W8、W10 和 W12六级。

（2）抗冻性是表示混凝土在饱和状态下能经受多次冻融循环而不破坏，同时也不严重降低强度的性能。混凝土抗冻性用抗冻等级表示，分为 F50、F100、F150、F200、F300 五级，一般应视气候分区、冻融循环次数、表面局部小气候条件、水分饱和程度、结构构件重要性和检修的难易程度来选取。

（3）抗冲耐磨性是指混凝土抗高速水流或挟沙水流的冲刷、磨损的性能。目前对于抗磨性尚未订出明确的技术标准。根据经验，使用高等级硅酸盐水泥或硅酸盐大坝水泥拌制成的高等级混凝土，其抗磨性较强，且要求骨料坚硬、振捣密实。

（4）抗侵蚀性是指混凝土抵抗环境侵蚀的性能。当环境水有侵蚀时，应选择抗侵蚀性能较好的水泥，水位变化区及水下混凝土的水灰比，可比常态混凝土的水灰比减少0.05。为了降低水泥用量并提高混凝土的性能，在坝体混凝土内可适量掺加粉煤灰掺和料及引气剂、塑化剂等外加剂。

3. 坝体混凝土分区

混凝土重力坝坝体各部位的工作条件及受力条件不同，对上述混凝土材料性能指标的要求也不同。为了满足坝体各部位的不同要求，节省水泥用量及工程费用，把安全与经济统一起来，通常将坝体混凝土按不同工作条件分为6个区，如图3-8所示。

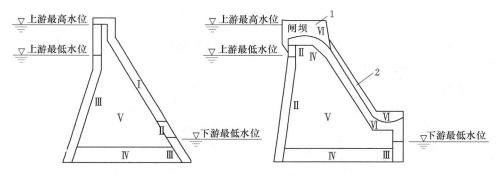

图3-8　坝体混凝土分区示意图
1—闸墩；2—导墙

Ⅰ区——上、下游水位以上坝体表层混凝土，其特点是受大气影响。

Ⅱ区——上、下游水位变化区坝体表层混凝土，既受水的作用也受大气影响。

Ⅲ区——上、下游最低水位以下坝体表层混凝土。

Ⅳ区——坝体基础混凝土。

Ⅴ区——坝体内部混凝土。

Ⅵ区——抗冲刷部位的混凝土（如溢流面、泄水孔、导墙和闸墩等）。

为了便于施工，选定各区混凝土强度等级时，强度等级的类别应尽量少，相邻区的强度等级相差应不超过两级，以免由于性能差别太大而引起应力集中或产生裂缝。分区的厚度一般不得小于2～3m，以便浇筑施工。

（二）混凝土重力坝的构造

重力坝的构造设计包括坝顶构造、坝体分缝、止水、排水、廊道布置等内容。这些构造的合理选型和布置，可以改善重力坝工作性能，满足运用和施工上的要求，保证大坝正常工作。

1. 坝顶构造

本章仅介绍非溢流坝坝顶构造，溢流坝的坝顶构造见第四章。

非溢流坝坝顶上游侧一般设有防浪墙。防浪墙宜采用与坝体连成整体的钢筋混凝土结构，高度一般为1.2m，防浪墙在坝体横缝处应留伸缩缝并设止水。坝顶路面一般为实体结构［图3-9（a）、（b）］，并布置排水系统和照明设备，也可采用拱形结构支承坝顶路面［图3-9（c）］，以减轻坝顶重量，有利于抗震。

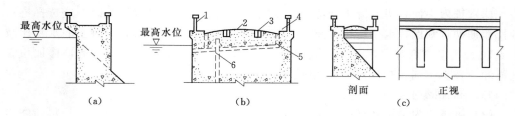

图 3-9 非溢流坝坝顶构造

(a)、(b) 实体结构；(c) 拱形结构

1—防浪墙；2—公路；3—起重机轨道；4—人行道；5—坝顶排水管；6—坝体排水管

2. 坝体分缝与止水

为了适应地基不均匀沉降和温度变化，以及施工期混凝土的浇筑能力和温度控制等要求，常需设置垂直于坝轴线的横缝、平行于坝轴线的纵缝以及水平施工缝。横缝一般是永久缝，纵缝和水平施工缝则属于临时缝。重力坝分缝如图 3-10 所示。

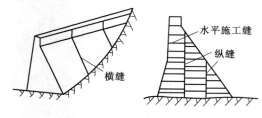

图 3-10 坝体分缝示意图

（1）横缝及止水。永久性横缝将坝体沿坝轴线分成若干坝段，其缝面常为平面，各坝段独立工作。横缝可兼作伸缩缝和沉降缝，间距（坝段长度）一般为 12～20m，当坝内设有泄水孔或电站引水管道时，还应考虑泄水孔和电站机组间距；对于溢流坝段还要结合溢流孔口尺寸进行布置。

横缝内需设止水设备，止水材料有金属片、橡胶、塑料及沥青等。高坝的横缝止水应采用两道金属止水铜片和一道防渗沥青井，如图 3-11 所示。对于中、低坝的止水可适当简化，中坝第二道止水片，可采用橡胶或塑料片等，低坝经论证也可仅设一道止水片。金属止水片的厚度一般为 1.0～1.6mm，加工成"}"形，以便更好地适应伸缩变形。第一道止水片距上游坝面约为 0.5～2.0m，以后各道止水设备之间的距离为 0.5～1.0m；止水每侧埋入混凝土的长度为 20～25cm。沥青井为方形或圆形，

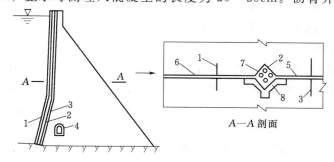

图 3-11 横缝止水构造图

1—第一道止水铜片；2—沥青井；3—第二道止水片；4—廊道止水；

5—横缝；6—沥青油毡；7—加热电极；8—预制块

边长或内径为 15～25cm，为便于施工，后浇坝段一侧可用预制混凝土块构成，井内灌注石油沥青和设置加热设备。

止水片及沥青井需伸入基岩 30～50cm，止水片必须延伸到最高水位以上，沥青井需延伸到坝顶。溢流孔口段的横缝止水应沿溢流面至坝体下游尾水位以下，穿越横缝的廊道和孔洞周边均需设止水片。

（2）纵缝。为了适应混凝土的浇筑能力和减少施工期的温度应力，常在平行坝轴线方向设纵缝，将一个坝段分成几个坝块，待坝体降到稳定温度后再进行接缝灌浆。常用的纵缝形式有竖直纵缝、斜缝和错缝等，如图 3-12 所示。纵缝间距一般为 15～30m。为了在接缝之间传递剪力和压力，缝内还必须设置足够数量的三角形键槽（图3-13）。

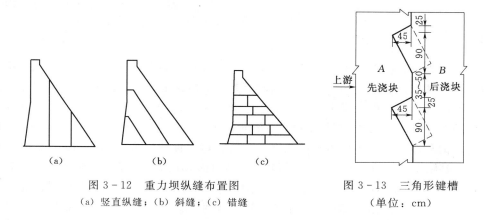

图 3-12　重力坝纵缝布置图　　　　图 3-13　三角形键槽
（a）竖直纵缝；（b）斜缝；（c）错缝　　　　　（单位：cm）

（3）水平工作缝。水平工作缝是分层施工的新老混凝土之间的接缝，是临时性的。为了使工作缝结合好，在新混凝土浇筑前，必须清除施工缝面的浮渣、灰尘和水泥乳膜，用风水枪或压力水冲洗，使表面成为干净的麻面，再均匀铺一层 2～3cm 的水泥砂浆，然后浇筑。国内外普遍采用薄层浇筑，浇筑块厚 1.5～3.0m。在基岩表面须用 0.75～1.0m 的薄层浇筑，以便通过表面散热，降低混凝土温升，防止开裂。

3. 坝体排水

为了减少坝体渗透压力，靠近上游坝面应设排水管幕，将渗入坝体的水由排水管排入廊道，再由廊道汇集于集水井，由抽水机排到下游。排水管距上游坝面的距离，一般要求不小于坝前水头的 1/15～1/25，且不小于 2m，以使渗透坡降在允许范围以内。排水管的间距为 2～3m，上、下层廊道之间的排水管应布置成垂直的或接近于垂直，不宜有弯头，以便检修。

排水管可采用预制无砂混凝土管、多孔混凝土管，内径为 15～25cm，如图 3-14所示。排水管施工时用水泥浆砌筑，随着坝体混凝土的浇筑而加高。在浇筑坝体混凝土时，须保护好排水管，以防止水泥浆漏入而造成堵塞。

4. 廊道布置

为了满足施工运用，如灌浆、排水、观测、检查和交通的需要，须在坝体内设置各种廊道。这些廊道互相连通，构成廊道系统，如图 3-15 所示。

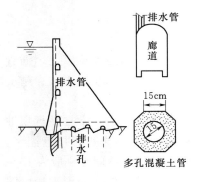

图 3-14 坝体排水管

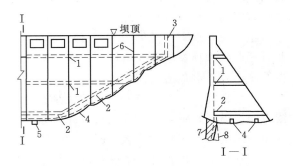

图 3-15 廊道和竖井系统布置图

1—检查廊道；2—基础灌浆廊道；3—竖井；4—排水廊道；
5—集水井；6—横缝；7—灌浆帷幕；8—排水孔幕

（1）基础灌浆廊道。对于中高坝，通常需要设置基础灌浆廊道，以减少坝体混凝土施工和坝基帷幕灌浆之间的干扰。基础灌浆廊道的断面尺寸，应根据钻灌机具尺寸及工作要求确定，一般宽度可取 2.5～3m，高度可为 3.0～3.5m。断面形式采用城门洞形。灌浆廊道距上游面的距离可取水头的 5%～10%，且不小于 4～5m。廊道底面距基岩面的距离不小于 1.5 倍廊道宽度，以防廊道底板被灌浆压力掀动开裂。廊道底面上、下游侧设排水沟，下游排水沟设坝基排水孔及扬压力观测孔。灌浆廊道沿地形向两岸逐渐升高，坡度不宜大于 40°～45°，以便进行钻孔、灌浆操作和搬运灌浆设备。

（2）检查和坝体排水廊道。为了检查巡视和排除渗水，常在靠近坝体上游面沿高度方向每隔 15～30m 设置检查排水廊道。廊道断面形式多采用城门洞形，最小宽度为 1.2m，最小高度为 2.2m，距上游面距离应不小于 0.05～0.07 倍水头，且不小于 3m。

七、重力坝的地基处理

重力坝承受较大的荷载，对地基的要求较高，它对地基的要求介于拱坝和土石坝之间。除少数较低的重力坝可建在土基上之外，其他一般需建在岩基上。然而天然基岩经受长期地质构造运动及外界因素的作用，多少存在着风化、节理、裂隙、破碎等缺陷，在不同程度上破坏了基岩的整体性和均匀性，降低了基岩的强度和抗渗性。因此必须对地基进行适当的处理，以满足重力坝对地基的要求。这些要求包括：①具有足够的强度，以承受坝体的压力；②具有足够的整体性、均匀性，以满足坝基抗滑稳定和减少不均匀沉陷；③具有足够的抗渗性，以满足渗透稳定，控制渗流量；④具有足够的耐久性，以防止岩体性质在水的长期作用下发生恶化。

重力坝的地基处理一般包括坝基开挖清理，对基岩进行固结灌浆和防渗帷幕灌浆，设置基础排水系统，对特殊软弱带如断层、破碎带进行专门的处理等。

1. 坝基的开挖与清理

坝基开挖与清理的目的是使坝体坐落在稳定、坚固的地基上。开挖深度应根据坝基应力、岩石强度及完整性，结合上部结构对地基的要求和地基加固处理的效果、工期和费用等研究确定。我国现行重力坝设计规范要求，凡 100m 以上的高坝须建在新鲜、微风化或弱风化下部基岩上；50～100m 的坝可建在微风化至弱风化中部基岩上；坝高小于 50m 时，可建在弱风化层中部或上部基岩上。同一工程中，两岸较高部位的坝段，其利用基岩的标准可比河床部位适当放宽。

坝基开挖的边坡必须保持稳定；在顺河方向，各坝段基础面上、下游高差不宜过大，为有利于坝体的抗滑稳定，可开挖成略向上游倾斜；两岸岸坡应开挖成台阶形，以利于坝块的侧向稳定；基坑开挖轮廓应尽量平顺，避免有高差悬殊的突变，以免应力集中造成坝体裂缝；当地基中存在有局部工程地质缺陷时，也应予以挖除。

为保持基岩完整性，避免开挖爆破振裂，基岩应分层开挖。当开挖到距设计高程 0.5～1.0m 的岩层时，宜用手风钻造孔，小药量爆破。如岩石较软弱，也可用人工借助风镐清除。基岩开挖后，在浇筑混凝土前，需进行彻底的清理和冲洗。对易风化、泥化的岩体，应采取保护措施，及时覆盖开挖面。

2. 坝基的固结灌浆

在重力坝工程中采用浅孔低压灌注水泥浆的方法对地基进行加固处理，称为固结灌浆（图 3-16）。固结灌浆的目的是提高基岩的整体性和强度，降低地基的透水性。现场试验表明，在节理裂隙较发育的基岩内进行固结灌浆后，基岩的弹性模量可提高 2 倍甚至更多，在帷幕灌浆范围内先进行固结灌浆可提高帷幕灌浆的压力。

固结灌浆孔一般布置在应力较大的坝踵和坝趾附近，以及节理裂隙发育和破碎带范围内。灌浆孔呈梅花形布置，孔距、排距和孔深根据坝高、基岩的构造情况确定，一般孔距 3～4m，孔深 5～8m。帷幕上游区的孔深一般为 8～

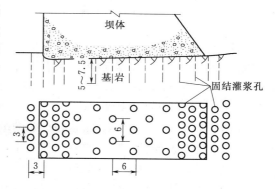

图 3-16 固结灌浆孔的布置（单位：m）

15m，钻孔方向垂直于基岩面。当无混凝土盖重灌浆时，压力一般为 0.2～0.4MPa（2～4kg/cm²），有盖重时为 0.4～0.7MPa，以不掀动基础岩体为原则。

3. 帷幕灌浆

帷幕灌浆的目的是降低坝底的渗透压力，防止坝基内产生机械或化学管涌，减少坝基和绕渗渗透流量。帷幕灌浆是在靠近上游坝基布设一排或几排深钻孔，利用高压灌浆充填基岩内的裂隙和孔隙等渗水通道，在基岩中形成一道相对密实的阻水帷幕（图 3-17）。帷幕灌浆材料目前最常用的是水泥浆，水泥浆具有结石体强度高、经济和施工方便等优点。在水泥浆灌注困难的地方，可考虑采用化学灌浆。化学灌浆具有很好的灌注性能，能够灌入细小的裂隙，抗渗性好，但价格昂贵，又易造成环境污染，使用时需慎重。

防渗帷幕的深度应根据基岩的透水性、坝体承受的水头和降低坝底渗透压力的要求确定。当坝基下存在可靠的相对隔水层时，帷幕应伸入相对隔水层内 3～5m。不同坝高所要求的相对隔水层的透水率 q（1m 长钻孔在 1MPa 压水压力作用下，1min 内的透水量）应采取下列不同标准：坝高在 100m 以上，$q=1\sim3$Lu；坝高为 $50\sim100$m 之间，$q=3\sim5$Lu；坝高在 50m 以下，$q=5$Lu。如相对隔水层埋藏很深，帷幕深度可根据降低渗透压力和防止渗透变形的要求确定，一般可在水头的 $30\%\sim70\%$ 范围内选取。

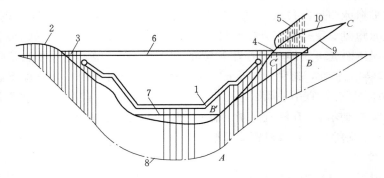

图 3-17 防渗帷幕沿坝轴线的布置图

1—灌浆廊道；2—山坡钻进；3—坝顶钻进；4—灌浆平洞；5—排水孔；6—最高库水位；
7—原河水位；8—防渗帷幕底线；9—原地下水位线；10—蓄水后地下水位线

防渗帷幕的排数、排距及孔距，应根据坝高、作用水头、工程地质、水文地质条件确定。在一般情况下，高坝可设两排，中坝设一排。当帷幕由两排灌浆孔组成时，可将其中的一排钻至设计深度，另一排可取其深度的 1/2 左右。帷幕灌浆孔距为 $1.5\sim3.0$m，排距宜比孔距略小。

帷幕灌浆需要从河床向两岸延伸一定的范围，形成一道从左到右的防渗帷幕。当相对不透水层距地面较近时，帷幕可伸入岸坡与相对不透水层相衔接。当两岸相对不透水层很深时，帷幕可以伸到原地下水位线与最高库水位相交点 B 附近，如图 3-17 所示。在最高库水位以上的岸坡可设置排水孔以降低地下水位，增加岸坡的稳定性。

帷幕灌浆必须在浇筑一定厚度的坝体混凝土作为盖重后进行，灌浆压力由试验确定，通常在帷幕孔顶段取 $1.0\sim1.5$ 倍的坝前静水压强，在孔底段取 $2\sim3$ 倍的坝前静水压强，但应以不破坏岩体为原则。

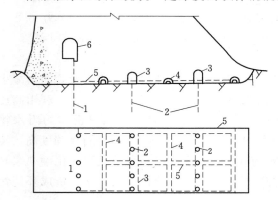

图 3-18 坝基排水设施布置图

1—主排水孔；2—辅助排水孔；3—坝基纵向排水廊道；
4—半圆形排水管；5—横向排水沟；6—灌浆廊道

4. 坝基排水设施

为了进一步降低坝底扬压力，需在防渗帷幕后设置排水系统，如图 3-18 所示。坝基排水系统一般由排水孔幕和基面排水组成。主排水孔一般设在基础灌浆廊道的下游侧，孔距 $2\sim3$m，孔径 $15\sim20$cm，孔深常采用帷幕深度的 $40\%\sim60\%$，方向则略倾向下游。除主排水孔外，还可设辅助排水孔1～3排，孔距一般为3～5m，孔深为6～12m。

若基岩裂隙发育，还可在基岩表面设置排水廊道或排水沟、管作为辅助排水。排水沟、管纵横相连形成排水网，增加排水效果和可靠性。并在坝基上布置集水井，渗水汇入集水井后，用水泵排向下游。

八、重力坝识图案例

福建省安砂水电站位于闽江支流沙溪的九龙溪中游，距永安市区44km，为沙溪流域的龙头水电站，是国家"四五"计划重点建设的Ⅱ等大（2）型水利枢纽工程。坝址以上流域面积5184km^2，电站总装机容量125MW，多年平均年发电量为6.14亿kW·h。水库校核洪水位（$p=0.1\%$）267.53m，总库容7.4亿m^3；正常蓄水位265m，调节库容4.4亿m^3，死水位234.0m，死库容2.0亿m^3，属季调节水库。工程以发电为主，兼有防洪、灌溉等效益。水利枢纽由拦河坝、深式泄水孔、引水隧洞、调压井、厂房、开关站、竹木过坝设施、灌溉取水管以及电站永久房建等9个部分组成（图3-19）。

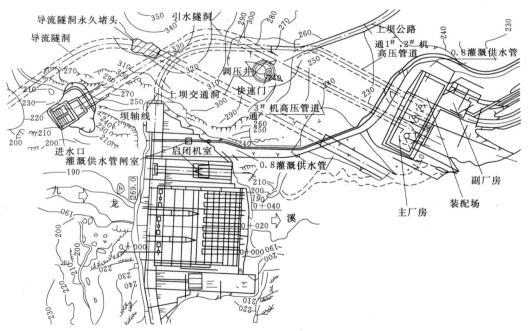

图3-19 安砂水电站枢纽布置图

大坝为2级建筑物，采用混凝土宽缝重力坝，按百年一遇洪水设计，千年一遇洪水校核。坝顶高程269.0m，最大坝高92m，坝顶宽度8.0m，坝顶长度166m。为满足施工浇筑与散热要求、温度变化和地基不均匀沉降要求，共设置了9条横缝，将坝体分为10个坝段（图3-20），上游坝坡1:0.15，下游坝坡1:0.8（溢流坝为1:1.0）。在右岸3$^\#$坝段设置了竹木过坝设施，采用门机和桅杆起重机联合吊运。

在4$^\#$～7$^\#$坝段设置3孔溢洪道，3孔最大下泄流量为6815m^3/s，溢流段总长度56m，净长度48m；顶部工作桥面高程为274.0m，设3台固定式卷扬启闭机；闸墩厚

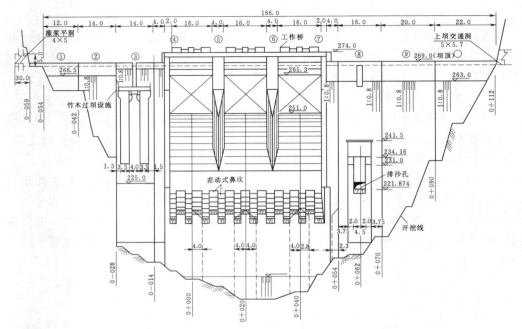

图 3-20 大坝下游立视图（单位：m）

度 4m（闸墩上游为半圆形，下游为流线型）闸墩长度需满足工作桥、交通桥及闸门布置的需要；工作闸门为三扇 16m×14.3m（宽×高）钢质弧形闸门；该工程采用挑流式消能，挑流鼻坎为差动式，鼻坎顶高程高出下游最高水位 1～2m；溢流面由顶部曲线段、中间直线过渡段、下部反弧段组成（图 3-21）。由于枯水期水库水位在溢流堰顶之下的时间较长，便于闸门和溢洪道检修，故该工程未设检修闸门。

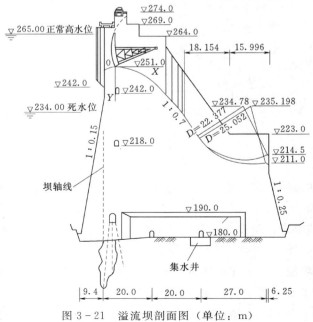

图 3-21 溢流坝剖面图（单位：m）

8#坝段设置水库放空泄水深孔1孔，长度41.3m，最大泄流量500m³/s，断面为马蹄形［5.4m×（4.8～4.5）m］；顺水流方向从上游到下游依次是：平面检修闸门、深式泄水孔、弧形工作闸门、挑流消能设施、尾水平台（图3-22）。

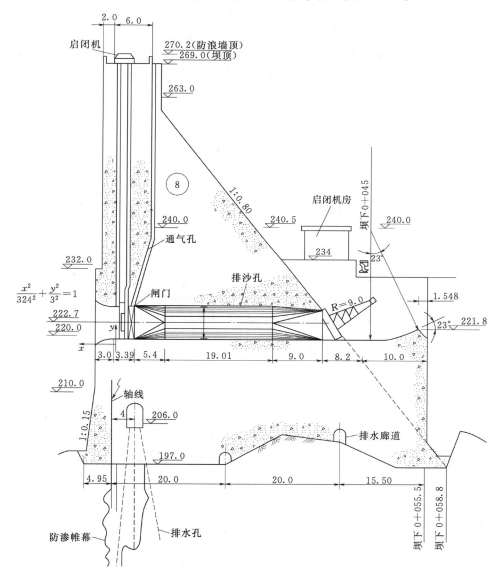

图3-22　水库放空泄水深孔剖面图（单位：m）

9#坝段设置灌溉取水孔1孔，断面为圆形，直径为0.8m，最大引用流量1.2m³/s，并设置了通往坝顶的扶梯。

为满足灌浆、检查、观测、排水、交通等需要，该工程分3层设置了检查和交通廊道、观测廊道、坝基排水廊道、灌浆廊道，上部两层廊道在左右岸均设置了进出口。廊道内还埋设有扬压力观测仪、横缝变形观测仪、坝体挠度观测仪（正垂线和倒垂线法）等各种观测检查设备。

坝体内部宽缝的宽度为 2～4m，宽缝距离上下游坝面分别为 10.0m 和 8.0m。该工程利用 5#、6# 坝段间的宽缝，设置总渗水量测设施、集水井和抽水泵房。

坝顶设置有工作桥（通往工作桥扶梯）、交通桥、路灯、防浪墙（高 1.2m，与坝顶可靠连接）、排水孔，观测设施（静力水准和引张线观测点）等。

本工程迎水面采用抗渗等级为 W8 的抗渗混凝土；永久性横缝的缝内设 2 道止水铜片，1 道沥青井，并在第二道止水之后，每隔 2.5m，沿坝轴线设置坝体排水管 1 道，排水管采用无砂混凝土管，直径 150cm。

【知识拓展】

以你熟悉的一个重力坝工程为例，简要阐述其主要组成和构造方法。

【课后练习】

扫一扫，做一做。

第二节　土　石　坝

3-2

认识土石坝

【课程导航】

问题 1：土石坝的工作特点和类型有哪些？

问题 2：土石坝剖面尺寸如何拟定？其构造内容和方法如何？

问题 3：土石坝对筑坝材料有哪些要求？其填筑标准如何？

问题 4：土石坝地基处理措施有哪些？

问题 5：面板堆石坝的组成与构造要求如何？

一、土石坝的工作特点和类型

土石坝是利用当地土石料填筑而成的一种挡水坝，故又称为当地材料坝。土石坝历史悠久，应用最为广泛，具有以下的优点：就地取材，可以节省大量的水泥、钢材和木材；对地形地质适应性强，几乎任何地基经处理后均可筑土坝；施工技术较为简单，工序少，便于机械化快速施工；结构简单，工作可靠，便于管理、维修、加高和扩建。

但土石坝存在坝顶不能溢流、需另设泄水建筑物、坝体工程量大、采用黏性土料填筑时易受气候条件的影响等缺点。

1. 土石坝的工作特点

由于土石坝是由松散颗粒体填筑而成，因而与其他坝型相比，在坝坡稳定、渗流、冲刷、沉降等方面具有不同的特点和设计要求。

（1）坝坡稳定。在水平水压力作用下，土石坝一般不会发生沿坝基面的整体滑动。其失稳形式是坝坡滑动或坝坡连同部分地基一起滑动。造成滑坡主要原因是土粒间的抗剪强度小，而坝坡过陡，引起的剪切破坏；或坝基的抗剪强度太小，承载力低。设计时应合理选择坝坡和防渗排水设施，严格控制施工质量和做好地基处理。

（2）渗流。由于散粒体结构的颗粒间存在着较大孔隙，坝体挡水后，在上下游水位差的作用下，库水将经过坝体、坝基和两岸向下游渗透。渗流在坝体内形成的自由水面称浸润面，坝体横断面与浸润面的交线称浸润线，如图3-31所示。浸润线以下为饱和渗流区，土的抗剪强度指标较自然状态低，对坝坡稳定不利；当渗透坡降超过一定界限时，还会引起坝体或坝基土的渗透变形破坏；另外，渗透流量过大也会影响水库的蓄水。设计时应采取防渗排水措施，减少渗漏，保证渗流稳定性。

（3）冲刷。土石坝为散粒体结构，颗粒间的黏结力很小，抗冲力很弱。若库水漫顶，将对坝体产生极大危害；因此，土石坝的坝顶安全超高较混凝土坝或砌石坝大。且当坝坡受到波浪掏刷或雨水冲刷时，易产生坍塌；故设计时，应设置护坡和坝面排水设施。同时，在布置泄水建筑物时，注意进出口离坝坡要有一定的距离，以免泄水时对坝坡产生冲刷。

（4）沉降。由于土石料填筑体内存在孔隙，在坝体自重和水荷载的作用下，坝体和坝基都会由于压缩变形而产生沉降。均匀沉降使坝顶高程不足，不均匀沉降会使坝体开裂。故施工时应严格控制碾压质量，且完工后坝顶高程应较设计值高0.5%～1%。

2. 土石坝的类型

（1）按施工方法土石坝可分为碾压式土石坝、水中填土坝、水力冲填坝、定向爆破堆石坝等。其中碾压土石坝应用最多。

（2）按防渗体材料和在坝体内位置不同，土石坝可分为如下几类。

1）均质坝。坝体由同一种土料（壤土或砂壤土）填筑而成，整体自防渗，如图3-23（a）所示。

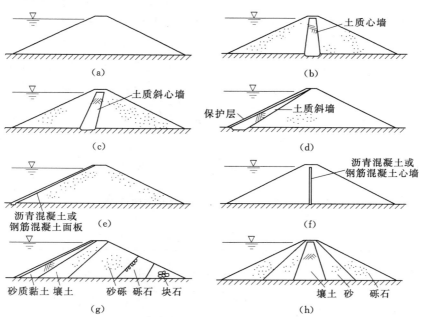

图3-23 土石坝类型示意图
（a）均质坝；（b）、（f）心墙坝；（c）斜心墙坝；（d）斜墙坝；（e）面板坝；
（g）、（h）多种土质坝

51

2）土质防渗体分区坝。坝体由若干透水性不同的土料分区构成。用透水性较好的砂石料作坝壳，防渗性较好的黏土做防渗体。防渗体设在坝体中部或稍向上游的称为心墙坝或斜心墙坝，防渗体设在上游斜坡面的称为斜墙坝，见图 3-23（b）～（d）。另外，还有土质防渗体在中央，土料透水性向两侧逐渐增大、由几种土料构成的多种土质坝，见图 3-23（h）；及防渗体在上游、透水性向下游逐渐增大的多种土质坝，如图 3-23（g）所示。

3）非土质材料防渗体坝。坝的防渗体由沥青混凝土、钢筋混凝土或其他人工材料（如土工膜）构成，而其余部分由土石料构成，也称人工防渗材料坝。其中防渗体在上游面的称为面板坝，见图 3-23（e）；防渗体在坝体中央的称为心墙坝，见图 3-23（f）。

二、土石坝的基本断面与构造

1. 土石坝的基本断面

（1）坝顶高程。为保证水库运用时不发生漫溢，坝顶高程应为正常运用和非常运用的静水位加一定的超高值，见图 3-24。坝顶超高值可用下式计算：

$$Y = R + e + A \tag{3-7}$$

式中　Y——坝顶超高，m；

　　　R——波浪在坝坡上的爬高，m；

　　　e——最大风壅水面高度，m；

　　　A——安全加高，m，按表 3-2 确定。

R、e 具体计算参阅《碾压式土石坝设计规范》（SL 274—2020）。

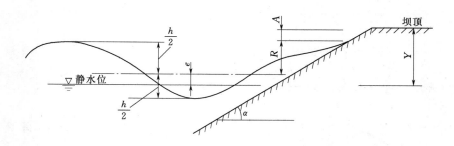

图 3-24　坝顶超高计算示意图

表 3-2		安 全 加 高 A			单位：m
运用情况	坝的级别	1	2	3	4、5
设计		1.50	1.00	0.70	0.50
校核	山区、丘陵区	0.70	0.50	0.40	0.30
	平原、滨海区	1.00	0.70	0.50	0.30

设计时应分别计算下列四种情况，取其最大值：①正常蓄水位＋正常情况的坝顶超高；②设计洪水位＋正常情况的坝顶超高；③校核洪水位＋非常情况的坝顶超高；④正常蓄水位＋非常情况的坝顶超高＋地震安全加高。

坝顶设防浪墙时，防浪墙顶高程可代替坝顶高程，但在正常运用条件下，坝顶应高出静水位 0.5m；在非常运用条件下，坝顶不应低于水库最高静水位。

【例 3－2】 某水库位于山区，总库容为 1.1 亿 m^3，主坝为均质土坝，高 70m，抗震设防烈度为 7 度，设计洪水位为 215.5m，校核洪水位为 217.5m，正常蓄水位为 215.0m。已知：正常运用条件下波浪爬高为 3.50m，非常运用条件下波浪爬高为 1.8m。最大风壅水面高度设定为 0，地震壅浪高度取 1.0m，地震沉降值 $B＝0.5m$。试确定该土坝坝顶高程。

解： 查规范可知，大坝为 2 级建筑物，安全加高 A 设计情况为 1.0m，校核情况为 0.5m。

1）设计洪水位加正常运用条件下坝顶超高：

$$Y＝R＋e＋A＝3.50＋0＋1.0＝4.5（m）$$

坝顶高程为：$215.5＋4.5＝220.0（m）$

2）正常蓄水位加正常运用条件下坝顶超高：

$$Y＝R＋e＋A＝3.50＋0＋1.0＝4.5（m）$$

坝顶高程为：$215.0＋4.5＝219.5（m）$

3）校核洪水位加非常运用条件下坝顶超高为：

$$Y＝R＋e＋A＝1.8＋0＋0.5＝2.3（m）$$

坝顶高程为：$217.5＋2.3＝219.8（m）$

4）正常蓄水位加非常运用再加地震条件下坝顶超高：

$$Y＝R＋e＋A＋B＝1.8＋0＋1.5＋0.5＝3.8（m）$$

坝顶高程为：$215.0＋3.8＝218.8（m）$

取上述计算结果的最大值，则坝顶高程由设计洪水位情况控制，等于 220.0m。

（2）坝顶宽度。坝顶宽度应根据运用需要、交通要求、结构构造、施工条件和抗震等因素确定，当坝顶有交通要求时，应按交通规定选取。一般情况下，高坝的顶部宽度可选用 10～15m，低坝可选用 5～10m。

（3）坝坡坡度。土坝的坝坡坡度取决于坝高、筑坝方法、筑坝材料等，可根据实际工程经验，参照类似工程，初选坝坡，然后通过渗透、稳定分析进行修正。

一般情况下，碾压式土石坝的平均坝坡为 1:2～1:4。较高的坝可采用分级变坡的方式，每隔 10～30m 高变坡一次，坝坡向下逐级放缓。变坡处设马道，马道宽 1.5～2.0m。此外，上游坝坡比下游坝坡缓；均质坝上游坝坡，较心墙坝缓；黏土斜墙坝上游坝坡比心墙坝缓，而下游坝坡可比心墙坝陡些。

2. 土坝的构造

（1）坝顶构造。坝顶一般宜采用砌石、碎石或砾石、混凝土或沥青混凝土等护面。如坝顶有公路交通要求，其结构应满足公路交通路面的有关规定。坝顶上游侧常设置坚固、不透水的防浪墙，墙底应与坝体中的防渗体紧密连接。坝顶下游侧宜设路缘石或栏杆（图 3-25）。为排除雨水，坝顶应做成向下游倾斜的横坡，坡度为 2%～3%，并设置纵向排水沟，以利及时排除聚集的雨水。

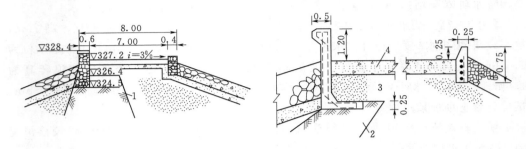

图 3-25　坝顶构造图（单位：m）
1—心墙；2—斜墙；3—回填土；4—路面

（2）坝体防渗设施。为减少坝体的渗流量、降低浸润线以增加下游坝坡的稳定、降低渗透坡降以防止渗透变形，除均质坝外，一般均应设专门的坝体防渗设施。

对于黏土心墙，其顶部宽度不宜小于 3m，两侧边坡 1:0.15～1:0.3，底部厚度不宜小于作用水头的 1/4，顶部高程应高于设计洪水位 0.3～0.6m，且不低于校核洪水位；对于黏土斜墙，其厚度以垂直于斜墙方向量取，顶部宽度不宜小于 3m，底部厚度不宜小于作用水头的 1/5，内坡不陡于 1:2，外坡不陡于 1:2.5。对于设有可靠防浪墙的土坝，心墙或斜墙顶部高程也应不低于正常运用情况下的静水位。心墙或斜墙顶部与坝顶之间应设置厚度不小于 1.0m 的保护层，且为防止墙体发生渗流破坏及满足变形要求，黏土防渗体两侧均设反滤层和过渡层，见图 3-26。

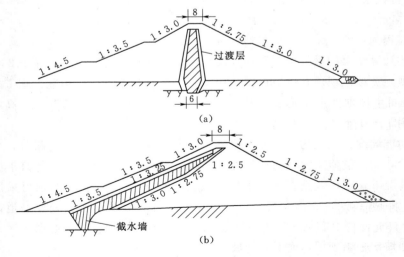

图 3-26　塑性防渗墙示意图（单位：m）
（a）塑性心墙；（b）塑性斜墙

54

非土质防渗体主要有：钢筋混凝土（顶部厚度不小于 0.3m，底部厚度一般为坝高的 1/20～1/40）和沥青混凝土（顶部厚度不小于 0.3m，底部厚度一般为坝高的 1/40～1/60，且不小于 0.4m）防渗体等。

（3）坝体排水设施。排水设施的作用是及时排除坝体及坝基的渗水，降低浸润线，增加坝体及坝基的稳定性，防止发生渗透破坏。坝体排水常用的形式有以下几种。

1）贴坡排水。贴坡排水又称表层排水（图 3-27），布置在下游坝坡底部，用 1～2 层堆石或干砌石筑成，在石块与坝坡之间设置反滤层。贴坡排水顶部应高于浸润线的逸出点 1.5～2.0m，并应超出下游波浪爬高。当坝体为黏土料时，排水体厚度应大于本地的冻深。贴坡排水底部应设排水沟，其深度要满足结冰后仍有足够的排水断面。

贴坡排水构造简单，便于维修，用石料少，可防止渗流出逸处的渗透破坏，保护下游免受尾水冲刷，但不能降低浸润线，且易因冰冻而失效。一般用于中小型工程。

2）棱体排水。棱体排水是在下游坝脚处堆成棱体状块石体（图 3-28），其顶部高程应超出下游最高水位 0.5～1.0m，并高于下游波浪的爬高。排水体顶宽视施工、检查观测需要确定，但不小于 1.0m。堆石棱体内坡一般为 1∶1.25～1∶1.5，外坡为 1∶1.5～1∶2.0。

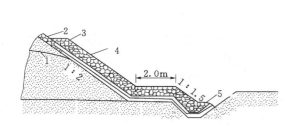

图 3-27 贴坡排水
1—浸润线；2—护坡；3—反滤层；
4—排水体；5—排水沟

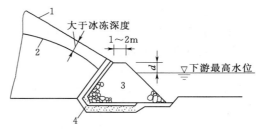

图 3-28 堆石棱体排水
1—下游坝坡；2—浸润线；3—棱体排水；4—反滤层

棱体排水能有效降低浸润线，防止坝体受渗透变形和冻胀破坏，保护坝坡不受尾水冲刷，并可支撑坝体，增加下游坝坡稳定。缺点是用石料较多、造价较高，与坝体施工有些干扰，且维修不便。多用在较高的坝和石料较丰富的地区。

3）褥垫式排水。用厚度约 40cm 块石、砾石平铺在靠下游侧的坝基上，排水体伸入坝内的长度一般不大于 1/4～1/3 坝底宽，倾向下游的纵向坡度约为 0.005～0.01，并在其周围布置反滤层构成水平排水体（图 3-29），以利渗水排出。

褥垫式排水能显著降低浸润线，有助于地基的排水固结，可避免冰冻。但石料、反滤料需要量大；且对不均匀沉降的适应性差，检修、维护困难。适用于下游无水、坝体和坝基为含水量大、透水性小的软土。

4）综合式排水。为充分发挥各种排水的优点，实际工程中，常将两种排水组合在一起应用，称综合式排水，如棱柱排水与贴坡排水结合，褥垫排水与棱柱排水结

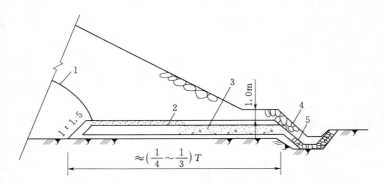

图 3-29　褥垫式排水
1—浸润线；2—中细砂反滤层（厚 0.2m）；3—砂砾层（厚 0.5～1.0m）；
4—砌块石；5—碎石

合等。

（4）护坡。为防止波浪淘刷、雨水冲刷、冰层冻胀、漂浮物撞击、干裂、动物洞穴对土石坝的破坏，则应对坡面进行保护。对护坡的要求是坚固耐久，尽可能就地取材，施工简单和检修方便。

上游护坡有砌石、堆石、干砌石、混凝土板、沥青混凝土等形式。上游护坡范围应由坝顶护至最低库水位以下 1.5～2.5m。

下游护坡有砌石、堆石、卵石、混凝土框格填石或草皮护坡等。气候温和湿润地区的黏性土均质坝，可用草皮护坡，草皮的厚度一般为 0.05～0.1m；若坝坡为砂性土，可先在坝坡上铺一层 0.2～0.3m 厚的腐殖土，再铺植草皮。当坝址附近石料丰富时，可采用单层干砌石护坡。下游护坡范围，应从坝顶护至下游排水设施。

单层干砌石的石块直径不小于 0.2～0.35m，下面垫 0.15～0.25m 厚的碎石或砾石层，见图 3-30。若采用双层干砌石，其上层采用大于 0.25～0.35m 的块石，下层块石直径为 0.15～0.25m。干砌石护坡适用于浪高小于 2m 的情况。当浪高较大时，可采用水泥砂浆砌石或用混凝土勾缝，提高抗风浪能力，但要设置排水管。

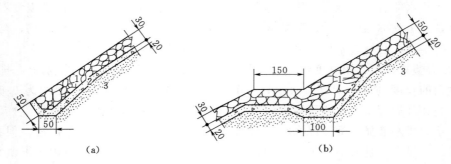

图 3-30　砌石护坡（单位：cm）
1—护坡；2—垫层；3—坝体

各种护坡均应在马道及护坡最下端设置基脚，以增强护坡的稳定性，为了防止雨水漫流而造成坝坡表面冲刷，在下游坝坡上需设置纵横连通的排水沟。

三、土石坝渗流分析和稳定计算简介

设计土石坝时，在初步拟定了坝体断面、基本构造和基础处理方案后，应进行渗流分析和稳定计算，以确定初拟坝体断面是否安全、经济。

（一）渗流分析

1. 渗流分析概述

（1）土石坝渗流计算的目的：确定坝体浸润线及下游出逸点的位置，为坝体稳定计算和布置观测设备提供依据；计算坝体和坝基的渗流量，以便估算水库的渗漏损失；求出坝体和坝基局部的渗透坡降，验算渗流出逸处是否可能发生渗透破坏。

（2）渗流计算的工况：上游为正常蓄水位、下游为相应的最低水位；上游为设计洪水位、下游为相应的水位；上游为校核洪水位、下游为相应的水位；库水位降落时上游坝坡稳定最不利情况。

（3）渗流计算的方法：解析法、实验法、流网法和数值法等。

2. 水力学法计算原理

渗流计算视坝型、地基透水情况、坝体下游有水无水、排水设施的形式等因素进行分析计算，其计算简图如图 3-31 所示。根据二元稳定层流的特性，可由达西定律推导出平底、无压渗流基本方程式（单宽渗透流量和浸润线）：

$$q = k \frac{H_1^2 - (H_2 + a_0)^2}{2L} \tag{3-8}$$

$$y = \sqrt{H_1^2 - \frac{2qx}{k}} \tag{3-9}$$

式中　q——坝体单宽渗透流量，$\mathrm{m^3/(s \cdot m)}$；

$\quad\quad y$——浸润线纵坐标，m；

$\quad\quad x$——渗流沿程坐标，m；

$\quad\quad k$——坝体渗透系数，m/s；

$\quad\quad a_0$——浸润线逸出点高于下游水位的高度，m；

$\quad\quad H_1$——上游水深，m；

$\quad\quad H_2$——下游水深，m。

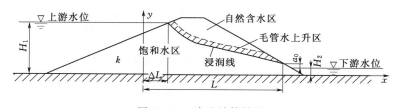

图 3-31　渗流计算简图

对下游无水的非贴坡排水或透水地基，H_2 可忽略不计。

对透水坝基，可先视坝体为不透水体，按有压渗流原理得出坝基单宽渗流计算

公式，并计算出坝基渗流量 q_1，再加上坝体的渗流量 q_2，即可得出整个断面的单宽渗流量 q。

沿坝轴方向，按坝地基、坝体高度变化情况，将其分成若干段，分别计算出各段的渗流量 Q_i；最后将各段渗流相加，即得总渗流量 Q。

3. 土石坝的渗透变形

土体由于渗透的作用而出现的破坏称为渗透变形。渗透变形有管涌、流土、接触冲刷、接触流土等四种形式。实际工程中发生的渗透变形主要是管涌和流土。

管涌是指在一定水力坡降的渗透水流作用下，土坝中的细颗粒土穿过骨架孔隙流失的现象。管涌只发生在无黏性的土中，没有凝聚力的砂土、砾石砂土容易出现管涌。在坝基、坝坡下游渗流逸出处，渗透坡降较大，容易产生管涌破坏。

流土是指在一定水力坡降的渗透水流作用下，局部土体从坝坡或坝基表面掀起的现象。流土主要发生在黏性土及均匀非黏性土体的渗流出口处。

土体发生渗透变形的原因取决于渗透坡降、土颗粒的性质。设计时，一方面降低渗透坡降，从而减小渗透流速和渗透压力；另一方面，增加渗流出逸处土体抵抗渗透变形的能力。其具体措施是设置防渗设施、反滤排水、减压设施和盖重。

（二）土石坝的稳定计算

1. 滑裂面的形状

由于坝体结构、坝基地质及工作条件不同，土石坝可能出现滑裂面形状也不同，一般滑裂面可归纳为圆弧形、直线或折线形、复合形几种，如图 3-32 所示。

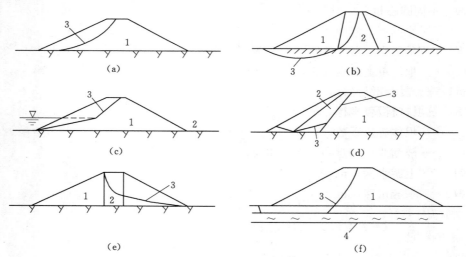

图 3-32 坝坡滑裂面形状

（a）、（b）圆弧滑裂面；（c）、（d）直线或折线滑裂面；（e）、（f）复合滑裂面

1—坝壳；2—防渗体；3—滑裂面；4—软弱层

（1）圆弧滑裂面。当滑裂面通过黏性土的坝体或坝基时，滑裂面的形状呈一个上陡下缓的曲面，如图 3-32（a）、（b）所示。分析时，该曲面常用圆弧面代替。

（2）直线或折线滑裂面。当滑裂面通过无黏性土时，其滑裂面可能是直线或折线，如图 3-32（c）、（d）所示；当坝坡部分浸在水中时，滑裂面也呈折线形；当有斜墙时，折线面常通过斜墙的顶面或底面。

（3）复合滑裂面。当滑裂面通过几种性质不同的土体时，可能呈现由直线和曲线组成的复合形状的滑裂面，如图 3-32（e）、（f）所示。

2. 坝坡稳定计算工况

（1）施工期的上、下游坝坡稳定计算。

（2）稳定渗流期的下游坝坡稳定计算（正常蓄水位、设计洪水位、校核洪水位）。

（3）水库水位降落（骤降、缓降）期的上游坝坡稳定计算。

（4）正常运用遇地震时上、下游坝坡稳定计算。

3. 滑坡分析的原理

一般情况下，将滑坡体视为刚体，利用刚体极限平衡理论进行分析。计算时，先判断破坏面（滑动面）的形式，然后选取某可能的危险滑动面，求出其抗滑稳定安全系数，再改变相关参数，假设若干个可能的滑裂面，分别计算，最后求出最小抗滑稳定安全系数。当求出最小的安全系数大于规范允许值时，则说明坝体边坡是稳定的。

圆弧法稳定计算原理是：假定坝坡或坝坡连同部分坝基的土体沿某一圆柱面滑动，其破坏滑动面简化为圆弧面，将滑动体分成若干竖直土条，每个土条上作用力简化到滑弧面上，分别求出各力对圆心的力矩，并分别归并为滑动力矩 $\sum M_s$ 和抗滑力矩 $\sum M_r$。每个假定圆弧面的抗滑安全系数可由下式计算：

$$K_c = \sum M_r / \sum M_s \qquad (3-10)$$

假定不同圆心和半径画出一系列滑弧，对每一滑弧上的土体进行分析，比较一系列的 K_c 值，最小的 $K_{\min}$ 即为该计算工况的安全系数。它应大于规范的允许值，允许安全系数 K_c 与坝的级别、运用条件有关，详见《碾压式土石坝设计规范》（SL 274—2020）的规定。

折线法、复合滑动法的具体计算，可参考有关书籍。

四、筑坝材料及填筑标准

（一）筑坝材料

1. 均质坝

均质坝常用砂质黏土和壤土作为筑坝材料，要求土料的渗透系数不大于 $1×10^{-4}\,cm/s$，粒径小于 0.005mm 的颗粒含量不大于 40%，一般为 10%～30%，有机质含量（按质量计）不大于 5%，可溶盐含量不大于 3%。

2. 防渗体

防渗体要求土料的渗透系数不大于 $1×10^{-5}\,cm/s$，与坝壳材料的渗透系数之比不大于 1/1000，有机质含量（按质量计）不大于 1%，可溶盐含量不大于 3%。

用于填筑防渗体的砾石，粒径大于 5mm 的颗粒含量不宜超过 50%，最大粒径不宜大于 150mm 或铺筑厚度的 2/3，0.075mm 以下的颗粒含量不应小于 15%。填筑时不得发生粗骨料集中架空现象。

3. 坝壳材料

坝壳填料应使坝体具有足够的稳定性、较高的强度、并具有良好的排水性。砂、砾石、卵石、漂石、碎石等无黏性土料，料场开采的石料、开挖的石渣料，均可作为坝壳填料。

均匀的中砂、细砂和粉砂，不均匀系数 $C_u = 1.5 \sim 2.6$ 时，极易发生液化破坏。因此，只可用于中低坝坝壳的干燥区，不宜用于地震区域的坝。

4. 排水体

排水体应采用具有较高抗压强度，良好抗水性、抗冻性和抗风化性的块石。块石料重度应大于 $22kN/m^3$，岩石孔隙率不应大于 3％，吸水率（按孔隙体积比）不应大于 0.8，块石饱和抗压强度不应小于 30MPa，软化系数不应大于 $0.75 \sim 0.85$。

（二）填筑标准

（1）对不含砾石或砾石含量很少的黏性土料，以压实干容重作为设计标准，等于击实试验的最大干容重乘以压实度。对于 1 级坝和高坝，压实度为 $0.98 \sim 1.00$；对于 2、3 级坝和中坝，压实度为 $0.96 \sim 0.98$。

对含砾石的黏性土料，以最大干密度和最优含水量作为设计标准。

（2）砂砾石和砂的填筑标准以相对密度为设计控制指标。其中，砂砾石的相对密度不应低于 0.75，砂的相对密度不应低于 0.70，反滤料的相对密度宜为 0.70。

（3）堆石的填筑标准宜以孔隙率为设计控制指标。其中，土质防渗体分区坝的堆石料，其孔隙率宜为 20％～28％。

五、土石坝的地基处理

1. 砂砾石地基处理

砂砾石地基的处理主要是控制渗流，其处理原则"上堵下排"。

防渗措施主要有黏土截水槽、混凝土防渗墙、灌浆帷幕、防渗铺盖等；排水减压设施有排水沟、减压井、透水盖重等。

（1）黏土截水槽。截水槽是均质坝、斜墙或心墙向透水地基中延伸的部分。当砂砾石深度在 15m 以内时，在坝轴线处或略偏上游的坝基上，平行坝轴线方向开挖一梯形槽，槽深直达不透水层或基岩，槽内回填黏土与坝体防渗体连成整体，见图 3-33。

截水槽底宽不应小于 3.0m。边坡一般不陡于 $1:1 \sim 1:1.5$。截水槽两侧设置过渡层或反滤层。对于均质坝，可将截水槽设于距上游坝脚 $1/3 \sim 1/2$ 坝底宽度内。

截水槽底部与不透水层接触面是防渗的薄弱环节。不透水层为岩基时，常在接触面上修建混凝土齿墙。若不透水层为黏土，则将截水槽底部嵌入黏土层 $0.5 \sim 1.0m$。截水槽结构简单，工作可靠，防渗效果好，应用广泛。

（2）混凝土防渗墙。当砂砾石深度为 15～80m，可采用混凝土防渗墙（图 3-34）。混凝土防渗墙是在平行坝轴线方向打圆孔或槽孔，在槽中浇筑混凝土，形成一道地下防渗墙。混凝土防渗墙的厚度一般为 $0.6 \sim 0.9m$，最大为 1.3m，墙底嵌入基岩石 $0.5 \sim 1.0m$，墙顶插入坝身防渗体内的深度，宜为坝高的 $1/10$，低坝应不低于 2m。

（3）灌浆帷幕。当砂卵石厚度很深或采用其他措施不合理时，可采用灌浆帷幕。一般用钻孔灌浆的办法，将水泥浆或水泥黏土浆压入砂砾石的孔隙中，胶凝成帷幕（图 3-35）。灌浆帷幕的适宜深度为 30～100m。也可深层采用灌浆帷幕，上部采用黏土截水槽或混凝土防渗墙。

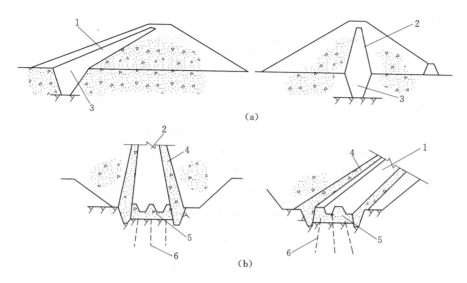

图 3-33 透水地基截水槽

（a）截水槽；（b）截水槽（或心墙、斜墙）与基岩的连接

1—黏土斜墙；2—黏土心墙；3—截水槽；4—过渡层；5—垫层；6—固结灌浆

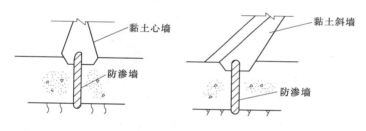

图 3-34 混凝土防渗墙示意图

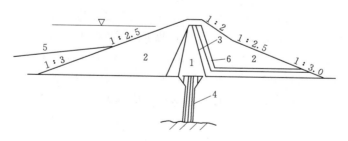

图 3-35 灌浆帷幕

1—心墙；2—透水坝壳；3—过渡段；4—灌浆帷幕；

5—上游护脚；6—下游排水

（4）防渗铺盖。铺盖是一种水平防渗设施，它是从坝体防渗体向上游延伸而成（图 3-36）。铺盖不能完全截断渗流，但可增长渗径，减小渗透坡降和渗流量。铺盖的长度一般为设计水头的 4～6 倍。上游端最小厚度取 0.5～1.0m，向下游逐渐

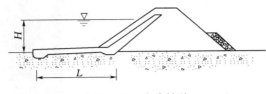

图 3-36 防渗铺盖

加厚，与斜墙连接处长达 3～5m。铺盖与地基粗粒土接触时，应设置反滤层或垫层，铺盖表面应设保护层。

2. 细砂及软弱土基的处理

（1）细砂地基。细砂和可能产生液化地基的处理，可采用挖除、人工加密、围封等工程措施。对表层或较浅的细砂层，可采用挖除的方法；当砂层较厚挖除有困难时，可采取爆炸压实、夯击压实、振动水冲等方法进行人工加密；还可采用板桩、截水墙或沉箱等围封法处理，但这些方法造价高，应用较少。

（2）软黏土地基。对于厚度不大的淤泥层，可全部挖除。如淤泥层或软弱土层较厚，分布范围较广时，可采用加荷预压、振冲置换或打砂井法处理。

3. 土石坝与地基、岸坡的连接

土石坝与地基的接触面，容易发生集中渗流而造成渗透破坏。因此，对于均质坝，当坝体与土基连接时，应在坝基开挖齿槽，回填坝体土料。齿槽深度不小于 1.0m，槽宽 2～3m，接合槽沿接触面增加的渗径长度，应为坝底宽的 5%～10%。当坝与岩石地基连接时，需先对岩石表面进行清理和缺陷堵塞。为使坝体与基岩紧密结合，可在接合面处设置混凝土齿墙，如图 3-37 所示。

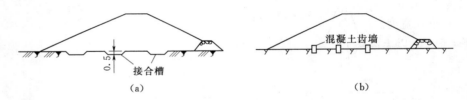

图 3-37 均质坝与坝基的连接（单位：m）

（a）接合槽；（b）混凝土齿墙

土石坝与岸坡连接时，为防止不均匀沉陷产生裂缝，岸坡的开挖应大致平顺，不得开挖成台阶形，坡度不宜太陡，岩石岸坡应不陡于 1：0.5；土质岸坡不陡于 1：1.5。

土石坝的坝体与混凝土坝、溢洪道、船闸、涵管等建筑物连接时，必须防止接触面的集中渗流、不均匀沉降所产生的裂缝以及下泄水流对下游坝脚的冲刷等。

六、堆石坝

（一）概述

堆石坝泛指用石料经抛填、碾压等方法堆筑而成的一种坝型。堆石坝的筑坝材料主要采用（50%以上）粒径大于 5mm 的碎（块）石和砂砾石。由于堆石体是透水的，故需要设置防渗体，一般堆石坝以防渗体材料的种类和位置来命名，如土质心墙堆石坝、混凝土面板堆石坝等。随着近年来设计和施工水平的不断提高，堆石坝得到广泛应用。

当前，堆石坝应用较多的坝型是面板堆石坝，其主要特点如下。

（1）结构特点：①碾压堆石的密度大，抗剪强度高，坝坡较陡，坝体工程量较小；②分层碾压的施工方法，使每层的上半部比下半部的平均粒径小、细粒含量高、表面平整，这不仅有利于施工，而且透水性好，通过堆石体的渗流容易从水平方向排出，坝体基本处于干燥状态，不存在扬压力和孔隙水压力，对坝体稳定和抗震有利；③分区堆石体具有透水、反滤作用；④全部堆石体都对挡水发挥作用。

（2）施工特点：①堆石体的分区使开挖的石料得到充分合理的利用，有利于降低造价；②堆石体的半透水性和反滤作用，有利于施工导流和度汛，降低临时工程费用；③受气候（雨季、严寒）影响小，可以较均衡的进行施工。

（3）运行和维修特点：碾压堆石体的沉降变形量很小，安全性高，维护工作量小。

（二）混凝土面板堆石坝

1．坝体剖面设计

（1）坝坡。库克（Cooke）认为，面板堆石坝无坝坡失稳先例，主张无须对坝坡进行稳定计算，上、下游坝坡坡率均采用 1：1.3。《混凝土面板堆石坝设计规范》（SL 228—2013）规定，当筑坝材料为硬岩堆石料时，上、下游坝坡可采用 1：1.3～1：1.4，软岩堆石体的坝坡宜适当放缓；当用质量良好的天然砂砾石料筑坝时，上、下游坝坡可采用 1：1.5～1：1.6。国内外已建 100m 以上面板堆石坝的坝坡坡率，上游坝坡为 1：1.3～1：1.7，下游坝坡为 1：1.2～1：2.0。

（2）坝顶宽度。应由运行、布置坝顶设施和施工等要求确定，宜按照坝高不同采用 5～8m，100m 以上高坝或有抗震要求应适当加宽。如坝顶有交通要求时，坝顶宽度还应遵照有关规定选用。

（3）坝顶高程。坝顶高程的确定方法与土坝类似，当坝顶上游侧设置防浪墙时［图 3-38（c）］，墙高为 4～6m，墙顶高出坝顶 1～1.2m，防浪墙的底部高程宜高于正常蓄水位。防浪墙必须坚固不透水，并经稳定和强度验算。防浪墙应设伸缩缝，其止水应和面板的止水或面板与防浪墙间水平接缝的止水连接。

2．材料分区和填筑标准

坝体应根据料源及对坝料强度、渗透性、压缩性、施工方便和经济合理等要求进行分区，并相应确定填筑标准。从上游向下游宜分为垫层区、过渡区、主堆石区、下游堆石区；在周边缝下游侧设置特殊垫层区；100m 以上高坝，宜在面板上游面底部设置上游铺盖区及盖重区。

（1）用硬岩堆石料填筑的坝体可按照图 3-38（a）进行分区。

1 区为上游铺盖区。其中，1A 用防渗土料碾压填筑或水下抛填，其作用是覆盖周边缝及高程较低处的面板，当周边缝张开或面板出现裂缝时，能自动淤堵；1B 为盖重区，可填充任意料，对 1A 起保护作用。

2 区为垫层区。2A 直接位于面板下部，为面板提供均匀且可靠的支撑，同时具有半透水性，从防渗角度出发可发挥第二道防线的作用；2B 为特殊垫层区［图 3-38（d）］，位于周边缝下游侧垫层区内，对周边缝及其附近面板上铺设的堵缝材料及水库泥砂起反滤作用。

3 区为过渡区,是承受水荷载的主要支撑体。其中,3A 为过渡区;3B 为主堆石区;3C 为下游堆石区,其远离面板,基本上不承受水荷载,主要起稳定坝坡的作用,可用任意料填筑;3D 为下游护坡;3E 为抛石区(或滤水坝趾区);3F 为排水区。

E 为可变动的主堆石区与下游堆石区的过渡区,其扩展角经综合考虑筑坝材料特性和坝高等因素后选定;F 为混凝土面板。

各区材料的渗透性从上游向下游逐渐增大,并应满足水力过渡的要求,但下游堆石区尾水位以上的材料不受此限制。堆石坝坝体上游部分应具有低压缩性。当下游围堰与坝体结合布置时,可在下游坝趾部位设硬岩抛石体。此外,在下游坝坡表面还需设置大块石护面。

(2) 用砂砾石料填筑的坝体分区如图 3-38 (b) 所示。其改进在于:对渗流不能满足自由排水要求的砂砾石、软岩坝体,在坝体上游区内设置竖向排水区,并与坝底水平排水区连接,使渗水可通畅地排至坝外,保持下游区坝体处于干燥状态。

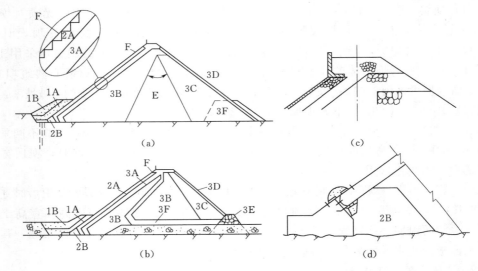

图 3-38 混凝土面板堆石坝坝体分区及构造示意图
(a) 硬岩堆石料坝体分区;(b) 砂砾石堆石料坝体分区;
(c) 坝顶构造;(d) 特殊垫层区构造

(3) 填筑标准。国际上多采用碾压参数对施工进行控制,各区材料的填筑标准,应根据坝的等级、高度、河谷形状、地震烈度及料场特性等因素,参考表 3-3 确定。

表 3-3　　　　　　　　混凝土面板堆石坝坝体分区填筑标准

物料或分区	孔隙率/%	相对密度
垫层区	15~20	
过渡区	18~22	
主堆石区	20~25	
下游堆石区	23~28	
砂砾料		0.75~0.85

3. 面板及防渗结构设计

面板、趾板、趾板地基的帷幕灌浆、周边缝和面板间的接缝止水等构成面板坝的防渗体系,如图 3-39 所示。面板沿坝轴线方向分缝、分块浇筑,除临近岸坡地形变化剧烈处可设水平伸缩缝以减小面板所受的扭曲应力外,一般不设置水平缝。

(1) 面板的厚度。面板厚度应满足防渗性、耐久性和抗冻性要求,最小厚度为0.30m,并向底部逐渐增加。混凝土应采用二级配,其标号不宜低于 C25,宜采用普通硅酸盐水泥。

(2) 面板的配筋。面板配筋的作用主要是承受蓄水前温度变化和干缩产生的拉应力,并有防止裂缝开展的作用。宜采用单层双向钢筋,布置于面板截面中部,每向配筋率为 0.3%~0.4%,水平向配筋率可小于竖向配筋率。在拉应力区、岸边周边缝附近,可适当配置增强钢筋。

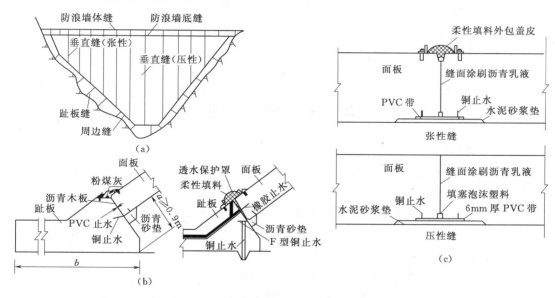

图 3-39 混凝土面板堆石坝分缝与止水图
(a) 缝的总体布置;(b) 采用无黏性土填料与柔性填料的周边缝构造;(c) 张性与压性垂直缝构造

(3) 面板的分缝和止水。为了适应堆石坝的变形,同时也考虑温度变化及施工设备等因素,面板必须分缝。垂直缝 [图 3-39 (c)] 的间距为 12~18m,两岸坝肩附近的垂直缝为张性缝,其余部分的为压性缝。所有垂直缝都不使用填充料,缝面只涂刷薄层沥青乳剂,以便最大限度地减少面板侧向位移。周边缝是面板与趾板之间的接缝,其构造见图 3-39 (b)。至于临时的水平施工缝,可采用钢筋贯穿,以使面板紧密连接。

面板分缝处都应设置止水,常用的止水材料有止水铜片、止水橡胶和止水塑料等。止水可设置一道或两道。靠近岸边的周边缝和张性垂直缝,是容易被拉开的薄弱点,至少需要设置两道止水。其他垂直缝、水平缝的止水构造则比较简单,但都必须保证止水片连接牢固,并保证混凝土的浇筑质量。

（4）面板的垫层。碾压式钢筋混凝土面板堆石坝在堆石体的上游用碾压的级配料作为面板垫层，它除了作为面板的基座外，还有半透水的反滤作用。其颗粒级配应符合反滤层的规定，垫层的厚度为 $3\sim5\mathrm{m}$，按堆石体的粒径大小可用一层或两层，垫层在碾压后的渗透系数一般为 $10^{-2}\sim10^{-4}\mathrm{cm/s}$。

（5）连接的垫板。这是接缝设计的一个重要项目，设置的目的是给止水片和模板接头提供一个平整的基底面。做法是将砂浆直接铺设在用沥青处理过的堆石表面上，垫板与止水片之间再涂上薄层沥青。垫板的厚度可以从零到需要达到的平整面的厚度，允许垫板突入面板设计厚度的深度不超过 $50\mathrm{mm}$。

（6）趾板。趾板是连接地基防渗体与面板的混凝土板。面板与趾板之间有周边止水缝，并通过锚筋、固结灌浆将趾板与稳定基岩连接成整体，以形成止水封闭系统。

【知识拓展】

以你熟悉的一个土石坝工程为例，简要阐述其主要组成和构造方法。

【课后练习】

扫一扫，做一做。

第三节　拱　　坝

【课程导航】

问题 1：拱坝的工作特点和类型有哪些？

问题 2：拱坝的布置原则是什么？

问题 3：拱坝的泄流和消能方式有哪些？其适用条件如何？

3-3

认识拱坝

一、拱坝的特点

拱坝是一固结于基岩的空间壳体结构，其坝体结构可近似看作由一系列凸向上游的水平拱圈和一系列竖向悬臂梁所组成。坝体结构既有拱的作用又有梁的作用，因此具有双向传递荷载的特点。坝体承受的水平荷载一部分通过拱的作用传至两岸基岩，另一部分通过竖直梁的作用传至坝底基岩，如图 3-40 所示。

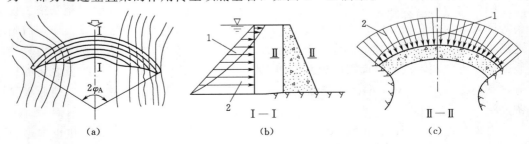

图 3-40　拱坝平面及剖面图

（a）平面图；（b）铅直（悬臂梁）剖面图；（c）水平（拱）剖面图

1—拱承受的水平荷载；2—梁承受的水平荷载

1. 稳定特点

拱坝在外荷载作用下的稳定性主要依靠两岸拱端的反作用力，不像重力坝那样依靠自重来维持稳定。这样可以将拱坝设计得较薄。但拱坝对坝址地形地质条件要求高，对地基处理的要求也较为严格。

2. 结构特点

拱坝属于高次超静定结构，超载能力强，安全度高。当外荷增大或坝的某一部位发生局部开裂时，坝体拱和梁的作用因受变位的相互制约而自行调整，坝体应力出现重分配，原来应力较低的部位将承受增大的应力。从模型试验来看，拱坝的超载能力可以达到设计荷载的 5～11 倍。例如意大利的瓦依昂拱坝，坝高 262m，库容 1.5 亿 m^3，1961 年建成，1963 年 10 月 9 日坝头的左岸水库岸坡发生 2.7 亿 m^3 的高速岩石滑坡，涌浪爬高左岸约 100m、右岸约 260m，涌浪过后检查大坝的情况，除左岸坝顶局部破坏外，大坝一切完好。

一般情况下，拱坝的体积比同一高度的重力坝体积约可节省 1/3～2/3，因此，拱坝是一种比较经济的坝型。

3. 荷载特点

拱坝不设永久伸缩缝，其周边通常固结于基岩上。温度变化和基岩变形对坝体应力的影响比较显著。设计时，必须考虑基岩变形，并将温度荷载作用作为一项主要荷载。

二、拱坝对地形和地质条件的要求

1. 对地形的要求

地形条件是决定拱坝结构形式、工程布置以及经济性的主要因素。理想的地形应是左右两岸对称、岸坡平顺无突变，在平面上向下游收缩的峡谷段。坝端下游侧要有足够的岩体支撑，以保证坝体的稳定。

坝址处河谷形状特征常用河谷"宽高比"L/H 以及河谷的断面形状两个指标（图 3-41）来表示。一般情况下，在 $L/H<1.5$ 的窄深河谷中可修建薄拱坝；在 $L/H=1.5～3.0$ 的中等宽度河谷中修建中厚拱坝；在 $L/H=3.0～4.5$ 的宽河谷中多修建重力拱坝；在 $L/H>4.5$ 的宽浅河谷中，一般只宜修建重力坝或拱形重力坝。随着近代拱坝建造技术的发展，已有一些成功的实例突破了这些界限。例如，中国安徽省陈村重力拱坝，高 76.3m，$L/H=5.6$；法国设计的南非亨德列·维乐沃特双曲拱坝，高 90m，河谷端面宽高比已达 10。

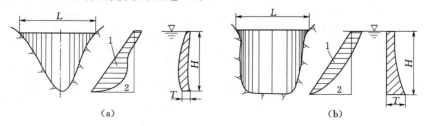

图 3-41　河谷形状对荷载分配和坝体剖面的影响

(a) V 形河谷；(b) U 形河谷

1—拱荷载；2—梁荷载

2. 对地质的要求

地质条件也是拱坝建设中的一个重要问题。拱坝地基的关键是两岸坝肩的基岩，它必须能承受由拱端传来的巨大推力，保持稳定，并不产生较大的变形，以免恶化坝体应力甚至危及坝体安全。理想的地质条件是：基岩均匀单一、完整稳定、强度高、刚度大、透水性小和耐风化等。但是，在实际应用当中，理想的地质条件是不多的，应对坝址的地质构造、节理与裂隙的分布、断层破碎带的切割等认真查清，并采取妥善的地基处理措施。

三、拱坝的分类

（1）按建筑材料和施工方法可分为常规混凝土拱坝、碾压混凝土拱坝（图3-42、图3-43）和砌石拱坝。

图3-42 俄罗斯萨扬拱坝　　　　　　图3-43 二滩双曲重力拱坝

（2）按厚高比（即拱坝最大坝高处的坝底厚度 T 与坝高 H 之比 T/H）可分为：①薄拱坝，$T/H<0.2$；②中厚拱坝，$T/H=0.2\sim0.35$；③厚拱坝（或重力拱坝），$T/H>0.35$。

（3）按坝面曲率可分为单曲拱坝和双曲拱坝。只有水平曲率，而各悬臂梁的上游面呈铅直的拱坝称为单曲拱坝；水平和竖直向都有曲率的拱坝称为双曲拱坝。如图3-44所示。

（4）按水平拱圈的形式可分为单圆心拱、多心拱（二心、三心、四心等）、抛物线拱、椭圆拱、对数螺旋线拱。水平拱圈的形式如图3-45所示。

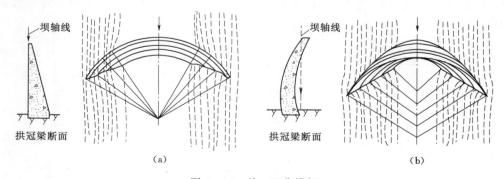

（a）　　　　　　　　　　　　　　　　（b）

图3-44 单、双曲拱坝

（a）单曲拱坝；（b）双曲拱坝

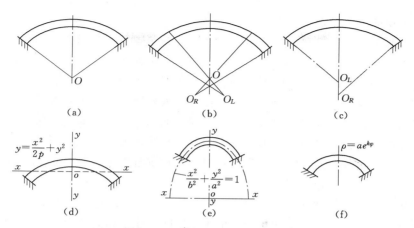

图 3 - 45　拱坝的水平拱圈型式

（a）圆心拱；（b）三心拱；（c）二心拱；（d）抛物线拱；（e）椭圆拱；（f）对数螺旋线拱

ρ—极半径；φ—极角

（5）按拱坝的结构构造可分为一般拱坝、周边缝拱坝、空腹拱坝（图 3 - 46）等。

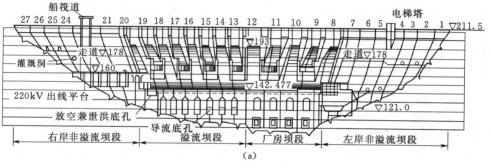

（a）

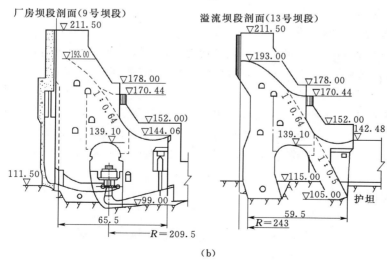

（b）

图 3 - 46　凤滩重力拱坝（单位：m）

（a）下游立视图；（b）剖面图

四、拱坝的发展概况

拱坝起源于欧洲。早在古罗马时代，于现今的法国圣·里米省南部即建造了世界上第一座拱坝——鲍姆拱坝。公元后邻接欧洲的中东地区开始出现了拱坝。至第二次世界大战前，拱坝技术先后由欧洲、美洲、大洋洲传播到世界各地。第一次世界大战前，世界拱坝建设的重心在欧洲；第一次世界大战后至第二次世界大战前，拱坝建设的重心移到了北美，形成了世界范围内拱坝建设的第一个高峰时期。第二次世界大战后，拱坝建设的重心重又回到欧洲，拱坝取得了长足的发展，在世界范围内形成了拱坝建设的第二个高峰时期，主要表现在：拱坝建设更加普遍，技术更先进的拱坝大量出现，模型试验技术快速发展。

近代我国才开始修建拱坝。1927年我国第一座拱坝建造于福建，即厦门市的上里浆砌石拱坝，坝高27m。20世纪50年代，我国修建了坝高20m左右的拱坝13座，属于拱坝建设的初期。60年代，拱坝开始被人们注意，但建成的也不过40余座。开始大量建设拱坝是在80年代后，这个时期我国拱坝建设得到空前发展，每10年建成的拱坝数超过300座。目前，我国已建最高的双曲拱坝是雅砻江锦屏一级拱坝，坝高305m（世界第一高坝）；最高的重力拱坝是位于青海省的龙羊峡拱坝，高178m；最薄的拱坝是广东省的泉水双曲拱坝，高80m，$T/H = 0.112$。

我国的金沙江溪洛渡双曲拱坝（坝高278m）、澜沧江小湾拱坝（坝高292m）以及雅砻江锦屏一级（坝高305m）双曲拱坝，均超过世界最高的格鲁吉亚英古里双曲拱坝，这在我国拱坝建设史上是空前的，标志着我国坝工建设的快速发展。

五、拱坝的布置

拱坝布置是指拱坝体型选择及其坝体布置，坝体布置主要包括确定水平拱圈和拱冠梁。布置设计的总要求是在满足坝体应力和坝肩稳定的前提下尽可能地使工程量最省、造价最低、安全度高和耐久性好。同时，拱坝应满足枢纽总体布置及运行要求。拱坝的布置原则如下。

1. 基岩轮廓线连续光滑

开挖后的基岩面应无突出的齿坎，岩性均匀连续变化，开挖后的河谷地形基本对称和连续变化。如天然河谷不满足要求时，可采用如图3-47所示的工程措施进行适当处理。

2. 坝体轮廓线连续光滑

拱坝坝体轮廓应力求简单，光滑平顺，避免有任何突变。圆心连线、中心角和内外半径沿高程的变化也是光滑连续或基本连续，悬臂梁的倒悬度应满足拱坝设计的规范要求。《混凝土拱坝设计规范》（SL 282—2018）规定，悬臂梁上游面的倒悬度不宜大于0.3∶1。

六、拱坝的泄流和消能

1. 拱坝坝身泄水方式

拱坝坝身常用的泄水方式有：自由跌流式、鼻坎挑流式、滑雪道式和坝身孔口泄流式。

（1）自由跌流式。对于较薄的双曲拱坝或小型拱坝，常采用自由跌流式，如图3-48所示。泄流时，水流经坝顶自由跌入下游河床。这种泄水方式适用于基岩良好、

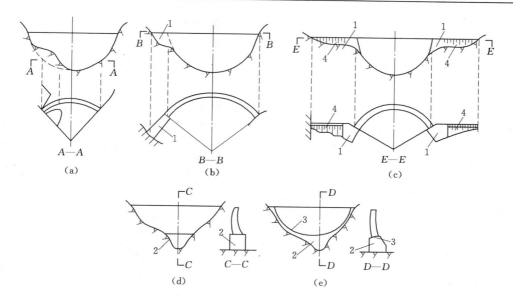

图 3-47 复杂断面河谷的处理

（a）挖除岸边凸出部分；（b）设置重力墩或推力墩；（c）和其他挡水建筑物连接；

（d）设置垫座；（e）采用周边缝

1—重力墩；2—垫座；3—周边缝；4—其他挡水建筑物

单宽泄洪量较小的小型拱坝。由于落水点距坝趾较近，坝下应设置必要的防护措施。

（2）鼻坎挑流式。为了使泄水跌落点远离坝脚，常在溢流堰曲线末端以反弧段连接成为挑流鼻坎，如图 3-49 所示。挑流鼻坎多采用连续式结构，堰顶至鼻坎之间的高差一般不大于 6~8m，大致为设计水头的 1.5 倍，反弧半径约等于堰上设计水头，鼻坎挑射角一般为 10°~25°。过堰水流经鼻坎挑射后，落水点距坝趾较远，可适用于泄流量较大的轻薄拱坝。格鲁吉亚的英古里双曲拱坝，坝高 272m，就是采用坝顶鼻坎挑流的泄流方式。

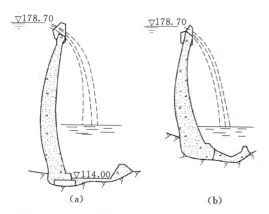

图 3-48 自由跌流与护坦布置（单位：m）

（a）平护坦；（b）V 形护坦

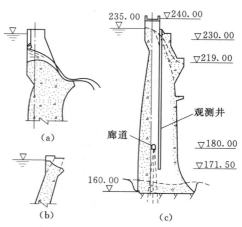

图 3-49 拱坝溢流表孔挑流鼻坎（单位：m）

（a）胸腔式；（b）表孔式；（c）流溪河溢流坝

凤滩重力拱坝（图 3-46）是目前世界上坝身泄洪量最大的拱坝，泄洪量达 32600m³/s，单宽流量为 183.3m³/（s·m），采用高低鼻坎挑流互冲消能，共有 13 孔，其中高坎 6 孔，低坎 7 孔。高低坎水流以 50°～55°交角互冲，充分掺气，效果良好。

（3）滑雪道式。滑雪道泄流是拱坝特有的一种泄洪方式，其溢流面由溢流坝顶和与之相连接的泄槽组成。水流经过坝以后，流经泄槽，由槽末端的挑流鼻坎挑出，使水流在空中扩散，下落到距坝趾较远的地点。挑流坎一般都较堰顶低很多，落差较大，因而挑距较远，适用于泄洪量较大的拱坝。滑雪道式泄水结构因滑雪道支垫形式的不同，有重叠式泄流和支撑结构泄水两种布置形式，如图 3-50 和图 3-51 所示。

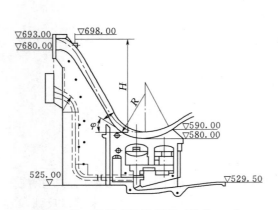

图 3-50 重叠式泄流剖面（单位：m）

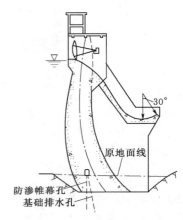

图 3-51 支撑结构（天堂山拱坝）泄水剖面

（4）坝身孔口泄流式。在拱坝的中部、中高部或低部开设孔口用来辅助泄洪、放空水库或排沙的均属坝身孔口泄流。位于拱坝坝体中部偏上的泄水孔称为中孔，位于坝体中部偏下的称为深孔，位于底部附近的称为底孔。

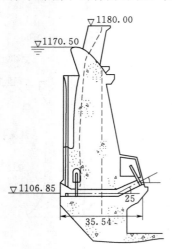

图 3-52 罗克斯拱坝泄水孔的布置（单位：m）

坝身孔口的泄水通道通常布置为水平或大体水平的，但有时因某种要求，例如下游落点控制、立面水流碰撞或结构布置要求，也可设计成上仰或下俯的。如图 3-52 所示的罗克斯拱坝泄水孔就设计成上仰的。

如果拱坝坝身设有多个泄水孔，各泄水孔的出口高程可以相互错开，不一定非处在同一高程。坝身开孔泄流的优点是能够将射出的水流送得很远，可以对水流的落点、挑射轨迹进行人为控制；高速水流流道短、初泄流量大，对调洪排沙有利。

2. 拱坝的消能和防冲

拱坝泄流具有以下特点：水流过坝后具有向心集中现象，水舌入水处单位面积能量大，造成集中冲刷；拱坝河谷一般比较狭窄，当泄流量集中在河床中部时，两侧形成强力回流，淘刷岸坡。因此消能防冲设计要防止发生危害性的河床集中冲刷以及防止危及两岸坝肩的岸坡冲刷或淘刷。拱坝消能形式主要有以下 4 种。

（1）水垫消能。水流从坝顶表孔或坝身孔口直接跌落到下游河床，利用下游水深形成的水垫消能。水舌入水点距坝趾较近，需采取相应的防冲措施，一般在坝下游一定距离处设置消力坎、二道坝（图 3-53）或挖深式消力池。

（2）挑流消能。这是拱坝采用最多的消能形式。鼻坎挑流式、滑雪道式和坝身孔口泄流式大都采用各种不同形式的鼻坎，使水流扩散、冲撞或改变方向，在空中消减部分能量后再跌入水中，以减轻对下游河床的冲刷。

（3）空中冲击消能。对于狭窄河谷中的中、高拱坝，可利用过坝水流的向心作用特点，在拱冠两侧各布置一组溢流表孔或泄水孔，使两侧的水舌在空中交汇，冲击掺气，沿河槽纵向激烈扩散，从而消耗大量的能量，减轻对下游河床的冲刷。实际操作中应注意两侧闸门必须同步开启，否则射流将直冲对岸，危害更大。

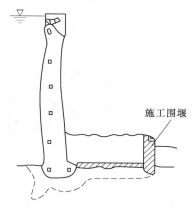

图 3-53 利用施工围堰做成二道坝

（4）底流消能。对重力拱坝，也可以采用底流消能，我国拱坝采用较少。

【知识拓展】

以你熟悉的一个拱坝工程为例，简要阐述其主要组成和构造方法。

【课后练习】

扫一扫，做一做。

第四节 其 他 坝 型

【课程导航】

问题 1：碾压混凝土坝的特点和构造要求有哪些？

问题 2：浆砌石坝的特点和构造要求有哪些？

问题 3：橡胶坝的特点有哪些？由哪些部分组成？坝袋安装锚固结构形式如何？

问题 4：支墩坝的类型有哪些？

3-4

其他坝型

一、碾压混凝土坝

碾压混凝土重力坝是将土石坝的碾压技术应用于混凝土坝施工中，采用水泥含量低的超干硬混凝土熟料、现代化施工机械和碾压设备实施运料，通仓铺填，逐层碾压固结而成的坝（图 3-54），简称 RCCD 或 RCD，但外形仍与普通混凝土重力坝类似。

碾压混凝土筑坝技术的研究和试建始于 20 世纪 60 年代，1980 年日本首先建成了世界第一座 90m 高的碾压混凝土重力坝。我国广西的龙滩碾压混凝土重力坝高为 216.5m，是目前世界上最高的碾压混凝土重力坝。

图 3-54 某碾压混凝土坝施工图

1. 碾压混凝土坝的特点

碾压混凝土重力坝与常规混凝土重力坝相比具有以下优点：

（1）碾压混凝土采用干硬性混凝土，水泥用量少，整体造价低。

（2）施工工艺简单，速度快，可缩短工期。

（3）简化温度控制，因混凝土中的水泥用量少，水化热低，并且采用了薄层浇筑，表面散热好，坝内温升降低。

（4）省略了坝缝，碾压混凝土重力坝施工一般不设置纵缝，取消了纵缝灌浆系统，节省模板，为机械化施工创造了有利条件。

（5）可简化施工导流，因施工强度高、速度快，可安排在一个枯水季节进行施工。

（6）碾压混凝土重力坝与常规混凝土重力坝相比具有耐久性较差的特点。

2. 碾压混凝土坝的坝体材料与工艺

碾压混凝土坝中混凝土胶凝材料的用量远少于常态混凝土，但变幅较大，有的只有 $60\sim70kg/m^3$，有的达 $240\sim250kg/m^3$，一般为 $120\sim160kg/m^3$。其中，粉煤灰、矿渣或其他活性掺和料在胶凝材料中所占比重一般为 $30\%\sim60\%$，有的高达 70%。

碾压混凝土坝施工工艺程序简单，水泥和模板用量少，薄层大仓面浇筑碾压，减少分缝分块，便于连续施工，简化温控措施，因而施工速度快，工期短，工程费用低。即使考虑到防渗等设施的投资，碾压混凝土坝仍远较常态混凝土坝经济。自 20 世纪 70 年代末期以来，碾压混凝土坝技术得到了迅速发展，不仅适用于混凝土重力坝，也适用于混凝土拱坝，但在枢纽布置和坝体设计时，应尽可能减少穿过坝体的孔洞；否则，施工干扰大，采用碾压混凝土不一定有利。

碾压混凝土坝的剖面设计、水力设计、应力和稳定分析（需增加对碾压混凝土层面的复核）与常态混凝土坝相同，但在材料、结构和施工方面存在不同的形式和方法，以适应碾压混凝土的特点。

3. 碾压混凝土坝的坝体结构

碾压混凝土坝的坝体结构形式根据防渗措施不同大致可归纳为两种。

（1）坝面常态混凝土防渗型。仅将碾压混凝土用于坝体内部，而在坝体的上、下游面和坝顶（包括闸墩、溢流面）以及靠近基岩面浇筑3m左右的常态混凝土作为防渗层、保护层和垫层，形成所谓"金包银"式。日本的RCD都属这种类型。坝体设横缝，横缝迎水面的止水和坝体排水管均设在常态混凝土内，碾压混凝土部分的横缝，在碾压前或碾压后凝固前用振动切缝机造成。横缝中间用聚氯乙烯板充填或白铁皮插入。这种类型基本上是从常态混凝土坝演变而来，其防渗、防裂、防冻性能较好，但水泥用量多，施工干扰大，对缩短工期、降低造价的效果较差。日本的岛地川坝、玉川坝（图3-55）等属这种类型。

（2）坝体碾压混凝土防渗型。利用常态混凝土预制模板兼作坝面保护层或用滑动模板在内侧浇筑0.3～0.6m厚的常态混凝土以辅助防渗，坝体内部采用高胶碾压混凝土。其构造简单，施工方便，建造速度快，但防渗、抗裂性能稍差。美国的柳溪（Willow Creek）坝、中福克（Middle Fork）坝、上静水（Upper Stillwater）坝等属于这种形式。

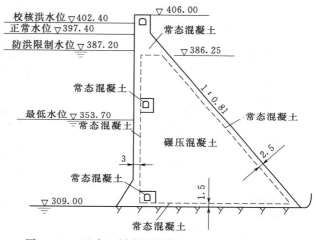

图3-55 日本玉川碾压混凝土重力坝（单位：m）

碾压混凝土筑坝技术尚处于发展之中，随着世界筑坝技术的发展和施工工艺的进一步提高，该技术的应用会越来越广泛。

二、浆砌石坝

浆砌石坝具有就地取材，节省水泥用量，不需要散热措施，施工技术比较简单等显著优点，因此，在石料丰富地区的中小型水利工程中得到广泛应用。

1. 浆砌石坝的材料

（1）石料。砌筑坝体的石料必须新鲜、坚硬、完整。石料按其加工外形可分为粗料石、块石和毛石三种。修建浆砌石坝，多采用块石。粗料石一般仅用于坝面，而乱毛石则用于坝内次要部位。石料的标号分为1000、800、600、500、400、300六级，坝越高，要求采用的石料标号也越高。

（2）胶结材料。浆砌石坝的胶结材料主要有水泥砂浆和细石混凝土两种，水泥砂浆常用于砌筑粗料石或勾缝，强度等级一般为M5～M15，且任何部位砌体的水泥砂浆标号不应低于所受力的5倍。目前，细石混凝土逐渐替代水泥砂浆，成为砌筑毛石和块石砌体的主要胶结材料，常用的有一级配、二级配细石混凝土，石子最大粒径为4cm。

2. 浆砌石坝的构造要点

浆砌石坝在构造上与混凝土坝大致相同，但由于浆砌石坝水泥用量少，水化热低，所以施工中不需要采取任何温控措施，不设纵缝，横缝间距也可增大，一般为30～40m。同时，砌体本身防渗性能差，一般不能满足坝体防渗要求，因此需在坝上游面设置专门的防渗设施。此外，溢流坝面与非溢流坝面的下游面也往需要设置专门的护面，以满足水流、耐久和美观的要求。

（1）坝体防渗。坝体防渗设备有混凝土防渗面板、防渗心墙和浆砌条石防渗层等形式。混凝土防渗面板厚度一般为作用水头的 $1/20～1/25$，但最小厚度不得小于0.3m；面板需嵌入完整的基岩内 $1.0～1.5$m，并与坝基防渗帷幕连成整体。面板必须设伸缩缝，缝内设止水，并配适量的温度钢筋，如图 3-56 所示。对中、低水头的浆砌石坝，可在坝体上游面用 M7.5～M10 的水泥砂浆砌筑粗料石作为防渗层，其厚度为水头的 $1/15～1/20$，砌缝厚度控制在 $1～2$cm，然后采用 M10～M15 的水泥砂浆仔细勾缝，勾缝深度不小于 $2～3$cm。

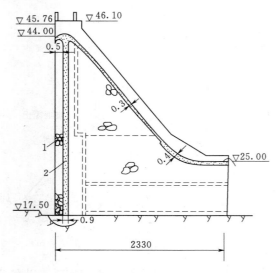

图 3-56 混凝土防渗墙式砌石重力坝（单位：m）
1—水泥砂浆勾缝；2—混凝土防渗墙

（2）坝体分缝、止水和排水。混凝土防渗面板的伸缩缝缝距宜为 $10～20$m，并与坝体设置的横缝缝距一致（或成倍数），横缝内设止水，其构造措施同混凝土坝。横缝止水后面宜设竖向排水孔，通至纵向排水检查廊道或坝体水平排水系统。

（3）溢流坝面的衬护。浆砌石坝的溢流面一般采用混凝土衬护，常用混凝土强度等级为 C20，护面厚度为 $0.6～1.5$m，并在衬护内设温度筋，用锚筋与砌体锚固。如过坝流速不大，也可只在溢流堰顶和反弧段用混凝土衬护，直线段用条石砌筑衬护。小型工程也可全部用条石衬护。

三、橡胶坝

橡胶坝在国外称为尼龙坝、织物坝、可充胀坝等，我国通常称为橡胶坝。它是20世纪50年代随着高分子合成材料工业的发展而出现的一种新型水工建筑物。橡胶坝是用胶布按设计要求的尺寸，锚固于底板上成封闭状的坝袋，通过连接坝袋和充胀介质的管道及控制设备，用水（气）将其充胀形成的袋式挡水坝（图 3-57）。需要挡水时用水（气）充胀，形成挡水坝；不需要挡水时，泄空坝袋内的水（气），便可恢复原有河（渠）的过水断面。坝高调节自如，溢流水深可控，起到闸门、滚水坝和挡水坝的作用，可用于防洪、灌溉、发电、供水、航运、挡潮、地下水回灌及城市园林美化等工程中。

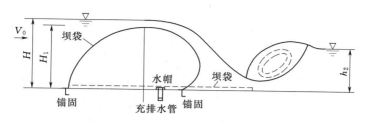

图 3-57 橡胶坝示意图

（一）橡胶坝的特点

1. 优点

橡胶坝的结构简单新颖，坝袋是以石油副产品用现代工业技术生产的合成材料，原材料来源丰富，坝的跨度大，适用范围广，还具有以下优点。

（1）结构简单、节省三材、造价低。橡胶坝的坝袋是用合成纤维织物和合成橡胶制成的薄壁柔性结构，代替钢和钢筋混凝土结构，不需要修建中间闸墩、工作桥、机架桥等钢或钢筋混凝土结构，结构简单。

（2）施工期短。橡胶坝工程总工期的长短主要取决于土建工程的复杂程度和难易程度。工期一般为 3~6 个月，可安排在一个非汛期内，施工完毕，随即投入运行。

（3）抗震和抗冲击性能好。橡胶坝结构简单，其坝体为柔性薄壳结构，富有弹性，可适应基础的不均匀沉陷，能较好地承受地震波和水流的剧烈冲击。如 1976 年河北唐山发生了 7.9 级大地震后，修建于 1968 年的唐山市陡河橡胶坝却安然无恙。

（4）不阻水、止水效果好。橡胶坝体内的水泄空后，坝袋紧贴在底板上，不缩小原有河床的过水断面。橡胶坝跨度大，一般无须建中间闸墩和机架桥等结构物，不阻碍水流。橡胶坝将坝袋周边密封锚固在底板和岸墙上，可以达到滴水不漏，止水效果好。

（5）管理方便，运行费用低。橡胶坝的挡水主体为充满水（气）的坝袋，通过向坝袋内充排水（气）来调节坝高的升降，控制系统仅由水泵（空压机）、阀门等设备组成，简单可靠，管理方便，还可以配置自行充坍的自控装置。坝袋材料平时几乎不需要维修，避免了像闸门那样定期涂刷防锈漆。

2. 缺点

橡胶坝作为一种新型的水工建筑物有其突出的优点，但也有自身的缺点。

（1）坝袋坚固性较差。

（2）坝袋容易老化，使用寿命比较短。

（3）坝高受到限制。目前，世界上最高的橡胶坝为 2003 年建成的荷兰拉姆斯波水气双充橡胶坝，坝高为 8m。

橡胶坝以其自身的诸多特点，在工程中得到了广泛的应用。比如改善城市水生态环境，利用溢洪道或溢流堰抬高水头，沿海挡潮和防浪工程，回灌地下水等。

（二）橡胶坝工程的组成

橡胶坝一般由坝基土建工程、挡水坝体、控制与观测系统等组成，如图 3-58 所示。

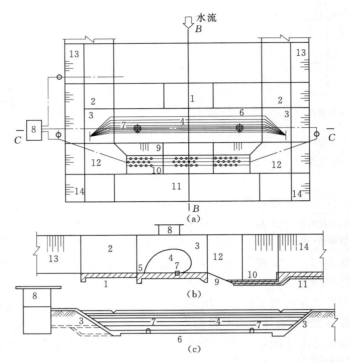

图 3-58 橡胶坝枢纽布置图

(a) 平面图；(b) B—B 横剖面；(c) C—C 纵剖面

1—铺盖；2—上游翼墙；3—岸墙；4—坝袋；5—锚固；6—基础底板；
7—充排水管路；8—操作室；9—陡坡段；10—消力池；11—海漫；
12—下游翼墙；13—上游护坡；14—下游护坡

（1）坝基土建工程，包括坝底板、边墩（墙）、上下游翼墙、上下游护坡、上游防渗铺盖或截渗墙、下游消力池、海漫等。其基本作用是将上游水流平稳而均匀地引入并流经橡胶坝，并保证过坝水流不产生淘刷。固定橡胶坝坝袋的基础底板要能抵抗通过锚固系统传递到底板的推力，使坝体保持稳定。

（2）挡水坝体，包括橡胶坝坝袋和锚固结构，用水（气）将坝袋充胀后即可起到挡水作用，并可调节水位和控制流量。

（3）控制与观测系统，包括充胀坝体的充排设备、安全观测装置等。充水式橡胶坝的充排设备有控制室、蓄水池、水泵、管路、阀门等，充气式橡胶坝的充排设备是用空气压缩机（鼓风机）代替水泵，不需要蓄水池。观测设备有压力表、水封管、U形管、水位计或水尺等。

（三）坝袋形式及材料

1. 坝袋形式的选择

坝袋按充胀介质可分为充水式、充气式。其剖面对比如图 3-59 所示。工程实践中，应按运用要求、工作条件等综合分析确定。两种橡

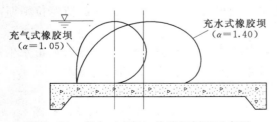

图 3-59 充水（充气）橡胶坝剖面示意图

充气式橡胶坝（$\alpha=1.05$）

充水式橡胶坝（$\alpha=1.40$）

胶坝的主要特点对比见表 3-4。

表 3-4   充水式和充气式橡胶坝特点对比表

项目	充水式橡胶坝	充气式橡胶坝
充坝介质	需要有水源	充坝气体容易得到
坝袋有效周长	坝体横断面为椭圆曲线,有效周长较长	坝体横断面近似圆形曲线,有效周长较短,一般为充水式的 70%左右
气温影响	在寒冷地区,坝袋内水有结冰的危险	在温差大的地区,坝袋内压将发生明显变化
基础底板	基础底板比较长;坝体内水重为均布荷载,可以增加基础底板的稳定性	基础底板比较短,坝袋可安装在曲线型堰顶上;因充气式坝袋锚固处的集中荷载,对基础底板要求高,需采取措施来提高底板的稳定性,基础处理费用比较高
锚固结构	坝袋拉力小,气密性要求低,可采用螺栓压板锚固、楔块锚固	坝袋拉力相对充水式大一些,对气密性要求高,宜采用螺栓压板锚固
操作稳定性	在充坍坝及正常挡水时坝体稳定	当坝袋内压下降,就会产生局部凹坑现象,最好以全升全坍模式运行
水位调节	调节范围比较大	当发生凹坑现象时,难以调节水位
消能防冲	常规处理即可	因易发生凹坑现象,消能防冲比充水式要求高
充排时间	充排时间较长	充排时间短
抗振动性	抗溢流振动能力好	抗溢流振动能力相对较差
耐老化	在日照时坝袋热量可传向坝袋内水体而扩散,坝体表面温度低,可延缓坝袋老化	在日照时坝袋表面温度升高很快,容易加速坝袋的老化
维修	坝袋破损漏水点容易找出,且可以在不坍坝的情况下修补	坝袋破损漏气点难找出,需在坍坝情况下修补

2. 坝袋胶布材料结构

坝袋胶布应达到强度高、耐老化、耐腐蚀、耐磨损、抗冲击、耐屈挠、耐寒等性能要求,能满足工程使用。

(1) 坝袋胶布结构。坝袋胶布由帆布和橡胶加工硫化而成,帆布是橡胶坝坝袋胶布的骨架,橡胶是用来保护和连接各层帆布,并与帆布共同承载。把合成纤维按一定编织结构进行编织,织成坝袋用的帆布,然后在帆布上浸胶、贴胶、硫化,使帆布与橡胶黏合在一起,就可以做成单层或多层的坝袋用胶布,如图 3-60 所示。

(2) 帆布材料。帆布是橡胶坝坝袋承载的主体,也起着维持坝袋胶布尺寸的作用,其强度的大小影响着橡胶坝的规模、安全和稳定等。国内橡胶坝坝袋用的帆布是由锦纶丝束按方平结构编织,橡胶容易渗入网眼起到"钉子"作用。锦纶又名尼龙,具有很好的强度和耐磨性。

(3) 橡胶材料。橡胶起到保护和连接帆布的作用,其性能的优劣决定了坝袋使用寿命的长短。目前橡胶坝坝袋的制造主要采用氯丁橡胶,也有采用乙丙或彩色等橡胶的。

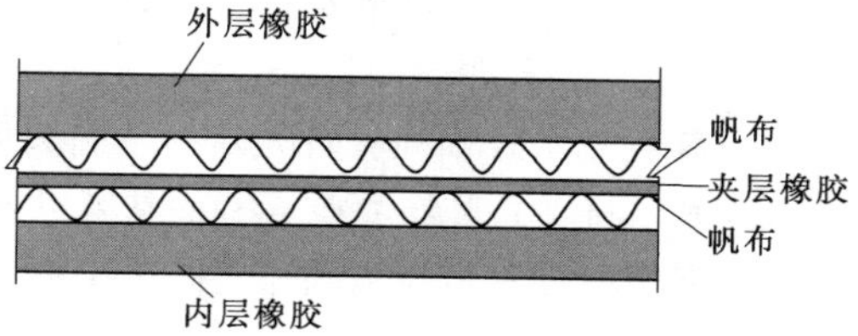

图 3-60 坝袋胶布构造示意图

（四）橡胶坝的锚固结构形式

橡胶坝是将坝袋安装锚固在基础底板和边坡（墙）上，用充水（气）将坝袋充胀，构成可升高挡水和可降低泄流的工程。锚固结构是橡胶坝工程的关键组成部分，工程中应切实做好锚固结构选择、锚固线布置及锚固结构强度试验研究等工作。

1. 锚固线布置

锚固线是指用锚固构件将坝袋锚紧时，锚固构件沿坝底板和两岸边坡（岸墙）的布置线。按坝袋与坝底板的连接方式不同，主要有两种固线形式。

（1）单锚固线。单锚固线是将坝袋胶布安装锚固在基础底板上，只有底板上游一条锚固线，如图3-61所示。其锚线短，锚固件少，安装简单，密封和防漏性能好。但坝袋周长较长，坝袋胶布用量相对较多。一般充气式橡胶坝或坝高较低的充水式橡胶坝可采用单锚固线进行坝袋锚固。

（2）双锚固线。双锚固线是用两条锚线将坝袋胶布分别锚固于四周（图3-62）。其锚线长，锚固件多，安装工作量大，相应处理密封的工作量也大，但坝袋四周被锚固，坝袋可动范围小，对坝袋防振防磨有利。由于在上下游锚固线间的贴地段可用纯胶片代替坝袋胶布防渗，从而可节省约1/3的坝袋胶布，可降低坝袋的投资，在工程中普遍采用。

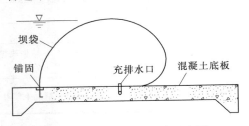

图3-61 坝袋单锚固线示意图

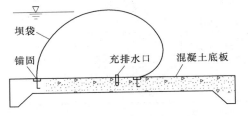

图3-62 坝袋双锚固线示意图

2. 锚固结构形式

橡胶坝的锚固是用锚固构件将坝袋胶布沿其周边安装固定在坝底板和岸墙（中墩）上，构成一个密封的袋体。工程中锚固结构形式多种多样，按锚固构件的材料来分类，可分为螺栓压板式锚固、楔块挤压式锚固和胶囊充水式锚固三种。

（1）螺栓压板式锚固。螺栓压板式锚固的锚固构件由螺栓、压板及垫板组成，如图3-63所示。螺栓压板式锚固的锚固力可控，安装止水效果好，国内自橡胶坝建设之初就采用该种构件锚固，是应用最广泛的一种坝袋锚固形式。

（2）楔块挤压式锚固。楔块挤压式锚固构件由前楔块、后楔块和压轴组成，如图3-64所示。锚固槽有靴形和梯形两种，施工时用压轴将坝袋胶布卷入槽中，用楔块挤紧。

（3）胶囊充水式锚固。首先建一个椭圆形的锚固槽，再制作一条与锚固槽形状相似的封闭胶囊，将坝袋胶布、胶囊和底垫片共同放在锚固槽内，胶囊充水后使坝袋胶布受到挤压，利用坝袋胶布与锚固槽之间产生的摩擦力来抵抗坝袋的拉力（图3-65）。

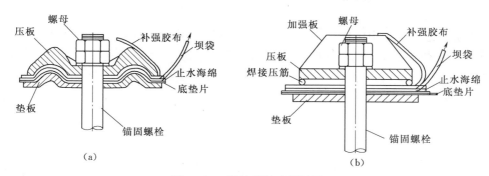

（a） （b）

图 3-63 螺栓压板式锚固图

（a）M 形压板；（b）平压板

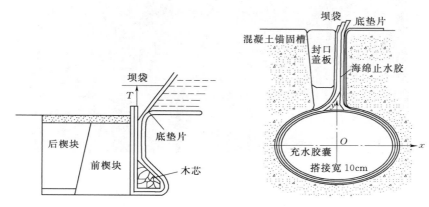

图 3-64 楔块挤压式锚固图 图 3-65 胶囊充水式锚固图

四、支墩坝

支墩坝是由一系列顺水流方向的支墩和支撑在墩子上游的盖板所组成的。盖板形成挡水面，将水压力传递给支墩，支墩沿坝轴线排列，支撑在岩基上。支墩坝按盖板形式不同分为平板坝、连拱坝和大头坝（图 3-66），按支墩形式不同分为单支墩坝、双支墩坝、框格式支墩坝、空腹支墩坝等。

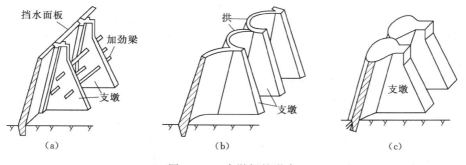

（a） （b） （c）

图 3-66 支墩坝的形式

（a）平板坝；（b）连拱坝；（c）大头坝

1. 平板坝

平板坝是支墩坝中结构最简单的形式，其上游挡水面板为钢筋混凝土平板，并常以简支的型式与支墩连接，以避免面板上游面产生的拉应力，并可适应地基变形，见图 3-67。

图 3-67 平板坝

面板的顶部厚度必须满足气候、构造和施工要求，一般不小于 0.3～0.6m。支墩多采用单支墩，中心距一般为 5～10m，顶厚 0.3～0.6m，向下逐渐加厚。

平板坝可以做成非溢流坝或溢流坝。既可建在岩基上，也可建在非岩基上或软弱岩基上（此时需将 2～3 个坝段连在一起，在坝底做成有排水孔的连续底板）。溢流面板的厚度根据板上静水、动水压力及自重等荷载计算确定，一般不小于 0.8～1.0m。溢流堰面一般采用非真空实用堰，使溢流时坝面不产生负压和振动。

平板坝由于跨中弯矩大，一般适用于气候温和地区且高度小于 40m 的中、低坝。20 世纪初用得较多，后来较少，主要是考虑到钢筋用量多，侧身稳定性及耐久性差。

我国的平板坝——福建古田二级（龙亭）水电站平板坝，最大坝高 43.5m。世界最高的平板坝——墨西哥的罗德里格兹坝，坝高 73m，支墩中心距 6.7m，支墩厚度 0.48m，底部 1.68m，平板坝厚度顶部 0.63m，底部 1.68m。

2. 连拱坝

连拱坝是挡水盖板呈拱形的一种轻型支墩坝，如图 3-68 所示。这种倾向上游的拱状盖板称拱筒。拱筒与支墩刚性连接而成为超静定结构。由于温度变化和地基不均匀变形对坝体应力的影响显著，因此适宜建在气候温和的地区和良好的岩基上。

图 3-68 梅山连拱坝

【知识拓展】

以你熟悉的一个堆石坝、浆砌石坝、橡胶坝、支墩坝工程为例，简要阐述其主要组成和构造方法。

【课后练习】

扫一扫，做一做。

【阶段测试】

扫一扫，做一做。

第三章
练习题

第三章
测试卷

第四章 泄水建筑物

【知识目标】

1. 了解泄水建筑物的形式。

2. 熟知溢流重力坝的孔口形式，理解剖面设计及消能防冲设计要点。

3. 熟知坝身泄水孔的作用和组成。

4. 掌握河岸溢洪道的作用、类型。

5. 熟知正槽式溢洪道和侧槽溢洪道的组成、优缺点及适用条件。

6. 了解非常溢洪道的类型和作用。

【能力目标】

1. 能够根据具体情况正确选择泄水建筑物的类型和泄水方式。

2. 能够根据具体情况正确选择泄水建筑物的下游消能方式。

【素养目标】

1. 树立正确的学习观念，具备独立思考、有效沟通与团队合作的能力，具备一定的国际视野及服务社会的信念与态度。

2. 收集与本次课有关的专业信息，了解泄水建筑物技术革新的信息，了解相关技术对环境、社会及全球的影响。

3. 有良好的思想品德、道德意识和献身精神，弘扬"求真务实、科学严谨、精益求精"的工作精神。

【思政导引】

三峡水利枢纽泄洪系统——别具匠心之作

三峡水利枢纽泄洪坝段位于河床中部，总长 483m，共分 23 个坝段，每个坝段长 21m。为了满足水库永久泄洪需要，泄洪坝段相间布置有 23 个深孔和 22 个溢流表孔，深孔布置在每个坝段中间，表孔跨缝布置在两个坝段之间。在泄洪坝段左右两侧设置了 3 个排漂孔，用于排泄漂浮物；大坝下部设置了 7 个排沙孔，用于排沙。为了满足三期导、截流及围堰挡水发电期间度汛泄洪的需要，在表孔的正下方跨缝布置有 22 个导流底孔（临时孔），大坝蓄水前需封堵。

这些"孔"的设置学问深奥，孔口的高程、大小、数量选择大有讲究，充满无数的演算、试验、绘制和推敲修改，既要考虑中、下游防洪调度、水库排沙、坝体应力和结构安全，也要考虑闸门、启闭机制造与应用等诸多因素。三峡泄洪坝段泄洪系统图，如图 4-1 所示。

表孔。表孔堰顶高程 158.00m，闸门尺寸 10m×20m（宽×高），采用挑流消能

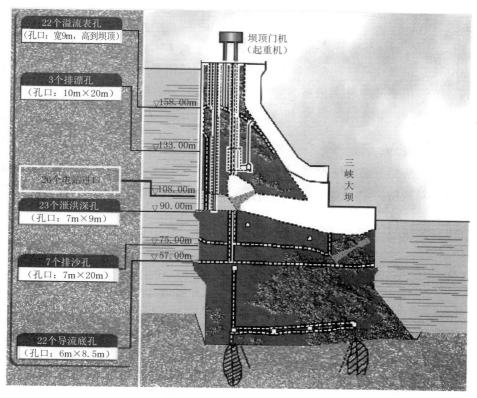

22个溢流表孔
（孔口：宽9m，高到坝顶）

3个排漂孔
（孔口：10m×20m）

26个电站进口

23个泄洪深孔
（孔口：7m×9m）

7个排沙孔
（孔口：7m×20m）

22个导流底孔
（孔口：6m×8.5m）

坝顶门机
（起重机）

▽158.00m

▽133.00m

▽108.00m

▽90.00m

▽75.00m
▽57.00m

三峡大坝

图4-1　三峡泄洪坝段泄洪系统图

形式。堰面采用 WES 曲线，下接 1：0.7 的斜直线段，再接半径为 30m 的反弧段，鼻坎位于坝轴线下 75.7m 处，高程 110.00m，挑角 10°。表孔泄槽采用长隔墩方案，隔墩厚度为 3m。表孔设两道闸门，一道为平板事故修闸门和一道平板工作闸门，均由坝顶门机操作。

深孔。采用短有压管接明流泄槽形式，挑流消能。进口底高程 90.00m，有压段底板水平布置，出口断面尺寸为 7m×9m（宽×高）。深孔明流段为 7m 等宽泄槽，采用跌坎掺气减蚀措施，坎高 1.2m，跌坎后接 1：4 的陡槽斜直线段，再接半径为 40m 的反弧段，反弧鼻坎高程 79.93m，位于坝轴线下游 105m 处，挑角 27°。深孔共设 3 道闸门，进口设反钩叠梁检修闸门，有压段中部设平板事故检修闸门，有压段出口设弧形工作闸门。弧形工作闸门由设在其上方坝体内启闭机室的单缸摆式液压启闭机操作，一门一机。事故闸门和检修闸门均由坝顶门机操作。

导流底孔。采用长有压管形式，有压段长 82m，后接明流泄槽，长 28m。中间 16 个底孔的进口底高程为 56.00m，出口底高程为 50.00m。两侧各 3 孔的进口底高程为 57.00m，出口底高程为 56.00m。有压段出口断面尺寸均为 6m×8.5m。事故门槽上游底板为水平，门槽下游底板采用 1：56 的斜坡直线段、顶板采用 1：43.25 的斜坡接 1：5 的压坡段，将孔高由 12m 收缩至 8.5m。明流段采用 6m 等宽泄槽，反弧半径为 30m，泄槽末设小挑角鼻坎：中间 16 孔坎高程为 55.07m，挑角 10°；最外侧

2 孔鼻坎高程 58.55m、挑角 25°；其余 4 孔鼻坎高程 56.48m，挑角 17°。底孔共设 4 道闸门，进口设反钩叠梁检修闸门，底孔回填时兼作上游封堵闸门，由坝顶门机操作。检修闸门后设平板事故检修闸门，门槽轨道通至表孔堰顶，由坝顶门机操作。有压段出口设弧形工作闸门，由液压启闭机操作。明流泄槽出口下游坝面设反钩叠梁检修闸门，底孔回填时兼作下游封堵闸门，由高程 120m 施工找桥上的高架门机静水操作。

在河道上筑坝后，可拦截上游来水，但上游来水很多，不可能全部纳入水库，超过水库调蓄能力时，必须将水泄放到下游，限制库水位不超过规定的高程，以确保大坝及其他建筑物的安全。此外，为满足下游各用水部门与水生态环境的需要，需把一部分库水泄放下来。故在坝身或坝外需设置泄水建筑物，泄水建筑物包括溢流坝、坝身泄水孔、溢洪道、泄洪洞和泄洪闸等。本章主要介绍溢流坝、坝身泄水孔和河岸溢洪道。

第一节 溢流坝与坝身泄水孔

【课程导航】

问题 1：溢流坝的工作特点是什么？

问题 2：溢流坝的孔口形式有哪些？各有什么特点？坝顶结构布置要求如何？

问题 3：溢流面曲线由几个部分组成？尺寸如何确定？

问题 4：溢流坝的消能措施有几种类型？其特点和适用性如何？

问题 5：坝身泄水孔的作用、类型和结构组成如何？

一、溢流坝

（一）工作特点

溢流坝既是挡水建筑物又是泄水建筑物，除应满足稳定和强度要求外，还需要满足泄流能力的要求。溢流坝在枢纽中的作用是将规划确定的库内所不能容纳的洪水由坝顶泄向下游，以确保大坝的安全。溢流坝满足泄水要求包括以下几个方面内容。

（1）有足够的孔口尺寸和较大的流量系数，以满足泄洪能力要求。

（2）体形和流态良好，使水流平顺地流过坝体，控制不利的负压和振动，避免产生空蚀现象。

（3）满足消能防冲要求，保证下游河床不产生危及坝体安全的局部冲刷。

（4）溢流坝段在枢纽中的布置，应使下游流态平顺，不产生折冲水流，不影响枢纽中其他建筑物的正常运行。

（5）有灵活控制水流下泄的机械设备，如闸门、启闭机等。

（二）孔口设计

溢流坝孔口尺寸的拟定包括孔口形式、溢流前缘总长度、堰顶高程、每孔尺寸和孔数。设计时一般先选定泄水方式，再根据泄流量和允许单宽流量，以及闸门形式和运用要求等因素，通过水库的调洪计算、水力计算，求出各泄水布置方案的防洪库容、设计和校核洪水位及相应的下泄流量等，进行技术经济比较，选出最优方案。

1. 孔口形式的选择

溢流坝常用的孔口形式有坝顶溢流式和大孔口溢流式。

（1）坝顶溢流式（图4-2）。坝顶溢流式也称开敞式，这种形式的溢流孔除宣泄洪水外，还能用于排除冰凌和其他漂浮物。通常在大中型工程溢流坝的堰顶装有闸门，对于洪水流量较小、淹没损失不大的小型工程堰顶可不设闸门。

坝顶溢流式闸门承受的水头较小，所以孔口尺寸可以较大。当闸门全开时，下泄流量与堰上水头 H_0 的3/2次方成正比。随着库水位的升高，下泄流量可以迅速增大，当遭遇意外洪水时可有较大的超泄能力。闸门在顶部，操作方便，易于检修，工作安全可靠，因此坝顶溢流式得到广泛采用。

（2）大孔口溢流式（图4-3）。泄水孔的上部设置胸墙，堰顶高程较低。这种形式的溢流孔可根据洪水预报提前放水，以便腾出较多库容储蓄洪水，从而提高调洪能力。当库水位低于胸墙时，泄流和坝顶溢流式相同；当库水位高出孔口一定高度时为大孔口泄流，下泄流量与作用水头 H_0 的1/2次方成正比，超泄能力不如坝顶溢流式。胸墙为钢筋混凝土结构，一般与闸墩固接，也有做成活动的，遇特大洪水时可将胸墙吊起以提高泄水能力。

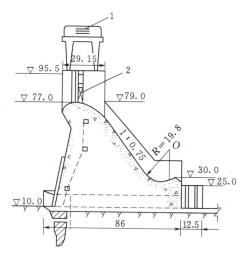

图4-2　坝顶溢流式（单位：m）
1—门机；2—工作闸门

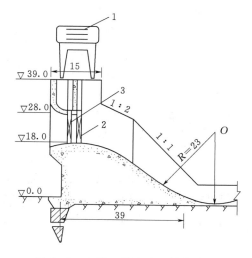

图4-3　大孔口溢流式（单位：m）
1—门机；2—工作闸门；3—检修闸门

2. 溢流孔口尺寸的确定

（1）单宽流量的确定。设 L 为溢流段净长度（不包括闸墩的厚度），则通过溢流孔口的单宽流量为

$$q = \frac{Q}{L} \tag{4-1}$$

单宽流量是决定孔口尺寸的重要指标。单宽流量愈大，孔口净长愈小，从而减少

溢流坝长度和交通桥、工作桥等造价。但是，单宽流量愈大，单位宽度下泄水流所含的能量也愈大，消能愈困难，下游局部冲刷可能愈严重。若选择过小的单宽流量 q，则会增加溢流坝的造价和枢纽布置上的困难。因此，单宽流量的选定，一般首先考虑下游河床的地质条件，在冲坑不危及坝体安全的前提下选择合理的单宽流量。根据国内外工程实践得知：软弱基岩常取 $q=20\sim50\text{m}^3/(\text{s} \cdot \text{m})$，较好的基岩取 $q=50\sim70\text{m}^3/(\text{s} \cdot \text{m})$，特别坚硬完整的基岩取 $q=100\sim150\text{m}^3/(\text{s} \cdot \text{m})$。

（2）孔口尺寸的确定。

1）溢流前缘总长度 L_0。对于堰顶设闸门的溢流坝，用闸墩将溢流段分隔为若干个等宽的溢流孔口。设孔口数为 n，则孔口净宽 $b=L/n$。令闸墩厚度为 d，则溢流前缘总长度为

$$L_0=nb+(n-1)d \qquad (4-2)$$

选择 n、b 时，要综合考虑闸门的形式和制造能力，闸门跨度与高度的合理比例，以及运用要求和坝段分缝等因素。目前我国大、中型混凝土坝的孔口宽度一般取用 $8\sim16\text{m}$，有排泄漂浮物要求时，可以加大到 $18\sim20\text{m}$。闸门的宽高比，一般采用 $b/H=1.5\sim2.0$。为了方便闸门的设计和制造，应尽量采用《水利水电工程钢闸门设计规范》（SL 74—2013）推荐的标准尺寸。

2）溢流坝的堰顶高程。由调洪演算得出设计洪水位和相应的下泄流量 Q。当采用开敞式溢流时，可利用式（4-3）计算出堰顶水头 H_0。

$$Q=m\varepsilon\sigma_s L \sqrt{2g} H_0^{3/2} \qquad (4-3)$$

式中　Q——下泄流量，m^3/s；

$\quad\ \ L$——溢流段净长度，m；

$\quad\ \ H_0$——堰顶作用水头，m；

$\quad\ \ g$——重力加速度，9.81m/s^2；

$\quad\ \ m$——流量系数，与堰型有关；

$\quad\ \ \varepsilon$——侧收缩系数，根据闸墩厚度和墩头形状确定，取 $\varepsilon=0.90\sim0.95$；

$\quad\ \ \sigma_s$——淹没系数，视淹没程度而定，不淹没时 $\sigma_s=1.0$。

设计洪水位减去堰上水头 H_0 即为堰顶高程。

当采用大孔口泄洪时，可利用式（4-4）计算出堰顶水头 H_0。

$$Q=\mu A_k \sqrt{2gH_0} \qquad (4-4)$$

式中　A_k——出口处孔口面积，m^2；

$\quad\ \ H_0$——自由出流时为孔口中心处的作用水头，淹没泄流时为上下游水位差，m；

$\quad\ \ \mu$——孔口或管道的流量系数，对设有胸墙的堰顶高孔，当 $H_0/D=2.0\sim2.4$（D 为孔口高度）时，取 $\mu=0.83\sim0.93$。μ 的具体取值应通过计算沿程及局部水头损失后确定，具体公式详见《水力学》。

3. 溢流坝的结构布置

（1）闸门和启闭机。水工闸门按其功用可分为工作闸门、事故闸门和检修闸门。

工作闸门用来控制下泄流量,需要在动水中启闭,要求有较大的启门力;检修闸门用于短期挡水,以便对工作闸门、建筑物及机械设备进行检修,一般在静水中启闭,启门力较小;事故闸门是在建筑物或设备出现事故时紧急应用,要求能在动水中快速关闭。溢流坝一般只设置工作闸门和检修闸门。工作闸门常设在溢流堰的顶部,有时为了使溢流面水流平顺,可将闸门设在堰顶稍下游一些。检修闸门和工作闸门之间应留有1~3m的净距,以便进行检修。全部溢流孔通常备有1~2个检修闸门,交替使用。

启闭机有活动式和固定式两种。活动式启闭机多用于平面闸门,可以兼用启吊工作闸门和检修闸门。固定式启闭机有螺杆式、卷扬式和液压式三种。

(2)闸墩和工作桥。闸墩的作用是将溢流坝前缘分隔为若干个孔口,并承受闸门传来的水压力(支承闸门),也是坝顶桥梁和启闭设备的支承结构。

闸墩的断面形状应使水流平顺,闸墩上游端常采用三角形、半圆形和流线形,下游端多为半圆形和流线形,以使水流平顺扩散。闸墩厚度与闸门形式有关。由于平面闸门的闸墩设有闸槽,工作闸门槽深一般不小于0.3m,宽0.5~1.0m,最优宽深比宜取1.6~1.8;检修门槽深一般为0.15~0.25m,宽0.15~0.3m,故闸墩厚度一般为2.0~4.0m;弧形闸门闸墩的厚度为1.5~3.0m。如果是缝墩,墩厚要增加0.5~1.0m。

闸墩的长度和高度,应满足布置闸门、工作桥、交通桥和启闭机械的要求,如图4-4所示。

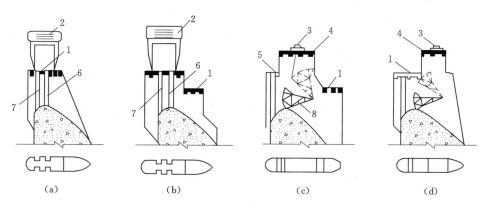

图4-4　溢流坝顶布置图
1—公路桥;2—门机;3—启闭机;4—工作桥;5—便桥;
6—工作门槽;7—检修门槽;8—弧形闸门

溢流坝两侧设边墩,也称边墙或导水墙,起闸墩的作用,同时也起分隔溢流段和非溢流段的作用,见图4-5。边墩从坝顶延伸到坝趾,边墙高度由溢流水面线决定,并应考虑溢流面上水流的冲击波和掺气所引起的水面增高,一般应高出掺气水面1~1.5m。当采用底流式消能工时,边墙还需延长到消力池末端形成导水墙。

工作桥多采用钢筋混凝土结构,大跨度的工作桥也可采用预应力钢筋混凝土结构。工作桥的平面布置应满足启闭机械的安装和运行的要求。

（3）横缝的布置。溢流坝段的横缝有两种布置方式：①缝设在闸墩中间，如图4-6（a）所示，各坝段产生不均匀沉陷时不影响闸门启闭，工作可靠，缺点是闸墩厚度增大；②缝设在溢流孔跨中，如图4-6（b）所示。闸墩可以较薄，但易受地基不均匀沉陷的影响，且水流在横缝上流过，易造成局部水流不顺，适用于基岩较坚硬完整的情况。

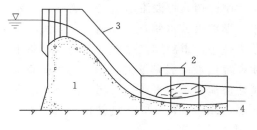

图 4-5 边墙或导水墙

1—溢流坝；2—水电站；3—边墙；4—护坦

（三）溢流面曲线和剖面设计

1. 溢流面曲线

溢流面曲线由顶部曲线段、中间直线段和下部反弧段三部分组成，如图4-7所示。设计要求是：①有较高的流量系数；②水流平顺，不产生空蚀。

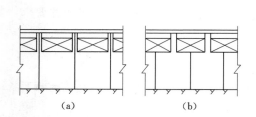

图 4-6 溢流坝段横缝布置图

（a）缝设在闸墩中间；（b）缝设在溢流孔跨中

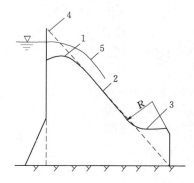

图 4-7 溢流面曲线组成图

1—顶部曲线段；2—直线段；3—反弧段；4—基本剖面；5—溢流水舌

顶部曲线段的形状对泄流能力和流态有很大的影响。《混凝土重力坝设计规范》（SL 319—2018）推荐，当为开敞式溢流孔时可采用WES幂曲线。堰面曲线方程如下：

$$x^n = K H_d^{n-1} y \qquad (4-5)$$

式中　H_d——定型设计水头，取堰顶最大作用水头 H_{max} 的 $75\%\sim95\%$；

　　K、n——与上游面倾斜坡度有关的参数，当上游面垂直时 $K=2.0$，$n=1.85$；

　　x、y——以溢流坝顶点为坐标原点的坐标，x 以指向下游为正，y 以向下为正。

坐标原点的上游段采用复合圆弧或椭圆曲线，椭圆曲线方程式为：

$$\frac{x^2}{(aH_d)^2} + \frac{(bH_d - y)^2}{(bH_d)^2} = 1 \qquad (4-6)$$

式中　aH_d、bH_d——椭圆曲线的长轴和短轴。

若上游面铅直，a、b 可按下式选取：

$$a/b = 0.87 + 3a，a = 0.28\sim3.0$$

设有胸墙的溢流面曲线如图 4-8 所示。当校核洪水情况下最大作用水头与孔口高度比值 $H_{max}/D > 1.5$ 时或闸门全开仍属孔口出流时，可按孔口射流曲线设计：

$$y = \frac{x^2}{4\varphi^2 H_d} \qquad (4-7)$$

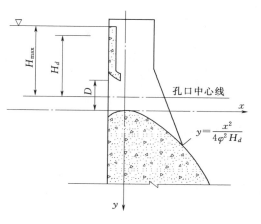

图 4-8　大孔口溢流面曲线

式中　H_d——定型设计水头，取孔口中心至校核洪水位的 $75\% \sim 95\%$；

　　　　φ——孔口收缩断面上的流速系数，一般取 $\varphi = 0.96$，若有检修门槽时 $\varphi = 0.95$。

若 $1.2 < H_{max}/D \leqslant 1.5$，则堰面曲线应通过试验确定。

2. 反弧段

反弧段是使沿溢流面下泄水流平顺转向的工程设施，要求沿程压力分布均匀，不产生负压和不致引起有害的脉动压力。通常采用圆弧曲线，其反弧半径 $R = (4 \sim 10)h$，h 为校核洪水闸门全开时反弧最低点的水深。反弧最低点的流速愈大，要求反弧半径愈大。当流速小于 16m/s 时，取下限；流速大时，宜采用较大值。当采用底流消能，反弧段与护坦相连时，宜采用上限值。

3. 直线段

中间的直线段与坝顶曲线和下部反弧段相切，坡度一般与非溢流坝段的下游坡相同。具体应由稳定和强度分析及剖面设计确定。

4. 溢流重力坝剖面设计

溢流坝的实用剖面，既要满足稳定和强度要求，也要符合水流条件的需要，还要与非溢流重力坝的剖面相适应，上游坝面尽量与非溢流坝相一致。设计时先按稳定和强度要求及水流条件定出基本剖面和溢流面曲线，然后使基本剖面的下游边与溢流面曲线相切。当溢流坝剖面超出基本剖面时，为节约坝体工程量并满足泄流条件，可以将堰顶做成悬臂式的，如图 4-9 (a) 所示（悬臂高度 h_1 应大于 $H/2$，H 为堰顶最大水头）。若溢流坝剖面小于基本剖面，则将上游坝面做成折线形，使坝底宽等于基本剖面的底宽，如图 4-9 (b) 所示。有挑流鼻坎的溢流坝，当鼻坎超出基本三角形以外时 [图 4-9 (b)]，若 $l/h > 0.5$，应核算截面 $B—B'$ 的应力，如果拉应力较大，可设缝将鼻坎与坝体分开。

（四）消能工的形式与设计

1. 概述

（1）消能工形式：常用的消能工型式有底流式消能、挑流式消能、面流式消能、消力戽消能及联合式消能（宽尾墩-挑流、宽尾墩-消力戽、宽尾墩-消力池等）。设计时应根据地形、地质、枢纽布置、水头、泄量、运行条件、消能防冲要求、下游水深

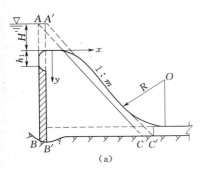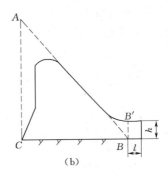

图 4-9　溢流坝剖面设计图

(a) 溢流坝剖面超出基本剖面；(b) 溢流坝剖面小于基本剖面

及其变幅等条件进行技术经济比较，选择消能工的形式。

（2）设计洪水标准：消能防冲建筑物设计的洪水标准，可低于大坝的泄洪标准。一等工程消能防冲建筑物宜按 100 年一遇洪水设计，二等工程消能防冲建筑物宜按 50 年一遇洪水设计，三等工程消能防冲建筑物宜按 30 年一遇洪水设计。并需考虑在小于设计洪水时可能出现的不利情况，保证安全运行。

2.挑流消能

挑流消能是通过挑流鼻坎将高速水流自由抛射远离坝体，并利用水舌在空中扩散、掺气以及水舌跌入下游水垫内的紊动扩散消耗能量，如图 4-10 所示。这种消能方式具有结构简单、工程造价省、施工检修方便等优点；但下泄水流会形成雾化，尾水波动较大，且下游冲刷较严重，冲刷坑后形成堆丘等。适用于水头较高、下游有一定水垫深度、基岩条件良好的高、中坝，低坝经过严格论证也可采用这种消能方式。

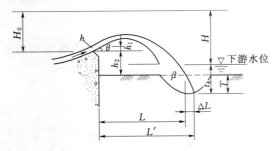

图 4-10　挑射距离和冲坑深计算图

挑流消能设计的任务是：选择鼻坎形式、反弧半径、鼻坎高程和挑射角，计算水舌挑射距离和冲刷坑深度等。

挑流鼻坎的常用形式有连续式和差动式两种。连续式鼻坎在工程中应用较为广泛。其优点是构造简单，水流平顺，防空蚀效果较好，但扩散掺气作用较差。连续式鼻坎的挑角可采用 $15°\sim35°$，反弧半径应在 $(4\sim10)h$ 范围内选取。鼻坎高程一般应高出下游最高水位约 $1\sim2m$，以利于挑流水舌下缘的掺气。

3.底流消能

底流消能是在溢流坝坝趾下游设置一定长度的护坦，使过坝水流在护坦上发生水跃，通过水流的旋滚、摩擦、撞击和掺气等作用消耗能量，以减轻对下游河床和岸坡的冲刷，如图 4-11 所示。底流消能原则上适用于各种高度的坝以及各种河床地质情况，尤其适用于地质条件差，河床抗冲能力低的情况。底流消能运行可靠，下游流态比较平稳。对通航和发电尾水影响较小。但工程量较大，且不利于排冰和过漂浮物。

设计底流消能时，首先要进行水力计算以判断水流衔接状态。若为远驱水跃，则应采取工程措施，如设置消力池、消力坎或综合消力池等，促使水流在池内发生水跃以消能。为提高消能效果，还可以布置一些辅助消能工，如趾坎、消力墩、尾槛等，以强化消能、减小消力池的深度和长度。

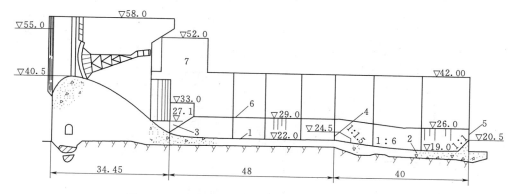

图 4-11　陆水水电站底流消能布置图（单位：m）

1——一级消力池；2——二级消力池；3——趾墩；4——消力墩；5——尾墩；6——导水墙；7——电站厂房

底流式消能的护坦通常用钢筋混凝土修筑，其配筋一般按构造要求配置。护坦厚度可由抗浮稳定和强度条件确定，一般为 $1\sim3m$。岩基上的护坦可用锚筋和基岩锚固，锚筋直径 $25\sim36mm$，间距 $1.5\sim2.0m$，按梅花形布置；当基岩软弱或构造发育时，也可在护坦底部设置排水系统以降低扬压力；护坦一般还应设置伸缩缝，以适应温度变形；护坦表层常采用高强度混凝土浇筑，以提高抗冲和抗磨能力。

4. 面流消能

面流消能是在溢流坝下游面设置低于下游水位、挑角不大（挑角小于 $10°\sim15°$）的鼻坎，使下泄的高速水流既不挑离水面也不潜入底层，而是沿下游水流的上层流动。水舌下有一水滚，主流在下游一定范围内逐渐扩散，使水流流速分布逐渐接近正常水流情况，故称为面流消能（图 4-12）。这种消能形式适用于水头较小的中、低坝，且下游水深较大，水位变幅小，河床和两岸有较高的抗冲能力，或有排冰和过木要求的情况；虽然水舌下的水滚是流向坝趾的，但流速较低，河床一般不需加固。由于表面高速水流会产生很大的波动，有的绵延数公里还难以平稳，所以对电站运行和下游航运不利，且易冲刷两岸。

5. 消力戽消能

消力戽消能是在坝后设一大挑角（约 $45°$）的低鼻坎（即戽唇，其高度 a 一般为下游水深的 $1/6$），其水流形态的特征表现为"三滚一浪"（图 4-13）。其优点是：工程量比底流式消能的小，冲刷坑比挑流消能的浅，不存在雾化问题；主要缺

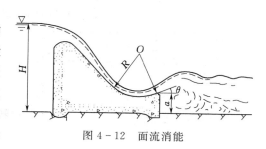

图 4-12　面流消能

点与面流式消能相似，并且底部旋滚可能将砂石带入戽内造成磨损。如将戽唇做成差动式可以避免上述缺点，但其结构复杂，齿坎易空蚀，采用时应慎重研究。消力戽消能的适用情况与面流式消能基本相同，但不能过木排冰，且对尾水的要求是须大于跃后水深。

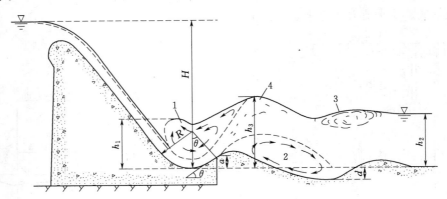

图 4 - 13　消力戽消能布置图

1—戽内旋滚；2—戽后底部旋滚；3—下游表面旋滚；4—戽后涌浪

二、重力坝的泄水孔

1. 坝身泄水孔的作用

坝身泄水孔的进口全部淹没在设计水位以下，随时可以放水，故又称深式泄水孔。其作用有：①预泄洪水，增大水库的调蓄能力；②放空水库以便检修；③排放泥沙，减少水库淤积，延长水库使用寿命；④向下游供水，满足航运和灌溉要求；⑤施工导流。

2. 坝身泄水孔的形式

按水流条件，坝身泄水孔可分为有压的和无压的，如图 4 - 14 和图 4 - 15 所示；按泄水孔所处的高程可分为中孔和底孔；按布置的层数又可分为单层和多层的。

3. 坝身泄水孔的组成

坝身泄水孔的主要组成部分包括进口段、闸门段、孔身段、出口段和下游消能设施等。

（1）进口段。泄水孔的进口高程一般应根据用途和水库的运用条件确定。有压和无压泄水孔，其进口段都是有压段。为了使水流平顺，减小水头损失、避免孔壁空蚀，进口形状应尽可能符合水流的流动轨迹。工程中常用椭圆或圆弧曲线的三向收缩矩形进水口。

图 4 - 14　无压泄水孔（单位：m）

1—启闭机廊道；2—通气孔

（2）闸门段。为控制水流和检修之用，深式泄水孔需要设置工作闸门和检修闸门。有压泄水孔的检修闸门设在进口段，工作闸门设置在出口段；无压泄水孔的工作闸门和检修闸门一般都设在进口段。最常用的门型有平面闸门和弧形闸门两种。前者布置紧凑、启闭机可设在坝顶，但启门力较大，闸门不能局部开启，门槽水流不平顺，易产生空蚀和振动；后者不需设置门槽，水流条件较好，可以局部开启，且启门力较小，但结构较复杂，闸门操作室所占空间较大。

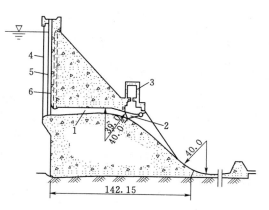

图 4-15　有压泄水孔（单位：m）
1—泄水孔；2—弧形闸门；3—启闭机室；
4—闸墩；5—检修闸门；6—通气孔

（3）孔身段。有压泄水孔的孔身断面一般为圆形，因为圆形断面过水能力较大，受力条件较好。无压泄水孔的断面通常采用矩形或城门洞形（圆拱直墙），为了保证孔内形成稳定的无压明流，孔顶在水面以上应有一定的余幅，以满足掺气和通气的要求。

坝内泄水孔削弱了坝体结构，孔边也容易引起应力集中。设计时除在孔道周边布设钢筋加强外，还要根据受力条件、流速及泥沙等情况综合考虑是否需要衬砌。当采用钢板或其他材料衬砌时，应与混凝土锚接牢固。

（4）出口段。有压泄水孔临近出口断面时，水流从有压突然转为无压，造成出口附近孔身压力突然降低，甚至在断面顶部产生负压。所以常将出口段顶部适当下压，形成压坡段，以增加孔内压力。

泄水孔的出口段还要与所选用的消能形式结合起来考虑，常根据具体条件采用挑流消能形式或底流消能形式与下游相衔接。

【知识拓展】

以你熟悉的一个工程为例，简要阐述溢流坝或坝身泄水孔的组成及工作原理。

【课后练习】

扫一扫，做一做。

第二节　河 岸 溢 洪 道

【课程导航】

问题1：河岸溢洪道有哪几种形式？其特点是什么？

问题2：如何进行河岸溢洪道的位置选择？

问题3：正槽溢洪道各由哪几部分组成？各部分的作用和设计要点如何？

4-3
认识河岸
溢洪道

一、河岸溢洪道的类型

在土石坝水利枢纽中，不宜采用坝身泄水，因此需要在合适的位置设置河岸式泄水建筑物，对于某些轻型坝或是枢纽布置有困难时，也适合于设置河岸式泄水建筑物。河岸溢洪道是最常用的一种。

河岸溢洪道按泄洪标准和运用情况，可分为正常溢洪道（包括主、副溢洪道）和非常溢洪道两大类，正常溢洪道的泄洪能力应能满足宣泄设计洪水的要求，超过此标准的洪水由正常溢洪道和非常溢洪道共同承担。正常溢洪道在布置和运用上有时也可分为主溢洪道和副溢洪道，主溢洪道宣泄常遇洪水（20 年一遇至设计洪水之间）。非常溢洪道运行机会很少，可采用较简易的结构，以获得全面、综合的经济效益。

正常溢洪道按结构形式可分为正槽式、侧槽式、井式和虹吸式四种。

（1）正槽式溢洪道，如图 4-16 所示。这种溢洪道的泄槽轴线与溢流堰轴线正交，过堰水流与泄槽轴线方向一致，其水流平顺，超泄能力大，并且结构简单，运用安全可靠，是一种采用最多的河岸溢洪道形式。

（2）侧槽式溢洪道，如图 4-17 所示。这种溢洪道的溢流堰与泄槽的轴线接近平行，过堰水流在侧槽内转弯约 90°，再经泄槽泄入下游，因而水流在侧槽中的紊动和撞击都很强烈，且距坝头较近，直接关系到大坝的安全。它适宜坝肩山体高，岸坡较陡的中小型水库。

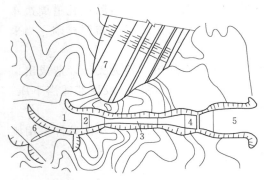

图 4-16 正槽式溢洪道

1—进水段；2—控制段；3—泄槽；4—消能防冲段；
5—出水渠；6—非常溢洪道；7—土石坝

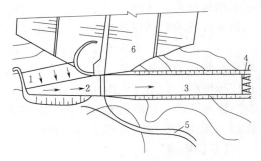

图 4-17 侧槽式溢洪道

1—溢流堰；2—侧槽；3—泄水槽；4—出口消能段；
5—上坝公路；6—土石坝

（3）井式溢洪道，如图 4-18 所示。其组成主要有溢流喇叭口段、渐变段、竖井段、弯道段和水平泄洪洞段，它适用于岸坡陡峻、地质条件良好，又有适宜地形的情况。可避免大量的土石方开挖，常有导流隧洞改建。但水流条件复杂，超泄能力小，容易产生空蚀和振动。因此，我国目前较少采用。

（4）虹吸式溢洪道，如图 4-19 所示。其工作原理是利用虹吸的作用泄水。当库水位达到一定高程时，通气孔被淹没，水流将流过堰顶并逐渐将曲管内的空气带出，使曲管内产生真空，形成虹吸作用自动泄水。这种溢洪道的优点是能自动调节上游水位，不需设置闸门。其缺点是超泄能力较小，构造复杂，且进口易堵塞，管内易空蚀，适用于上游淹没高程有严格限制的中小型水库。

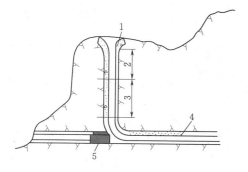

图 4-18 井式溢洪道
1—喇叭口段；2—渐变段；3—竖井段；
4—水平泄洪洞；5—封堵段

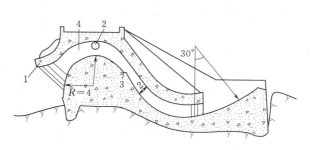

图 4-19 虹吸式溢洪道
1—遮檐；2—通气孔；3—挑流坎；4—曲管

以上四种类型的泄洪设施，前两种整个流程是完全敞开的，故又称为开敞式溢洪道，而后两种又称为封闭式溢洪道。

二、河岸溢洪道的位置选择

（1）地形条件。这是决定溢洪道形式和布置的主要因素。较理想的地形条件是，离大坝不远的库岸有通向下游的马鞍形山垭口，其高程在正常蓄水位附近，垭口后面有长度不大的冲沟直通原河道，出口离下游坝脚较远，这对工程的经济、安全及管理运用均有利，且易于解决下泄水流的归河问题。

（2）地质条件。这是影响溢洪道安全的关键因素。溢洪道应尽量布置在坚固、完整、稳定的岩石地基上，以减小砌护工程量并有利于工程的安全。溢洪道两侧山坡也必须稳定，以防止泄洪时山坡崩塌堵塞或摧毁溢洪道，危及大坝安全，产生严重后果。

（3）水流条件。溢洪道的轴线一般宜取直线，力求水流顺畅，流态稳定。如因地形或地质条件的限制而需转弯时，应尽量将弯道设置在进水渠或出水渠段。为避免冲刷坝体，溢洪道进口距坝端不宜太近，一般不小于 20m。溢洪道出口距坝脚不应小于 50～60m，以免水流冲刷坝脚或其他建筑物。但为了管理方便，溢洪道也不宜距离大坝太远。

（4）施工条件。应避免溢洪道开挖与其他建筑物施工相互干扰，选择出渣路线及堆渣场所便于布置，并尽量利用开挖土石料填筑坝体。

三、正槽式溢洪道设计要点

正槽式溢洪道一般由进水渠、控制段（溢流堰）、泄槽、消能防冲设施及出水渠五部分组成，其中中间三部分是必需的，其余两部分根据需要设置。

1. 进水渠

进水渠的作用是将水库的水平顺地引至溢流堰前。设计原则是在合理的开挖方量下，尽量减小水头损失，以增加溢洪道的泄洪能力。为此，进水渠长度应尽量短而直，当控制段紧靠水库时，进水渠只是一个喇叭口，如图 4-20 所示。对于较长的渠道，要尽可能使渠内的水流流速小，这就需要扩大开挖过水断面，选择控制堰流位置是解决这个问题的关键。进水渠内可以不衬砌，但要选择适当的边坡以维持稳定，底坡多为平坡或较小的逆坡。

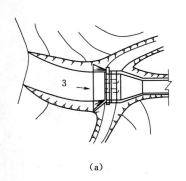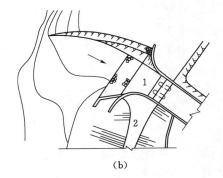

（a）　　　　　　　　　　　　　　（b）

图 4-20　溢洪道进水渠形式
（a）设进水渠；（b）不设进水渠
1—喇叭口；2—土坝；3—引水渠

2. 控制段

溢洪道的控制段包括溢流堰及两侧连接建筑物，是控制溢洪道泄流能力的关键部位。大型水库的溢洪道都用闸门控制水位，有些小型工程的溢流堰上不设闸门，运行管理简便，但水库运行不经济。

溢流堰通常选用宽顶堰、实用堰，有时也采用驼峰堰、折线形堰。

宽顶堰的特点是结构简单，施工方便，但流量系数较低。由于宽顶堰荷载小，对承载力较差的土基适应能力较强，因此，在泄量不大或附近地形较平缓的中、小型工程中应用较广，如图 4-21 所示。

实用堰堰面曲线一般采用 WES 曲线，与宽顶堰相比较，实用堰的流量系数比较大，在泄量相同的条件下，需要的溢流前缘较短，工程量相对较小，但施工较复杂。大、中型水库，特别是岸坡较陡时，多采用这种形式，如图 4-22 所示。

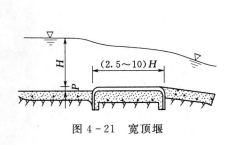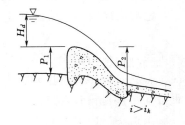

图 4-21　宽顶堰　　　　　　　图 4-22　实用堰

驼峰堰是一种复合圆弧的溢流低堰，堰面由不同半径的圆弧组成，如图 4-23 所示。其流量系数可达 0.42 以上，设计与施工简便，对地基的要求低，适用于软弱地基。

3. 泄槽

泄槽的作用是顺利地将过堰洪水安全地泄向下游。

泄槽的水力特征是急流，泄槽的底坡常大于水流的临界坡，亦称为陡槽。

泄槽应尽量布置在基岩上，线路短而直，力求避免弯曲和变坡。

溢洪道的落差主要集中在泄槽段，越过溢流堰的水流在下泄过程中不断加速，水流流速高，很容易产生冲击波、掺气、气蚀、振动等工程问题。岩基上泄槽的横断面多做成矩形或近似于矩形，边壁一般多采用混凝土衬砌，其作用是保护地基不受冲刷，防止风

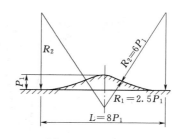

图 4-23 驼峰堰

化，减少过水表面的糙率等。衬砌表面应光滑平整，能抵抗水流冲刷；衬砌的厚度为 $30\sim50\text{cm}$；衬砌沿纵横向设置收缩缝，缝距 $10\sim15\text{m}$；衬砌的接缝有平接、搭接和键槽接等多种形式，如图 4-24 所示。垂直于流向的横缝比纵缝要求高，宜采用搭接式，岩基较坚硬且衬砌较厚时也可采用键槽缝；纵缝可采用平接的形式。纵横缝中设止水，以防止高速水流钻入底板，同时在底板下设置排水，如图 4-25 所示。且互相连通，渗水集中到纵向排水管内排向下游，以减小作用于底板上的扬压力并增加衬砌的稳定性。为了减少开挖和衬砌工程量，泄槽常常需要先收缩、再扩散的平面布置（图 4-16）。

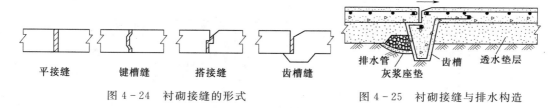

图 4-24 衬砌接缝的形式   图 4-25 衬砌接缝与排水构造

4. 消能防冲设施

河岸式溢洪道一般采用挑流消能或底流消能，其适应性和计算内容见"溢流坝"部分。

挑坎的结构形式一般有重力式和衬砌式两种，如图 4-26 所示。前者适用于较软弱岩基，后者适用于坚实完整岩基。挑坎下游常做一段短护坦以防止小流量时产生贴流而冲刷齿墙底脚。挑坎上还常设置通气孔和排水孔，如图 4-27 所示。通气孔的作用是从边墙顶部孔口向水舌补充空气，避免形成真空影响挑距或造成结构空蚀。坎上排水孔用来排除反弧段积水；坎底排水孔则用来排放地基渗水，降低扬压力。

在较软弱地基上采用底流式消能，可开挖消力池以保护地基免遭冲刷。

5. 出水渠

溢洪道下泄水流经消能后，若能量仍然较大，则不能直接泄入河道，应设置出水渠。选择出水渠线路应经济合理，其轴线方向应尽量顺应河势，利用天然冲沟或河沟。

四、侧槽溢洪道设计要点

侧槽溢洪道通常由控制段、侧槽、泄槽、消能防冲设施和出水渠等部分组成。侧

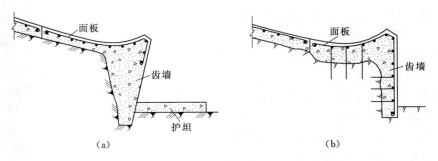

图 4-26 挑坎结构形式
(a) 重力式；(b) 衬砌式

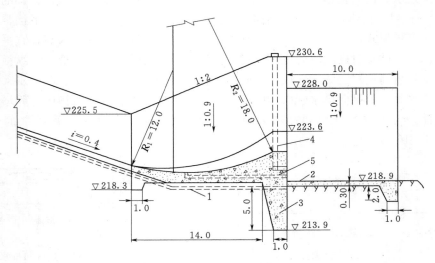

图 4-27 挑坎构造（单位：m）
1—纵向排水；2—护坦；3—混凝土齿墙；4—φ50cm 通气孔；5—φ10cm 排水管

槽溢洪道的特点是溢流堰轴线大致顺着河岸等高线布置，水流过堰后即进入一条与堰轴线平行的侧槽内，然后再通过侧槽末端所接的泄水道泄往下游。其泄水道可以是开敞明槽，也可以是泄水隧洞，如图 4-28 所示。其主要优点是溢流堰的布置受地形限制小，可大致沿等高线向上游库岸延伸，以减少开挖工程量。其主要缺点是进堰水流首先冲向对面的槽壁，再向上翻腾产生漩涡，逐渐转向再泄往下游，形成一种不规则的复杂流态，与下游水面衔接难以控制，给侧槽的布置造成困难。

侧槽溢洪道的溢流堰多采用曲线形实用堰，小型工程也可采用宽顶堰的形式，堰顶一般不设闸门。

侧槽溢洪道的布置与正槽溢洪道不同之处，主要是侧槽部分，其他基本相同。为满足泄水能力的要求侧槽槽底纵坡应取单一纵坡，且小于槽末断面水流的临界坡。侧槽断面形式常采用窄而深的梯形，以有利于增加槽内水深，并容易使侧向进流与槽内水流混合，水面较为平稳，而且在陡峭的山坡上，窄深断面要比宽浅断面节省开挖量。由于侧槽内的流量是沿流向不断增加的，所以侧槽底宽亦应沿水流方向逐渐增

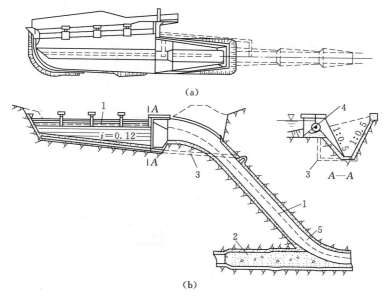

(a)

(b)

图 4-28　隧洞泄水的侧槽溢洪道

(a) 平面；(b) 纵剖面

1—水面线；2—混凝土塞；3—排水管；4—闸门；5—泄水隧洞

加。侧槽多建造在完整坚实的岩基上，且要有质量较好的衬砌。一般不宜在土基上修建侧槽溢洪道。

五、非常溢洪道

非常溢洪道主要用于宣泄超过设计情况的洪水。当校核洪水、设计洪水和常年洪水差别较大，而又有适当的位置，为节省工程量及造价，也可设置非常溢洪道。非常溢洪道按结构形式可分为开敞式和自溃式。

开敞式非常溢洪道宜选在库岸有通往天然河道的垭口处或平缓的岸坡上。通常应考虑正常溢洪道与非常溢洪道分开布置，以达到降低总造价的目的。非常溢洪道应尽量设置在地形地质条件较好的地段，运用时要做到既能保证预期的泄洪效果，又不致造成非常溢洪道遭受严重冲刷的危险后果。非常溢洪道的溢流堰顶高程，要比正常溢洪道稍高，一般不设闸门。由于非常溢洪道的运用概率很小，设计所用的安全系数可适当降低，结构可做得简单些，有的只做溢流堰和泄槽，并允许消能防冲设施发生局部损坏。在较好岩体中开挖的泄槽，可不做混凝土衬砌。有时为了多蓄水兴利，常在堰顶上筑土埝，土埝顶应高于最高洪水位，要求土埝在正常情况下不失事，在非常情况下能及时破开。

自溃式非常溢洪道是在非常溢洪道的底板上加设自溃堤。堤体可因地制宜地用非黏性的砂料、砂砾或碎石填筑，平时可以挡水，当水位超过一定高程时，又能迅速将其冲溃行洪。按溃决方式分为漫顶自溃和引冲自溃两种，如图 4-29 和图 4-30 所示。自溃堤因结构简单、造价低和施工方便而常被采用。自溃式非常溢洪道的缺点是控制过水口门形成和口门形成的时间尚缺少有效措施，溃堤泄洪后，调蓄库容减小，可能影响来年的综合效益。

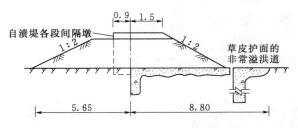

图 4-29　漫顶自溃式非常溢洪道（单位：m）

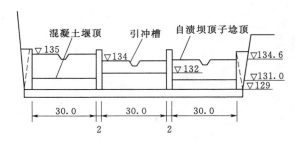

图 4-30　引冲自溃式非常溢洪道（单位：m）

【知识拓展】

以你熟悉的一个工程为例，简要阐述河岸溢洪道的组成和工作原理。

【课后练习】

扫一扫，做一做。

【阶段测试】

扫一扫，做一做。

第四章
练习题

第四章
测试卷

第五章 取水建筑物

【知识目标】

1. 了解取水建筑物的概念、作用。

2. 熟知水闸的结构类型、组成及各部分的作用，掌握水闸的布置及构造要求。

3. 熟知坝下涵管、水工隧洞及重力坝等深式进水口的组成及布置要求。

4. 熟知水泵的选型要点、水泵站的类型及适用情况，了解水泵站进出水建筑物的组成及作用。

【能力目标】

1. 根据具体工程情况，初步具备选择取水建筑物类型的能力。

2. 初步掌握主要取水建筑物的构造方法。

【素养目标】

1. 树立正确的学习观念，具备独立思考、有效沟通与团队合作的能力，具备一定的国际视野及服务社会的信念与态度。

2. 收集与本次课有关的专业信息，了解取水建筑物技术革新的信息，了解相关技术对环境、社会及全球的影响。

3. 有良好的思想品德、道德意识和献身精神，培养"富于创新、科学严谨、尊重自然、人水和谐"的治水理念。

【思政导引】

都江堰水利枢纽工程——流芳千古的传世佳作

都江堰水利枢纽工程（图5-1）位于四川省都江堰市城西，坐落在成都平原西部的岷江上，始建于秦昭襄王末年（约公元前256—公元前251年），是由蜀郡太守李冰父子在前人鳖灵开凿的基础上组织修建的大型水利工程，由分水鱼嘴、飞沙堰、宝瓶口、灌溉渠道等部分组成。都江堰水利工程充分利用当地西北高、东南低的地理条件，根据江河出山口处特殊的地形、水脉、水势，乘势利导，无坝引水，自流灌溉，使堤防、分水、泄洪、排沙、控流相互依存，共为体系，2000多年来一直保证了防洪、灌溉、水运和社会用水综合效益的充分发挥，使成都平原成为"水旱从人，不知饥馑，时无荒年，谓之天府"的天府之国，至今灌区已达30余县市、面积近千万亩，是全世界迄今为止年代最久、唯一留存、仍在使用、以无坝引水为特征的宏大水利工程，凝聚着中国古代劳动人民勤劳、勇敢、智慧的结晶。

岷江鱼嘴分水工程。李冰采用中流作堰的方法，在岷江峡内用竹笼装卵石垒砌成石埂，称岷江鱼嘴，包括百丈堤、杩槎、金刚堤等一整套相互配合的设施。其主要作用是把汹涌的岷江分成内、外二江，西边叫外江，俗称"金马河"，是岷江正流，主要用于排洪；东边沿山脚的叫内江，是人工引水渠道，主要用于灌溉。冬春季江水较枯，主流沿鱼嘴东侧的弯道绕行进入内江，内江进水量约六成，外江进水量约四成；夏秋季水位升高，水势不再受弯道制约，主流直冲外江，内、外江江水的比例自动颠倒：内江进水量约四成，外江进水量约六成。分水工程充分利用地形，完美地解决了冬、春季枯水期灌区用水和夏秋季洪水期的防涝问题。

飞沙堰溢洪排沙工程。飞沙堰是都江堰水利枢纽工程三大主体工程之一，具有泄洪、排沙和调节水量的显著功能，是确保成都平原不受水灾的关键。当内江的水量超过宝瓶口流量上限时，多余的水便从飞沙堰自行溢出；如遇特大洪水的非常情况，它还会自行溃堤，让大量江水回归岷江正流。飞沙堰的另一作用是"飞沙"，可将从岷江上游挟带下来的大量泥沙、石块排入外江，防止其淤塞宝瓶口和灌渠。

图 5 - 1　都江堰水利枢纽工程

宝瓶口引水工程。宝瓶口能自动控制内江进水量。它是在玉垒山伸向岷江的长脊上"以火烧石，并浇泼凉水，使岩石爆裂"凿出的一个宽 20m、高 40m、长 80m 的山口，因形似瓶口且功能奇特，故名宝瓶口。留在宝瓶口右边的山丘，因其与原有山体相离，故名离堆。

为了控制水流量，在宝瓶口进水口处做了 3 个石人立于水中，使"水竭不至足，盛不没肩"（《华阳国志·蜀志》）。这些石人显然起着水尺作用，这是最早的水尺。通过对内江进水口水位观察，再用鱼嘴、飞沙堰等分水工程来调节水位，这样就能控制进水流量。在都江堰内江中，李冰还做了石犀 5 枚，石犀埋置的深度是作为都江堰岁修深淘滩的控制高程。通过深淘滩，使河床保持一定的深度，有一定大小的过水断面，这样就可以保证河床安全地通过比较大的洪水量。

都江堰水利工程建设，开创了中国古代水利史的新纪元。它以不破坏自然资源，充分利用自然资源为人类服务为前提，变害为利，使人、地、水三者高度和谐统一，是全世界迄今为止仅存的一项伟大的"生态工程"。都江堰水利工程，是中国古代人民智慧的结晶，是中华文化划时代的杰作，更是古代水利工程沿用至今，"古为今用"、硕果仅存的奇观。与之兴建时间大致相同的古埃及和古巴比伦的灌溉系统，以及中国陕西的郑国渠和广西的灵渠，都因沧海变迁和时间的推移，或湮没、或失效，唯有都江堰独树一帜，至今仍滋润着天府之国的万顷良田。

都江堰是一个科学、完整、极富创新性的庞大的水利工程体系。李冰主持创建的都江堰，正确处理分水鱼嘴、飞沙堰、宝瓶口等主体工程的关系，使其相互依赖，功能互补，巧妙配合，浑然一体，形成布局合理的系统工程，联合发挥分流分沙、泄洪排沙、引水疏沙的重要作用，使其枯水不缺，洪水不淹。都江堰的三大部分，科学地解决了江水自动分流、自动排沙、控制进水流量等问题，消除了水患。

李冰所创建的都江堰水利工程巧夺天工、造福当代、惠泽未来、影响深远，后来的灵渠、它山堰、渔梁坝、戴村坝一批历史性工程，都有都江堰的印记。2000 多年前，都江堰取得这样伟大的科学成就，在世界绝无仅有，至今仍是"世界水利工程的最佳作品"。2000 年，都江堰被联合国教科文组织列为"世界文化遗产"名录；2018 年，入选"世界灌溉工程遗产名录"。

取水建筑物是灌溉、城镇供水、水力发电等用水系统自水源取水必不可少的水工建筑物，是输水建筑物的首部工程。常见的建筑物有水闸，隧洞、涵管、坝式等深式进水口，以及水泵站等。

第一节 水 闸

【课程导航】

问题 1：水闸有哪些类型？各类型的工作特点有哪些？

问题 2：水闸的组成和各组成部分的作用如何？

问题 3：水闸的布置和构造内容有哪些？

水闸是一种低水头水工建筑物，既能挡水，又能泄水，具有调节水位、控制流量的作用。一般建在河流和渠道上，也可修建在水库和湖泊的岸边。

一、水闸的类型

1. 按水闸所承担的任务分类

（1）进水闸（取水闸）。建在天然河道、水库、湖泊的岸边及渠道的首部，用于引水，并控制引水流量，以满足发电或供水的需要。

（2）节制闸。灌溉渠系中的节制闸一般建于干、支、斗渠分水口的下游。拦河而建的节制闸也叫拦河闸，用于在枯水期抬高水位，以满足上游取水或航运的需要；在洪水期提闸泄水，控制下泄流量。

（3）冲沙闸（排沙闸）。多建在多泥沙河流上的引水枢纽或渠系中布置有节制闸

5-1

认识水闸

的分水枢纽处及沉沙池的末端，用于排除泥沙。一般与节制闸并排布置。

（4）分洪闸。建造在天然河道的一侧。用于将超过下游河道安全泄量的洪水泄入湖泊、洼地等滞洪区，以削减洪峰保证下游河道的安全。

（5）排水闸。在江河沿岸排水渠的出口处建造，排除其附近低洼地区的积水，当外河水位高时关闸以防河水倒灌。其具有闸底板高程较低，且受双向水头作用的特点。

（6）挡潮闸。建在入海河口附近，涨潮时关闸，防止海水倒灌；退潮时开闸放水。挡潮闸也具有双向承受水头作用的特点，且操作频繁。

上述各水闸的布置示意图见图 5-2。

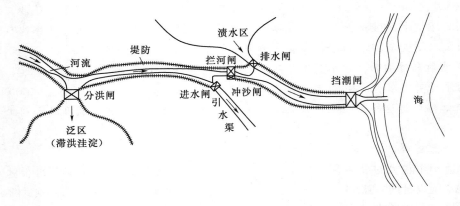

图 5-2 水闸的布置示意图

2. 按闸室结构的形式分类

（1）开敞式。开敞式水闸闸室是露天的，可分为无胸墙和有胸墙两种形式，见图 5-3（a）、（b）。当上游水位变幅较大而过闸流量不大时，采用胸墙式，既可降低闸门高度，又能减少启闭力；当有泄洪、通航、排冰、过木等要求时，宜采用无胸墙的开敞式水闸。

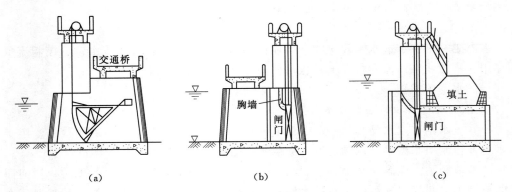

图 5-3 水闸闸室结构分类图
（a）无胸墙的开敞式；（b）胸墙式；（c）涵洞式

（2）涵洞式。水闸修建在河、渠堤之下时，便成为涵洞式水闸，见图 5-3（c）。根据水力条件的不同，可分为有压式和无压式两类，其适用情况基本同胸墙式水闸。

二、工作特点

进水闸的地基可以是岩基或土基，大部分进水闸都是修建在土基上。一般具有以下一些特点。

1. 稳定方面

关门挡水时，水闸上、下游较大的水头差造成较大的水平推力，使水闸有可能沿基面产生向下游的滑动，为此，水闸必须具有足够的重力，以维持自身的稳定。

2. 防渗方面

由于上下游水位差的作用，水将通过地基和两岸向下游渗流。渗流会引起水量损失，同时地基土在渗流作用下，容易产生渗透变形。严重时闸基和两岸的土壤会被淘空，危及水闸安全。渗流对闸室和两岸连接建筑物的稳定不利。

3. 消能防冲方面

水闸开闸放水时，在上、下游水位差的作用下，过闸水流往往具有较大的动能，下泄水流所产生的水跃和折冲水流，会进一步加剧对河床和两岸的淘刷。

4. 沉降方面

土基上建闸，由于土基的压缩性大，抗剪强度低，在闸室的重力和外部荷载作用下，可能产生较大的沉降影响正常使用，尤其是不均匀沉降会导致水闸倾斜，甚至断裂。在水闸设计时，必须合理地选择闸型、构造，安排好施工程序，采取必要的地基处理等措施，以减少过大的地基沉降和不均匀沉降。

三、进水闸组成及各部分作用

进水闸一般由闸室段、上游连接段和下游连接段三部分组成，见图 5-4。

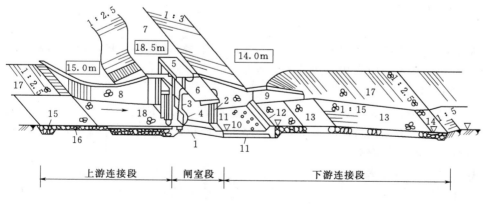

图 5-4 进水闸组成示意图

1—闸底板；2—闸墩；3—胸墙；4—闸门；5—工作桥；6—交通桥；7—堤顶；8—上游翼墙；9—下游翼墙；10—护坦；11—排水孔；12—消力坎；13—海漫；14—防冲槽；15—上游防冲槽；16—上游护底；17—上下游护坡；18—水平铺盖

1. 闸室

闸室是进水闸的主体，有控制水流和连接两岸的作用，包括底板、闸门、闸墩、胸墙（开敞式水闸）、交通桥、工作桥和启闭机房等。底板是闸室的基础，主要用于支承上部结构重量、满足抗滑稳定和地基应力要求，同时兼有防渗的作用；闸门主要用于控制过闸流量和上下游水位；闸墩用于分隔闸孔和支承闸门、胸墙、交通桥、工作桥和启闭机房；胸墙的作用是减小闸门和工作桥的高度，减小启门力，降低工程造价；交通桥用于连接水闸两侧的交通；工作桥是利用其上的启闭设备控制闸门升降；启闭机房用于安装和控制启闭设备。

2．上游连接段

上游连接段的主要作用是引导水流平顺进入闸室，保护上游河床及两岸免于冲刷，并有防渗作用，一般包括上游防冲槽、护底、护坡、铺盖、翼墙等。防冲槽、护底、护坡主要起防冲作用。铺盖、翼墙除了防冲作用之外，还有防渗作用。

3．下游连接段

下游连接段的主要作用是将下泄水流平顺引入下游河道，有消能、防冲及防止发生渗透破坏的功能，一般有护坦、翼墙、海漫、防冲槽及护坡。护坦、翼墙、海漫有消能、防冲及防止发生渗透破坏的作用。防冲槽及护坡主要起防冲的作用。

四、进水闸布置与构造

（一）闸址选择

闸址选择关系到工程建设的成败和经济效益的发挥。应综合考虑地形、地质、水流、泥沙、冰情、施工、管理、周围环境等因素，经技术经济比较确定。

1．地形、地质条件

水闸的闸址宜选择在地形开阔、岸坡稳定、岩土坚实和地下水位较低的地点。

水闸的闸址宜优先选用地质良好的天然地基，最好是选用新鲜完整的岩石地基，或承载能力大、抗剪强度高、压缩性低、透水性小、抗渗稳定好的土质地基，避免采用人工处理地基。

2．水流条件

闸址的位置应使进闸和出闸水流比较均匀和平顺，闸前和闸后应尽量避开其上、下游可能产生有害的冲刷和泥沙淤积的地方。

3．交通影响

在铁路桥或Ⅰ、Ⅱ级公路桥附近建闸，选定的闸址与铁路桥或Ⅰ、Ⅱ级公路桥的距离不能太近。由于铁路桥或Ⅰ、Ⅱ级公路桥车流量大、交通繁忙，对附近水闸的正常运行有一定的干扰影响。

4．施工、管理条件

选择闸址应综合考虑材料来源、对外交通、施工导流、场地布置、基坑排水、施工用水、用电等条件，还应考虑水闸建成后工程管理和防汛抢险等条件。

（二）闸室布置与构造

1．闸孔和底板形式选择

（1）闸孔形式有开敞式和涵洞式两大类，其选用条件已在水闸类型中说明。

（2）闸底板形式。

1）按底板形状分有宽顶堰和低实用堰两种。

a. 平底板宽顶堰具有结构简单、施工方便、有利于排沙冲淤、泄流能力比较稳定等优点；其缺点是自由泄流时流量系数较小，闸后比较容易产生波状水跃。

b. 低实用堰有 WES 低堰、梯形堰和驼峰堰等形式，见图 5-5。其优点是自由泄流时流量系数较大，可缩短闸孔宽度和减小闸门高度，并能拦截泥沙入渠；缺点是泄流能力受下游水位变化的影响显著，当淹没度增加时（$h_s > 0.6H$），泄流能力急剧下降。当上游水位较高而又需限制过闸单宽流量时，或由于地基表层松软需降低闸底高程又要避免闸门高度过大时，以及在多泥沙河道上有拦沙要求时，常选用这种形式。

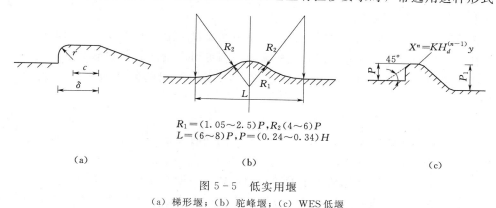

$$R_1 = (1.05 \sim 2.5)P, R_2(4 \sim 6)P$$
$$L = (6 \sim 8)P, P = (0.24 \sim 0.34)H$$

(a)　　　　　　　　　　(b)　　　　　　　　　　(c)

图 5-5　低实用堰
(a) 梯形堰；(b) 驼峰堰；(c) WES 低堰

2）按闸墩与底板的连接方式分有：整体式 ［图 5-6 (a)、(c)］ 和分离式 ［图 5-6 (b)］ 两种。

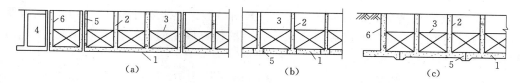

(a)　　　　　　　　　　(b)　　　　　　　　　　(c)

图 5-6　整体式、分离式平底板
(a)、(c) 整体式；(b) 分离式
1—底板；2—闸墩；3—闸门；4—空箱式岸墙；5—温度沉陷缝；6—边墩

a. 整体式底板。当闸墩与底板浇筑成整体时（可以是一孔、二孔或三孔为一个单元），即为整体式底板。它的优点是闸孔两侧闸墩之间不会产生过大的不均匀沉降，适用于地基承载力较差的土基。整体式底板具有将结构自重和水压等荷载传给地基及防冲、防渗作用，故底板较厚。

底板顺水流方向的长度可根据闸室整体抗滑稳定和地基允许承载力为原则，同时满足上部结构布置要求。水头愈大，地基条件愈差，则底板愈长。初步拟定时，对砂砾石地基可取 (1.5 ~ 2.0)H（H 为上、下游最大水位差）；砂土和砂壤土地基，取 (2.0 ~ 2.5)H；黏壤土地基，取 (2.0 ~ 3.0)H；黏土地基，取 (2.5 ~ 3.5)H。

底板的厚度必须满足强度和刚度的要求，大中型水闸可取闸孔净宽的 1/6 ~ 1/8，一般为 1.0 ~ 2.0m，最薄不小于 0.7m，实际工程中有 0.3m 厚小型水闸。底板混凝土还应满足强度、抗渗、抗冲等要求，一般选用 C15 或 C20。闸墩中间分缝的底板一般适用于孔径 8～12m 和较松软地基或地震烈度较高的地区。对于中等密实以上，承载力较大的地基也可将缝分在闸底板中间，见图 5-6（c）。

　　b. 分离式底板。当闸墩与底板设缝分开时，即为分离式底板，见图 5-6（b）。闸室上部结构的重量和水压力直接由闸墩传给地基，底板仅有防冲、防渗和稳定的要求，其厚度可根据自身稳定的要求确定。分离式底板一般适用于孔径大于 8m 和地基条件较好的砂土或岩石地基。由于底板较薄，所以工程量较整体式底板节省。涵洞式水闸不宜采用分离式底板。

　　底板顶面高程与闸承担的任务、泄流或引水流量、上下游水位及河床地质条件等因素有关。一般情况下，进水闸的底板顶面在满足引水设计流量的情况下，应尽可能高一些，防止泥沙进入渠道，排水闸、泄水闸或挡潮闸的闸底板高程应尽量定得低些。

　　2. 闸墩

　　闸墩的外形轮廓应能满足过闸水流平顺、侧向收缩小、过流能力大的要求。上下游端部形状多采用半圆形或流线型。

　　闸墩的长度取决于上部结构布置和闸门形式，一般与底板同长或稍短些。

　　闸墩上游部分的顶面高程应满足以下两个方面要求：①水闸挡水时，不低于水闸正常蓄水位加波浪高度与相应安全超高之和；②泄洪时，不低于设计或校核洪水位与安全超高值之和。闸墩下游部分的高程可根据需要适当降低，但应保证下游的交通桥底部高出泄水位 0.5m 及桥面能与闸室两岸道路衔接顺畅。

　　闸墩厚度必须满足稳定和强度要求，并与闸门形式及跨度有关。平面闸门闸墩厚度决定于工作门槽颈部的厚度和门槽深度。门槽颈部厚度的最小值为 0.4m。工作门槽尺寸根据闸门的尺寸决定，一般工作门槽深为 0.2～0.3m，门槽宽度为 0.5～1.0m，其宽深比一般为 1.6～1.8。检修门槽深约为 0.15～0.20m，宽为 0.15～0.30m。检修门槽至工作门槽的净距离不宜小于 1.5m，以便检修操作。初选时可参考表 5-1 拟定。

表 5-1　　　　　　　　　　　　　　　　闸 墩 厚 度 d 参 考 值

闸孔净宽 b_0/m	闸墩厚度 d/m	
	中墩	缝墩
小跨度（3～6）	0.5～1.0	2×0.4～2×0.6
中跨度（6～12）	0.8～1.4	2×0.6～2×0.8
大跨度（>12）	1.2～2.5	2×0.8～2×1.5

　　3. 胸墙

　　当水闸挡水高度较大，闸孔尺寸超过泄流要求时，可设置胸墙挡水，胸墙顶部高程可按挡水要求确定，一般与闸墩顶部高程齐平。底部高程以不影响泄水为原则，高出泄水位 0.1～0.2m。

胸墙结构形式可根据孔径大小和泄水要求选用。小跨度（不大于 6m）的胸墙可做成上薄下厚的板式结构见图 5 - 7（a）；大跨度（大于 6m）水闸则可做成梁板式结构，见图 5 - 7（b）；当胸墙高度大于 5.0m，且跨度较大时，可增设中梁及竖梁构成类型结构，见图 5 - 7（c）。

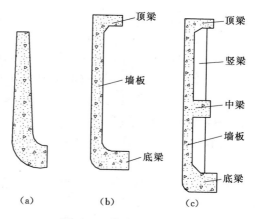

图 5 - 7　胸墙的结构形式
（a）上薄下厚的板式结构；（b）梁板式结构；
（c）类型结构

板式胸墙顶部厚度一般不小于 20cm。梁板式的板厚一般不小于 12cm；顶梁梁高约为胸墙跨度的 1/12～1/15，梁宽常取 40～80cm；底梁梁高约为跨度的 1/8～1/9，梁宽为 60～120cm。为使过闸水流平顺，胸墙迎水面底缘应做成圆弧形。

胸墙的支承方式有简支和固结两种。简支胸墙与闸墩分开浇筑，缝内设止水；固结式胸墙与闸墩整体浇筑，闸室的整体性好，但易在连接处的迎水面产生裂缝。

4. 工作桥

工作桥是供安装和操作启闭设备之用，常设置在闸墩上。小型水闸的工作桥一般采用板式结构，大中型水闸采用板梁结构。若工作桥较高时，宜在闸墩上另建支墩或排架支承工作桥。

初步确定桥高时，平面闸门可取门高的两倍再加 1.0～1.5m 的超高值，并满足闸门能从闸门槽中取出检修的要求；若采用活动式启闭机，桥高应大于 1.7 倍门高；升卧式闸门的桥高为平面直升门高的 70%。弧形闸门的工作桥较低。

工作桥的总宽度取决于启闭机的类型、容量和操作需要，小型水闸总宽度为 2.0～2.5m，大型水闸总宽度为 2.5～4.5m。

5. 交通桥

建造水闸时，应考虑两侧的交通，以满足汽车、拖拉机和行人通过。交通桥的位置应根据闸室稳定及两岸交通连接等条件确定，通常布置在低水位一侧，桥面宽视两岸交通及防汛抢险要求确定。交通桥的形式可采用整体板式、板梁式和拱式，中、小型工程可采用定型设计。

6. 闸门

闸门是水闸的关键部分，用它来封闭和开启孔口，以达到控制水位和调节流量的目的。闸门按其工作性质分为工作闸门、事故闸门和检修闸门等。按门体的材料分为钢闸门、钢筋混凝土或钢丝网水泥闸门、木闸门及铸铁闸门等。按结构形式分为平面闸门、弧形闸门等。弧形闸门与平面闸门比较，其主要优点是启门力小，可以封闭相当大面积的孔口；无影响水流态的门槽，闸墩厚度较薄，机架桥的高度较低，埋件少。它的缺点是需要的闸墩较长，不能提出孔口以外进行检修维护，也不能在孔口之间互换；总水压力集中于支铰处，闸墩受力复杂。露顶式闸门顶部应在可能出现的最

111

高挡水位以上有 0.3~0.5m 的超高。

7. 启闭机

闸门启闭机可分为固定式和移动式两种。启闭机形式可根据门型、尺寸及其运用条件等因素选定。选用启闭机的启闭力应等于或大于计算启闭力，同时应符合《水利水电工程启闭机设计规范》(SL 41—2018) 所规定的启闭机系列标准。当多孔闸门启闭频繁或要求短时间内全部均匀开启时，每孔应设一台固定式启闭机。常用的固定式启闭机有卷扬式、螺杆式、油压式。

8. 闸室分缝与止水

(1) 分缝。水闸沿轴线方向每隔一定距离必须设置永久缝，以免闸室因地基不均匀沉降及伸缩变形而产生裂缝。缝的间距一般为 15~20m，缝宽 2~3cm。

除了前面介绍的在闸室分缝外，凡相邻结构荷载相差悬殊或尺寸较大的地方，都需设缝分开。如在铺盖与闸底板连接处、翼墙与边墩及铺盖连接处、消力池护坦与闸底板及翼墙连接处都设沉降缝。此外，混凝土铺盖及消力池本身也需设缝分段、分块。

(2) 止水。凡是有防渗要求的缝，都应设止水。止水分水平止水和垂直止水两种。铺盖与闸底板、消力池底板与闸底板、翼墙与底板之间，需设水平止水。缝墩中、边墩与翼墙之间以及各段翼墙之间设垂直止水。水平止水一般为紫铜片、镀锌铁片、塑料止水片；垂直止水常采用油毛毡或沥青麻布。在无防渗要求的缝中，一般铺贴沥青油毡。

(三) 防渗排水布置与构造

1. 闸基的防渗长度

闸基防渗长度是指铺盖、板桩、闸底板（有时包括消力池的一部分）等不透水部分与地基接触线的折线长度，也称为地下轮廓线。在工程规划和可行性研究阶段，可按下式初步拟定闸基防渗长度：

$$L = C \Delta H \tag{5-1}$$

式中　L——闸基的防渗长度，即闸基轮廓线防渗部分水平段和垂直段长度的总和，m；

　　　C——允许渗径系数值，见表 5-2，当闸基设板桩时，可采用表 5-2 规定的较小值；

　　ΔH——上、下游水位差，m。

表 5-2　　　　　　　　　　　　　允许渗径系数值 C

排水条件 \ 地基类别	粉砂	细砂	中砂	粗砂	中砾和细砾	粗砾和夹卵石	轻粉质砂壤土	轻砂壤土	壤土	黏土
有滤层	9~13	7~9	5~7	4~5	3~4	2.5~3	7~11	5~9	3~5	2~3
无滤层	—	—	—	—	—	—	—	—	4~7	3~4

注　地基土分类见《水闸设计规范》(SL 265—2016) 附录 F。

2．地下轮廓布置

防渗布置原则：即"高防低排"。在高水位一侧设置防渗设施，如铺盖、板桩、齿墙、混凝土防渗墙及帷幕灌浆等，延长渗径，减小作用在底板上的渗透压力，降低闸基渗透坡降；在低水位一侧设置排水设施，如排水孔、反滤层及减压井等，将渗入闸基的水尽快排出，并防止渗流出口发生渗透变形。

（1）地下轮廓布置形式。

1）黏性土地基地下轮廓线布置，见图5-8。黏性土地基防渗设施常采用水平铺盖，不设板桩。排水设施可前移到闸底板下，以降低底板上的渗透压力并有利于黏性土的加速固结。出口设置反滤层。

黏性土地基内夹有承压水层时，应考虑设置垂直排水，见图5-8（b）。

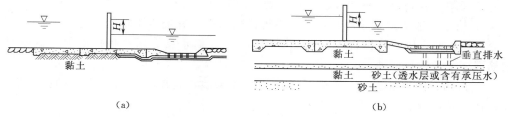

（a）　　　　　　　　　　　　　　　　　（b）

图5-8　黏性土地基地下轮廓布置图
（a）黏性土地基；（b）黏性土地基内夹有承压水层

2）砂性土地基地下轮廓线布置，见图5-9。砂性土地基当砂层很厚时，可采用铺盖与板桩相结合的形式，排水设施布置在护坦上，必要时，在铺盖前端再加设一道短板桩，以加长渗径；当砂层较薄，下面有不透水层时，可将板桩插入不透水层；当地基为粉细砂土基时，为了防止地基液化，常将闸基四周用板桩封闭起来；对于受双向水头作用的水闸，在上下游均应设置排水设施，设计时应以水头差较大的一边为主，另一边为辅。

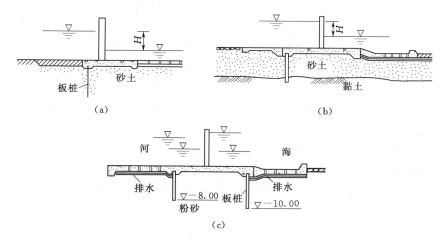

（a）　　　　　　　　　　　　　　　　　（b）

（c）

图5-9　砂性土地基地下轮廓布置图
（a）砂层厚度较深时；（b）砂层厚度较浅时；（c）易液化粉细砂土地基

113

（2）防渗及排水设施。

1）防渗设施。

a. 铺盖。铺盖主要是用来延长渗径，应具有一定的不透水性（一般要求铺盖的渗透系数要比地基土的渗透系数小 100 倍以上）；为了适应地基的变形，也要有一定的柔性；还要有一定的抗冲性。常用的材料为黏土、黏壤土、混凝土或钢筋混凝土。

黏土铺盖：一般用于砂土地基，铺盖的长度应由地下轮廓线设计方案比较确定，一般为闸上水头的 3～5 倍。铺盖上游端的最小厚度由施工条件确定，一般为 0.6～0.8m。

钢筋混凝土铺盖：钢筋混凝土铺盖的厚度不宜小于 0.4m，在与底板连接处加厚至 0.8～1.0m 并用沉降缝分开，缝中设止水。在顺水流和垂直水流流向方向应设沉降缝，间距不宜超过 15～20m。在接缝处局部加厚，并设止水。

b. 板桩。透水地基较薄时，可用板桩截断渗流，并插入不透水层至少 1.0m；若不透水层很厚，则板桩的深度一般采用 0.6～1.0 倍水头。用作板桩的材料有木材、钢筋混凝土及钢材三种。

c. 齿墙。闸底板的上下游端一般均设有浅齿墙，其作用是增强闸室的抗滑稳定和延长渗径，齿墙 1.0～2.0m 左右。

d. 其他防渗设施。垂直防渗设施除了上述的板桩和齿墙外，还有混凝土防渗墙、灌注式水泥砂浆帷幕以及用高压旋喷法构筑防渗墙。

2）排水设施。

a. 平铺式排水。其一般都是在设有排水孔的消力池和浆砌石海漫的底部平铺反滤层，即在开挖好的地基上平铺 1～2 层 200～300g/m² 的土工布，土工布上铺设反滤层，反滤层上平铺直径 1～2cm，厚 0.2～0.4m 的卵石、砾石或碎石，见图 5-10。

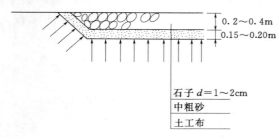

图 5-10 反滤层

b. 铅直排水。铅直排水常用于下面有承压透水层处。将排水井伸入到该层内 0.3～0.5m，引出承压水，达到降压的目的。排水井的井径一般为 0.3m 左右，间距 3m 左右，内填滤料。

3）水闸侧向绕渗布置。水闸建成挡水后，除闸基渗流外，渗流还从上游高水位绕过翼墙、岸墙和否刺墙等流向下游，称为侧向绕渗，见图 5-11。

侧向防渗排水布置（包括刺墙、板桩、排水井等）应根据上、下游水位、墙体材料和墙后土质以及地下水位变化等情况综合考虑，并应与闸基的防渗排水布置相适应，使在空间上形成防渗整体。

（四）消能防冲布置与构造

进水闸的消能方式常采用底流式消能，消能防冲措施主要有消力池、海漫和防冲槽。

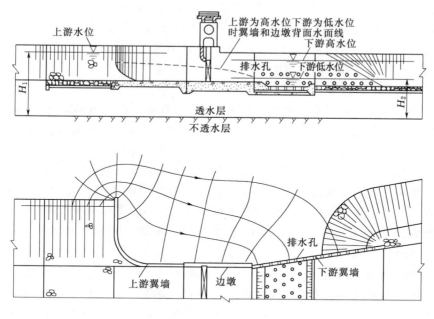

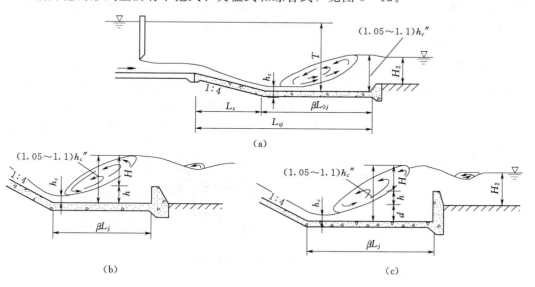

图 5-11 侧向绕渗示意图

1. 消力池的布置与构造

消力池的形式主要有下挖式、突槛式和综合式，见图 5-12。

图 5-12 消力池形式

（a）下挖式消力池；（b）突槛式消力池；（c）综合式消力池

当闸下尾水深度小于跃后水深时，常将护坦高程降低，形成下挖式消力池，消力
池可采用斜坡面与闸底板相连接，斜坡面的坡度不宜陡于 1:4；当闸下尾水深度略

小于跃后水深时，或者地基开挖困难或开挖会影响闸室稳定时，则在护坦上建造消力墙来壅高水位，形成突槛式消力池；当闸下尾水深度远小于跃后水深，且计算消力池深度又较深时，可采用综合消力池。当水闸上、下游水位差较大，且尾水深度较浅时，宜采用二级或多级消力池消能。

消力池的尺寸：主要有池深、池长和护坦厚。

消力池的构造：为了减小护坦上的扬压力，可在水平段的后部设排水孔，其底部设反滤层。排水孔孔径一般为 5～10cm，间距 1.0～3.0m，呈梅花形布置。

护坦与闸室、岸墙及翼墙之间，以及其本身沿水流方向均应用缝分开，以适应不均匀沉陷和温度变形。护坦自身的缝距可取 10～20m，靠近翼墙的消力池缝距应取得小一些。护坦在垂直水流方向通常不设缝，以保证其稳定性，缝宽 2.0～2.5cm。缝的位置如在闸基防渗范围内，缝中应设止水设备，但一般都铺贴沥青油毛毡。

为增强护坦的抗滑稳定性，常在消力池的末端设置齿墙，墙深一般为 0.8～1.5m，宽为 0.6～0.8m。

2. 海漫的布置与构造

海漫的作用是进一步消减水流余能，并调整流速分布，保护护坦和河床的安全，防止冲刷。常用海漫形式有干砌石海漫、浆砌石海漫、混凝土海漫、铅丝笼海漫等。

海漫的长度：取决于消力池出口的单宽流量、上下游水位差、地质条件、尾水深度及海漫本身的粗糙程度等因素。

海漫的构造：一般在海漫起始段做 5～10m 长的水平段，其顶面高程可与护坦齐平或在消力池尾坎顶以下 0.5m 左右，水平段后做成不陡于 1：10 的斜坡，以使水流均匀扩散，调整流速分布，保护河床不受冲刷，见图 5-13。

3. 防冲槽的布置与构造

水流经过海漫后，能量得到进一步消除，但仍具有一定冲刷能力，流速分布接近河床正常流速分布，但在海漫末端仍有冲刷现象。为保证安全和节省工程量，常在海漫末端挖槽抛石加固，形成一道防冲槽或其他加固措施（图 5-14），其深度 t'' 一般取 1.5～2.5m，底宽 b 取 2～3 倍的深度，上游坡率 $m_1=2～3$，下游坡率 $m_2=3$。

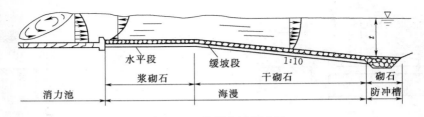

图 5-13 海漫布置示意图

4. 上、下游护坡及上游河床防护

上游水流流向闸室，流速逐渐加大，为了保证河床和河岸不受冲刷，闸室上游的河床及岸坡要采取相应的防护措施。与闸底板连接的上游铺盖，主要是为防渗而设，但处于冲刷地段，其表层应有防冲保护。上游翼墙通常设于铺盖段的护坡部位，其上游有 2～3 倍水头长度的护底及护坡。

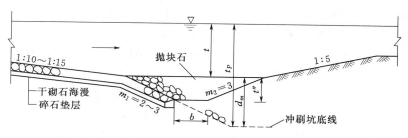

图 5-14 防冲槽构造图

水闸下游河床和岸坡防护，除护坦、海漫、防冲槽和下游翼墙外，防冲槽及海漫两侧均常设干砌石护坡，有时在防冲槽末端还设 4~6 倍水头长度的护坡。

在护坡与河床和边坡交接处，常驻设一道深 0.5m 的浆砌石齿墙。其下设 0.1~0.2m 碎石、粗砂垫层。

（五）两岸连接建筑物布置

1. 两岸连接建筑物的作用

水闸与河岸或堤坝等连接时须设置连接建筑物，包括：上、下游翼墙和边墩（或边墩和岸墙），有时还有防渗刺墙，其作用是：

（1）挡两侧填土，保证岸土的稳定及免遭过闸水流的冲刷。

（2）当水闸过水时，引导水流平顺入闸，并使出闸水流均匀扩散。

（3）控制闸身两侧的参流，防止土壤产生渗透变形。

（4）在软弱地基上设岸墙以减少两岸地基沉降对闸室结构的不利影响。

在水闸工程中，两岸连接建筑物占水闸总工程量的比重较大，有时可达工程总造价的 15%~40%，闸孔数愈少，所占的比例愈大。

2. 两岸连接建筑物的形式和布置

（1）闸室与两岸的连接形式。水闸闸室与两岸的连接形式主要与地基条件及闸身高度有关。当地基较好、闸身高度不大时，可用边墩直接与河岸连接，见图 5-15。当闸身较高，地基软弱、如用边墩直接挡土，由于边墩与闸身地基的荷载相差悬殊，可能产生严重不均匀沉降，影响闸门启闭，并在底板内产生较大的内力。此时，可在边墩后面设置轻型岸墙，边墩只起支承闸门及上部结构的作用，而土压力全部由岸墙承担，见图 5-16。这种连接形式可以减小边墩和底板的内力，同时还可以使作用在闸室上的荷载比较均衡，以减少不均匀沉降。当地基承载力过低，也可以采用护坡式结构形式。其优点是：边墩不挡土，也不设岸墙和翼墙挡土，因此，闸室边孔受力状

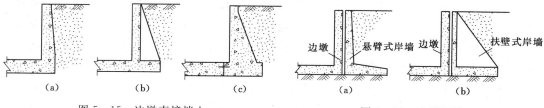

图 5-15 边墩直接挡土　　　　　图 5-16 边墩不挡土

态得到改善，适用于软弱地基。其缺点是防渗和抗冻性能较差。同时，为了挡水和防渗需要，在岸坡段设刺墙，其上游设防渗铺盖。

（2）翼墙的布置。上游翼墙应与闸室两端平顺连接，其顺水流方向的投影长度应大于或等于铺盖长度。

下游翼墙的平均扩散角每侧宜采用 $7°\sim12°$，其顺水流方向的投影长度大于或等于消力池长度。

上、下游翼墙的墙顶高程应分别高于上、下游最不利的运用水位。翼墙分段长度应根据结构和地基条件确定，可采用 $15\sim20m$。建筑在软弱地基或回填土上的翼墙分段长度可适当缩短。

翼墙平面布置一般有以下几种（图 5-17）。

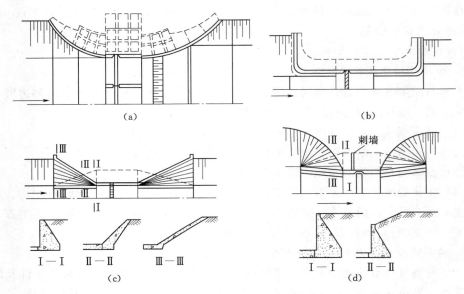

图 5-17 翼墙平面布置

（a）圆弧翼墙；（b）反翼墙；（c）扭曲面翼墙；（d）斜降式翼墙

1）圆弧翼墙。这种布置形式是从边墩两端开始，用圆弧直墙与河岸相连，上游圆弧半径为 $15\sim20m$，下游圆弧半径为 $30\sim40m$，见图 5-17（a）。其优点是水流条件好，但施工复杂，模板用量大，适用于水位差及单宽流量大、闸身高、地基承载力较低的大中型水闸。

2）反翼墙。上游翼墙长为水闸水头的 $3\sim5$ 倍，或与铺盖同长；下游与消力池同长，然后分别垂直插入堤岸内。两段相连的转角处，常用半径为 $2\sim5m$ 的圆弧连接，见图 5-17（b）。这种布置形式水流和防渗效果好，但工程量大，适用于大、中型工程。对于渠系小型水闸，为了节省工程量可采用一字形布置形式，即翼墙自闸室边墩上下游端垂直插入堤岸。这种布置工程量省，但进出水流条件差。

3）扭曲面翼墙。翼墙的迎水面，从边墩端部的铅直面，向上、下游延伸而逐渐变为和与其相连的河岸或渠道坡度相同为止，形成扭曲面，见图 5-17（c）。其优点是进出闸水流平顺，工程量省，但施工复杂。这种布置在渠系工程中应用较多。

4）斜降式翼墙。翼墙在平面上呈八字形，高度随其向上、下游延伸而逐渐降低，至末端与河床齐平，见图5-17（d）。这种布置的优点是工程量省，施工简便，但水流在闸孔附近容易产生立轴漩滚，冲刷岸坡，而且岸墙后渗径较短，有时需要另设刺墙，只能用于小型水闸。

【知识拓展】

以你熟悉的一个工程为例，简要阐述进水闸的组成和构造做法。

【课后练习】

扫一扫，做一做。

第二节　深式取水建筑物

【课程导航】

问题1：水工隧洞类型、组成如何？

问题2：水工隧洞的布置和构造要求如何？

5-2

认识水工隧洞

为了满足灌溉、城镇供水、水力发电等用水需要，在水库枢纽中，往往在深水下布置取水口，通过混凝土坝坝身下部埋设的管道，土石坝坝身与地基之间的涵管，或者两岸岩体中开挖的隧洞进行取水、引水，形成深式取水建筑物。

一、水工隧洞

（一）水工隧洞类型

水工隧洞按担负任务性质的不同，可分为取水隧洞和泄水隧洞两大类。按工作时水力条件的不同，分为有压隧洞和无压隧洞两种。

取水隧洞用来从水库取出用于灌溉、发电、工业用水、生活供水等所需要的水量，其流速一般较低。泄水隧洞可配合溢洪道宣泄部分洪水，可用来排沙、泄放水电站尾水以及放空水库等，一般为高速水流。

水工隧洞一般由进口段、洞身段和出口段三部分组成。

（二）水工隧洞布置

洞线选择及布置，应综合考虑地形、地质、施工、水流、埋藏深度等各种因素。通常选择地质条件好，便于施工，洞线短，且对其他建筑物无不利影响的洞线。

1．进口段的形式

水工隧洞进口建筑物按其布置和结构形式不同，可分为竖井式、塔式、岸塔式和斜坡式四种。

（1）竖井式进水口。在进水口附近的岩体中开挖竖井，闸门安装在井底中，井上设置启闭设备，拦污栅设于洞外，见图5-18。这种进口形式构造简单，不受风浪、冰冻影响，抗震性能好，安全可靠。缺点是施工开挖困难，门前洞段不易检修。适于岩体完整、稳定、坚固的岸坡。

（2）塔式进水口。当进水口处岸坡较缓或地质情况较差时，可采用塔式。塔的形

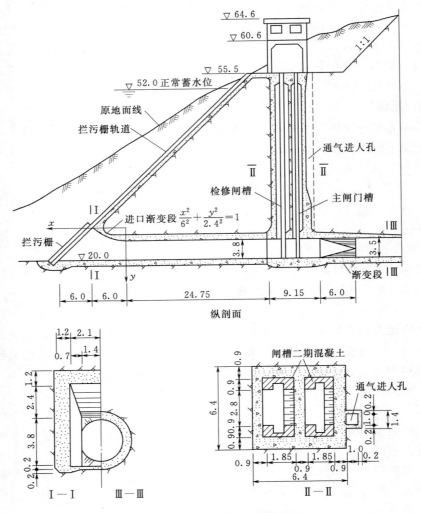

图 5-18 竖井式进水口（单位：m）

式有封闭式和框架式，见图 5-19。塔独立于岸坡之外，用钢筋混凝土建造，顶部设操作平台和启闭机室，并通过工作桥与岸边或坝顶相联系。封闭式塔可在不同高程设进水口，根据库水位的变化启用不同的进水口，以引取表层温度较高的库水，以利于灌溉。塔式进水口的优点是，可在任何水位下检修，方便可靠，但容易受波浪、地震等影响，稳定性不如竖井式，且造价较高。

（3）岸塔式及斜坡式进水口。岸塔式是将控制塔斜靠在洞口岩坡上的建筑物，见图 5-20。由于塔身斜靠岩坡，故易满足稳定要求，对岸坡也起到一定的支撑作用，施工、安装及维修均较方便。岸塔式进水口的结构可以是封闭式和框架式的。这种形式适用于岸坡较陡、岩石坚固的情况。

如果岸坡的岩石完整、稳定，则稍加开挖平整衬砌后，直接将闸门及拦污栅轨道安置在斜坡上，对进水口进行控制，这种布置形式称为斜坡式。其优点是工程量小、

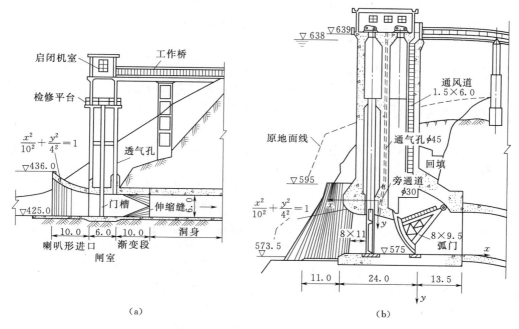

图 5-19 塔式进水口（单位：m）

（a）框架塔式进水口；（b）封闭塔式进水口

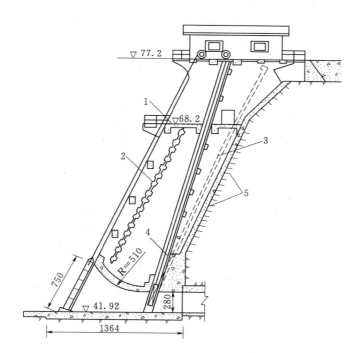

图 5-20 岸塔式进水口（单位：高程为 m；尺寸为 cm）

1—清污台；2—固定拦污格栅；3—通气孔；4—闸门轨道；5—锚筋

121

造价较低、施工安装方便。适用于岸坡地形地质条件适合的中小型工程或仅安装检修闸门的进水口。

2. 进口段的组成

进口段包括进水喇叭口、闸门室、渐变段、通气孔和平压管等几部分组成。

（1）进水喇叭口。为使水流平顺，减小水头损失，以提高泄洪能力，隧洞进口尽可能符合流线变化规律。一般常用顶板和侧墙三面收缩的平底矩形断面。其顶板、侧墙多采用椭圆曲线。

（2）闸门室。通常设两道闸门，即工作闸门和检修闸门。检修闸门设在工作闸门的上游，在工作闸门或洞身检修时起挡水作用。

（3）渐变段。由于闸门段的断面一般为矩形，洞身断面多为圆形或其他形状，应设渐变段以保证水流平顺衔接。渐变段的长度一般为洞径的2～3倍。

（4）通气孔和平压管。通气孔的作用是：检修时，关闭检修闸门，开工作闸门放水，向孔内充气；检修完毕后，关闭工作闸门，通过平压管向闸门之间充水时排气。通气孔通至进水塔顶最高库水位以上，进口与闸门启闭室分开，以免影响工作人员安全。

平压管埋在坝体内部，主要用于平衡检修闸门两侧的水压力，以减少启门力。

3. 洞身的断面形状与构造

（1）洞身的断面形状。隧洞洞身断面根据地质条件的不同常采用圆形、圆拱直墙形、马蹄形或蛋形等形状，如图5-21所示。为保证无压隧洞内水流为明流，应保持洞顶有净空，净空面积不小于隧洞断面面积的15%，净空高度不小于40cm。按施工

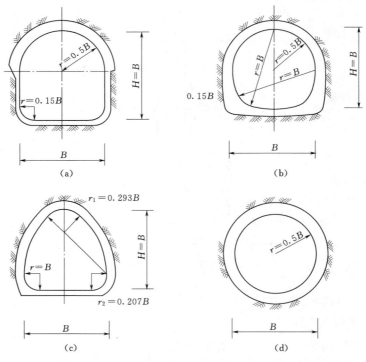

图5-21　隧洞断面形式示意图
（a）圆拱直墙形；（b）、（c）马蹄形；（d）圆形

要求，非圆形洞断面不小于 1.5m×1.8m。圆形断面内径不小于 1.8m。无压隧洞的纵坡应大于临界坡度。

（2）洞身的衬砌。衬砌的作用是防止围岩变形，承受山岩压力、水压力等荷载，减小糙率、改善水流条件，防止渗漏，保护围岩免受风化、侵蚀等破坏作用。

1）衬砌的类型。按衬砌目的可分为平整衬砌和受力衬砌。按衬砌材料分为混凝土衬砌、钢筋混凝土衬砌、组合式衬砌和喷锚支护等。

受力衬砌主要有混凝土、钢筋混凝土衬砌等。衬砌厚度应根据其受力抗渗、构造要求和施工方法而定。对混凝土或钢筋混凝土衬砌不宜小于 25～30cm。

喷锚衬护是喷混凝土和利用锚杆加固围岩措施的总称。在洞室开挖后，适时向围岩表面喷射薄层混凝土，它不仅可做平整衬砌，而且还能给围岩的自身稳定创造有利条件。

锚杆支护是利用锚杆对围岩起加固作用。对于块状围岩，利用锚杆将可能塌落的岩块悬吊在稳定的岩体上；对于层状岩层，利用锚杆将围岩组合起来，形成组合梁或组合拱；对于软弱岩体，通过锚杆的加固作用，使其形成整体（图 5－22）。

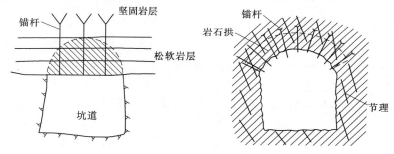

图 5－22 喷锚加固围岩示意图

2）衬砌的构造。为防止混凝土温度应力和不均匀沉降而产生裂缝，混凝土衬砌应设横向伸缩缝。缝的间距为 6～18m，缝内设止水。在洞身与进口、渐变段等接头处以及断层、破碎带的变化处，均需设置变形缝，以适应不均匀沉降。

3）回填灌浆。为填充密实衬砌与围岩间的空隙，使之紧密结合，改善传力条件而采取的构造措施。施工时预留灌浆管孔，待衬砌完成后进行灌浆。回填灌浆一般在顶拱中心角 90°～120°范围以内进行（图 5－23）。孔距和排距为 2～6m，灌浆孔应深入围岩 5cm 以上，灌浆压力为 0.2～0.3MPa。

4）固结灌浆。目的是加固围岩，提高围岩的整体性和承载能力。固结灌浆孔深入岩层 2～10m，灌浆孔沿洞周边 360°成梅花形布置。排距为 2～4m，每排不少于 6个孔，固结灌浆压力，一般为 0.4～1.0MPa。对压力洞可用 1.5～2.0 倍的内水压力。

5）排水。为了降低作用在衬砌上的外水压力，需设置排水。无压隧洞可在洞内水面线以上设置排水孔，将地下水直接引入洞内。排水孔的排距、间距和深入岩石的深度一般为 2～4m，且在洞底衬砌下埋设纵向排水管。

4. 隧洞出口建筑物

出口建筑物的布置与隧洞的功用及出口附近的地形、地质条件有关。如发电引水

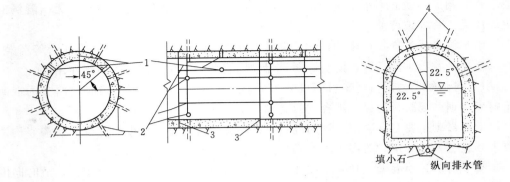

图 5-23 灌浆孔及排水孔布置图

1—回填灌浆孔；2—固结灌浆孔；3—伸缩缝；4—无压洞排水孔

隧洞可直接通向水电站，亦可连接压力前池，再由压力钢管引入水电站。对无压灌溉隧洞，工作闸门设在进口段，出口设消力池。灌溉与发电结合时（有压洞），用支洞通向水电站，主洞出口处设工作闸门后接消力池，再接灌溉渠道（图 5-24）。

有压泄洪隧洞的出口设有工作闸门及启闭机室，闸门前设渐变段，闸门后设有消能设施。无压隧洞的出口构造主要是消能设施。

由于隧洞出口断面小，单宽流量大，所以在隧洞出口处设置扩散段，以减小单宽流量，然后再以适宜方式进行消能。隧洞出口的消能方式主要有底流消能和挑流消能。当出口高程高于或接近下游水位且地质条件允许时，采用扩散式挑流

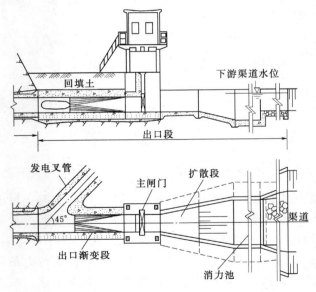

图 5-24 灌溉与发电结合的隧洞出口布置图

消能最为经济合理；当隧洞出口较低时，常采用底流消能。

二、坝下涵管

坝下涵管结构简单、施工方便、造价较低，故小型水库取水工程中应用较多。由于管壁和填土是两种不同性质的材料，容易使库水沿管壁与填土之间的接触面产生集中渗漏；此外，当管道由于坝基不均匀沉陷或结构连接方面等方面的原因，发生断裂、漏水等情况时，后果更加严重。实践证明，沿管壁外的集中渗漏和管道断裂漏水是引起土石坝失事的重要原因，通常采用在管身上设置截水环或涵衣、管座或伸缩缝等构造措施加以防护。坝下涵管应置于比较好的基岩上，对于高坝和多地震区的坝，

应尽量避免采用坝下涵管。

涵管按其过流形态可分为：无压涵管、有压涵管。

涵管的进口形式主要有：分级斜卧管式、斜拉闸门式、塔式和井式，其特点和构造与隧洞进口类似。

三、坝式进水口

当水电站压力水管埋设于混凝土坝内，厂房布置于坝后时，采用与坝型成整体的坝式进水口，见图 5 - 25。这类进水口的结构布置与坝型直接相关。

【知识拓展】

以你熟悉的一个工程为例，简要阐述水工隧洞的布置及构造方法。

【课后练习】

扫一扫，做一做。

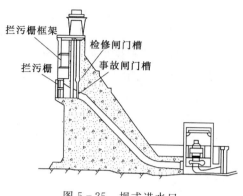

图 5 - 25　坝式进水口

第三节　水　泵　与　水　泵　站

【课程导航】

问题 1：水泵与水泵站有哪几种类型？

问题 2：如何对水泵进行选型？

问题 3：泵房的结构形式、特点和适用性如何？

一、水泵与水泵站分类

1. 水泵

水泵是一种转换能量的机械，它通过工作体的运动，把外加的能量传给被抽送的液体，使其能量增加。所谓工作体，因泵的种类不同而异，既可以是固体，也可以是液体或气体。外加的能量一般是原动机的机械能，也可能是其他能源。根据水泵的工作原理，将其分为叶片式泵、容积式泵和其他类型泵。

2. 水泵站

水泵站是指以水泵为核心的机电设备和配套建筑物所构成的一个抽水系统。根据泵站的不同特点，可分为以下几种类型。

（1）按任务分为供水泵站、排水泵站、调水泵站、加压泵站和蓄能泵站。

（2）按动力分为电力泵站、机动泵站、水轮泵站、风力泵站和太阳能泵站。

（3）按水泵类型分为离心泵站、轴流泵站和混流泵站。

二、水泵的选型

水泵的选型就是根据工程具体情况，确定合适的水泵类型、型号和台数。

（一）选型原则

（1）必须根据生产的需要满足流量和扬程的要求。

（2）水泵应在高效范围内运行，不允许发生汽蚀、振动和超载等现象。

（3）水泵在长期运行中，泵站效率较高，能量消耗少，运行费用低。

（4）按所选水泵型号和台数建站，工程投资少。

（5）便于安装、维修和运行管理。

（二）水泵选型中的几个问题

1. 水泵类型

水泵类型通常根据地区特点和泵站的性质来选择，各种泵型比较见表5-3。由表5-3可见，灌溉或给水泵站，扬程较高，宜选用离心泵和混流泵。对于扬程较低的排水泵站，常选用混流泵和轴流泵。在一般情况下，扬程小于10m时，宜选用轴流泵；扬程为5～20m时宜选用混流泵；扬程为20～100m时宜选用单级离心泵，扬程大于100m时选用多级离心泵或其他类型泵。图5-26为离心泵工作原理图。

5-3 ▶
水泵类型

表5-3　　　　　　　　　　　　　　　常用泵型比较

泵型	离心泵	混流泵	轴流泵
比转数	40～300	180～500	＞500
扬程范围/m	≥10	5～30	0～10
口径/mm	40～2000	100～6000	300～4500
流量范围	流量小，但从零流量到大流量均能运转	流量较大，但从零流量到大流量均能运转	流量大，不能在小流量范围内运转
轴功率变化	具有上升型功率曲线零流量时功率最小	具有平坦的功率曲线电动机始终满载运行	具有陡降型功率曲线零流量时功率最大
效率变化	高效率范围广，能适应扬程变化	高效率范围广，能适应扬程变化	高效率范围窄，扬程变化后，效率很快降低
汽蚀性能	好	好	较差
结构重量	同口径时结构复杂，重量大	同口径时结构较简单，重量大	同口径时结构简单，重量较轻，全调节泵结构复杂
辅助设备	较少	中小型泵辅助设备少，大型泵辅助设备多	中小型泵辅助设备少，大型泵辅助设备多
维修保养	较易	较易	较麻烦
耐用年限	较长	较长	较短

注　水泵的比转数是指一个假想叶轮的转数。该假想叶轮与水泵的叶轮完全几何相似，即扬程为1m水柱、流量为0.075m/3s，此时所具有的转速即为比转数。

2. 水泵结构形式

水泵的结构形式主要有卧式、立式和斜式。一般来说，立式泵的平面尺寸较小，高度较大。水泵叶轮淹没于水中，水泵启动方便。动力机可安装在最高洪水位以上，通风采光条件较好。但安装要求较高，检修较麻烦。因此，立式泵适用于水位变幅较大的场合。卧式泵的泵房面积较大，但安装检修较方便，泵房荷载分布较均匀，适合于地基应力较弱的泵站。卧式泵叶轮高于进水池水位时，需要增加充水设备。通常，卧式泵适用于进水池水位变幅较小的场合。由此可见，在选择水泵的结构形式时，应综合考虑泵站的任务和性质、水源水位变幅、地基条件、开挖深度等各方面的条件来确定，以达到工程投资和运行费较少的目的。

3. 水泵台数

从建站投资、运行管理费用、工作可靠性等方面综合分析，水泵台数以 4～8 台为宜。

（三）水泵选型的方法和步骤

（1）根据泵站的多年平均净扬程（可取运行期间 50% 频率的扬程）H_{st}，估算管路阻力损失 $h_{损}$，一般认为 $h_{损}=(0.05～0.3)H_{st}$，其中离心泵取小值，轴流泵取大值。由此可以估算水泵的总扬程 H 为

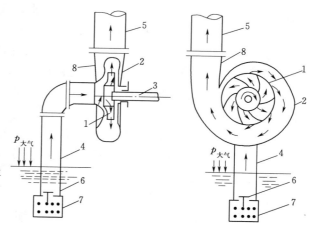

图 5－26　离心泵的工作示意图
1—叶轮；2—泵壳；3—泵轴；4—进水管；5—出水管；
6—底阀；7—滤水网；8—扩散管

$$H=(1.05～1.30)H_{st} \tag{5-2}$$

（2）根据初估的水泵总扬程 H，结合泵站的性质初选水泵类型，如图 5－27 所示，与该泵型有关的水泵综合型谱上（或水泵性能表上），选择几种扬程符合要求而流量不同的泵型 A、B、C、…，其流量分别为 Q_1、Q_2、Q_3、…，以此作为不同的选型方案。

（3）根据供水排水等生产所需的泵站设计流量 Q_z 及各选型方案的水泵流量 Q_1、Q_2、Q_3、…，分别求出各方案的水泵台数 Z_1、Z_2、Z_3、…，计算公式为

$$Z_i=Q_z/Q_i \quad (i=1,2,3,…) \tag{5-3}$$

（4）按选定的水泵型号和台数，并在流量过程线上拟合，检查各选型方案是否满足生产要求的流量变化过程。图 5－28 是对第 3 个水泵选型方案。水泵台数 $Z_3=3$ 时，拟合后的流量过程线和设计流量过程线配合较好，可以认为第 3 个方案是可以满足流量变化过程的要求。

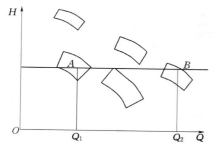

图 5－27　某水泵综合图谱图

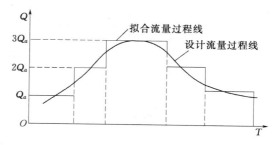

图 5－28　泵站流量过程线

（5）按初选的水泵型号、台数，拟定泵房形式和布置尺寸。确定管路直径和布置方案。计算管路损失并确定水泵安装高程，确定水泵在设计扬程和多年平均扬程下的工作点的参数、流量、功率和效率等。校核在设计扬程下是否能满足设计流量要求，在平均扬程下的水泵效率 η 是否在高效范围内。

（6）计算满足流量要求的各类型方案的多年平均的年耗电费用。即根据多年平均的净扬程 $H_{净}$ 所对应的参数，按 $E = f(\rho g Q H_{st})/1000\eta_{st}$（元）［其中 f 为电价，元/（kW·h）］，求出多年平均的耗电费用 E。

（7）对满足要求的水泵选型方案进行泵站设计，求出其工程投资 K。在规划阶段，可根据已建同类泵站的单位容量造价 α（元/kW），和各选型方案的总容量 N，按公式求得各方案的总造价 $K=\alpha N$。

（8）对上述选型方案进行技术经济分析，按照年支出最小或总费用最小的原则，选择最经济合理的方案作为最优化选型方案。

三、泵房结构形式

泵房是安装水泵、动力机、电气设备及其他辅助设备的建筑物，其主要作用是为机电设备和运行人员提供良好的工作条件。泵房是泵站工程的主体，不同的泵房形式影响和决定泵站进出水建筑物的形式及其布置。

泵房的结构类型很多，大体上可分为固定式泵房和移动式泵房两大类。

固定式泵房不随水位涨落而改变位置。按基础结构和室内能否进水分为分基型、干室型、湿室型和块基型四种结构形式。

1. 分基型泵房

分基型泵房的主要特点是单层结构，泵房基础与机组基础分开建筑，泵房没有水下结构，故称为分基型，如图 5-29 所示。这种泵房的结构和一般工业厂房相似，大都为砖混结构，设计简单，施工容易，并且由于泵房地面高于进水池最高水位，其通

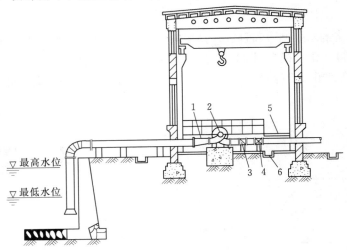

图 5-29　分基型泵房

1—偏心异径管；2—水泵；3—逆止阀；4—闸阀；5—走道；6—排水沟

风、采光及防潮条件都比较好，有利于机组运行、检修及维护，是中小型泵站最常采用的结构形式。

分基型泵房的适用情况如下：

（1）安装卧式离心泵或混流泵机组。

（2）站址处地质及水文地质条件较好。

（3）水源水位变幅小于水泵的有效吸程（允许吸水高度减去水泵基准面至泵房地面的距离），即泵房地面在进水池最高水位以上。

2.干室型泵房

这种泵房有地上和地下两层结构。地上结构与分基型泵房基本相同，地下结构为不能进水的干室。室内安装水泵机组，机组的基础和泵房的基础用钢筋混凝土浇筑成整体，干室型泵房的平面形状有矩形和圆形两种。

干室型泵房的适用情况如下：

（1）安装卧式及立式离心泵或蜗壳式混流泵机组。

（2）水源水位变幅大于水泵的有效吸程。

（3）地质及水文地质条件不够好，如地基承载力低、地下水位高等。

（4）不适宜建造分基型泵房，或采用分基型泵房在技术、经济上不合理。

3.湿室型泵房

湿室型泵房的结构特点是泵房和进水池合并，在泵房下部形成一个充满水的地下室，故称湿室型泵房。该泵房一般分为两层，下层安装立式水泵并进水，称为进水室，水泵叶轮淹没于水面以下直接从进水室吸水；上层安装电动机和配电设备，称电机层。有时采用封闭的有压进水室，则泵房分为三层，下层为进水室，中层为水泵层，上层为电机层。

湿室型泵房在我国南方平原及易涝地区应用很广，它适用于安装口径在 1000mm 以下的立式轴流泵和导叶式混流泵，水源水位变幅较大及站址处地下水位较高的场合。其缺点是泵体淹没于水下，维修保养比较困难。当水泵口径大于 1000mm 时，由于进水室及泵入口的流态不好，不宜采用。

4.块基型泵房

安装大型轴流泵或混流泵的泵站，由于流量很大，所以对进水流态要求较高，为了给水泵创造良好的进水条件，必须现场浇筑与水泵相适应的有压进水流道。同时为了增强泵房的整体性和稳定性，将机组基础、泵房底板和进水流道三者整体浇筑在一起，在泵房下部形成一个大体积的钢筋混凝土块状结构，故称块基型泵房。

块基型泵房具有良好的整体性和抗滑、抗浮稳定性，能适应各种不同的地基条件。我国已建的水泵口径在 1200mm 以上的大型泵站均采用这种泵房形式，尤其是枢纽布置需要泵房直接抵挡外河水位时，采用该形式最为合理。

四、泵站进出水建筑物

泵站进出水建筑物一般包括引渠、前池、进水池和出水池（或压力水箱）。对大型块基型泵站还包括水泵的进出水流道。

（一）引渠

当泵房建于岸边直接从水源取水时，无须设引渠。当水源与控制点相距较远且两者之间地势较为平坦时，需要采用引渠将水引入泵房。

（二）前池

在引渠较长的泵站中，为了把引渠和进水池合理地衔接起来，以便使水流均匀平顺地流入进水池，为水泵提供良好的吸水条件，需要修建前池，其位置如图 5-30 所示。

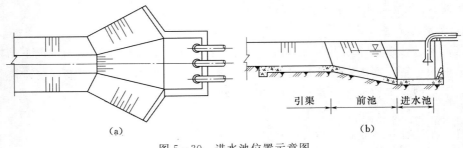

图 5-30　进水池位置示意图

（a）平面图；（b）剖面图

（三）进水池

进水池是供水泵进水管（卧式离心泵、混流泵）或水泵（立式轴流泵）直接吸水的水池，一般设于泵房前面（分基型、干室型）或泵房下面（湿室型），其主要作用是为水泵创造良好的吸水条件。进水池中水流流态对水泵效率、出水量及气蚀性能有较大影响。

进水池边壁型式一般有矩形、多边形、半圆形、圆形、马鞍形和蜗壳形等几种，见图 5-31。边壁型式对水力条件、工程量及施工都有影响。

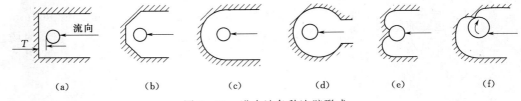

图 5-31　进水池各种边壁形式

（a）矩形；（b）多边形；（c）半圆形；（d）圆形；（e）马鞍形；（f）蜗壳形

（四）出水池

出水池是连接出水管路与干渠的衔接建筑物。其主要作用是消能稳流，把出水管射出的水流均匀而平顺地引入干渠，以免冲刷渠道；当机组停机后，防止灌排干渠的水通过出水管倒流；当有多条干渠时，能平顺地向多条干渠分流。

出水池根据出水管出流方向划分，可分为正向出水池、侧向出水池和多向出水池几种。正向出水池，水流比较顺畅，因此在工程实际中采用较多。根据出水管出流方式划分，可分为淹没式出流、自由式出流和虹吸式出流三种，见图 5-32。

（五）进出水流道

对于安装低扬程、大流量立式轴流泵或混流泵的大型泵站，为了保证进出水泵的水

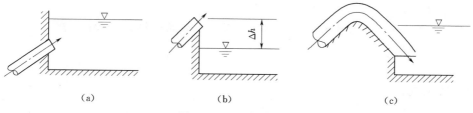

图 5-32 出水池类型

(a) 淹没式出流；(b) 自由式出流；(c) 虹吸式出流

流具有良好的水力条件，通常需要修建专门的进出水流道，把水流平顺的引进和排出泵体。

1. 进水流道

进水流道是水流从进水池进入水泵进口的通道，有单向进水流道和双向进水流道两种；单向进水流道按形状区分又有肘形进水流道和钟形进水流道，见图 5-33。

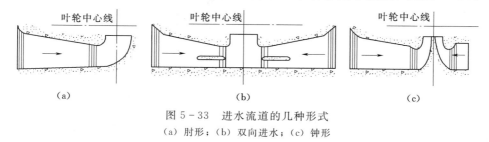

图 5-33 进水流道的几种形式

(a) 肘形；(b) 双向进水；(c) 钟形

2. 出水流道

对立式安装的大型水泵，出水流道是指从水泵导叶出口至出水池之间的过流通道。

出水流道包括前段（泵体段）和后段（管道段）两部分。流道的泵体段实际为水泵的压力室，它是水泵结构的组成部分，常见的有弯管出水室（适用于轴流泵和高比转数混流泵）和蜗壳出水室（适用于离心泵和低比转数混流泵），见图 5-34。流道的管道段可分为虹吸式、直管式和其他形式。

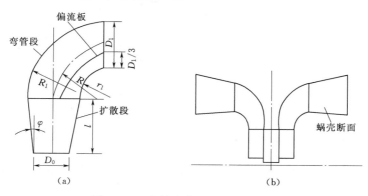

图 5-34 弯管出水室和蜗壳出水室

(a) 弯管出水室；(b) 蜗壳出水室

第五章
练习题

第五章
测试卷

【知识拓展】

以你熟悉的一个工程为例，简要阐述水泵与水泵站的组成和工作原理。

【课后练习】

扫一扫，做一做。

【阶段测试】

扫一扫，做一做。

第六章 灌溉排水工程

【知识目标】

1. 熟知灌溉制度的概念、灌溉制度编制内容和灌排技术的类型。

2. 理解灌排系统布置的原则和形式。

3. 熟知渠道纵横断面设计及渠系建筑物隧洞、渡槽、倒虹吸、跌水、陡坡的类型、组成和特点。

4. 熟知节水灌溉技术类型、特点、适用范围。

【能力目标】

1. 掌握灌溉制度的确定方法。

2. 掌握渠道与渠系建筑物的类型和选用方法。

【素养目标】

1. 树立正确的学习观念，具备独立思考、有效沟通与团队合作的能力，具备一定的国际视野及服务社会的信念与态度。

2. 收集与本次课有关的专业信息，了解灌溉排水工程技术革新的信息，了解相关技术对环境、社会及全球的影响。

3. 有良好的思想品德、道德意识和献身精神，把个人的理想与国家需要、民族兴盛相结合，培养"爱国、敬业、诚信"精神。

【思政导引】

郑国渠——名垂青史的丰功伟业

郑国渠位于陕西省泾阳县西北 25km 的泾河北岸，它西引泾水东注洛水，长达 150 多 km，2016 年被评为"世界灌溉工程遗产"。郑国渠之所以著称于世，除了它规模大、兴建时间早以外，还由于它对增强秦国的经济实力和完成民族统一大业有着直接的关系。

郑国渠始建于秦王政元年（公元前 246 年）。随着都江堰水利工程的兴建，秦国的强盛与日俱增，特别是在秦庄襄王三年（公元前 247 年），秦又攻取河东，设置了太原、上党二郡，至此，东方诸强国均受挫败，秦统一六国的条件日臻成熟。在东方诸国处于危急之时，韩国更是首当其冲，但又无可奈何，遂使用"疲秦"之计，派水工郑国劝秦国兴建大型灌溉工程。韩国以为兴建大型渠道，必将极大消耗秦的国力，使其无力东伐，可保韩国无恙。秦国果然中计，命郑国主持兴建引泾水灌溉的水利工程。在渠道施工中，此计被秦发觉，秦王欲杀郑国。郑国颇有胆略与远见，他对秦王说，修此渠道工程只能"为韩延数岁之命，而为秦建万世之功"。秦王认为有理，命令继续施工。郑国倾尽心力，带领数十万民工，大约用了十多年的时间，终于把渠道建成。为褒奖郑国对修渠所做的贡献，秦王以其名字将渠道命名为郑国渠。

由于泾水中含有大量有机质的泥沙，随着灌溉水一起输送到农田里，可以起到改良盐碱化农田的作用，并大大提高土壤的肥力。因此，郑国渠引水灌溉，实际上超出了一般灌水的意义，而具有改良盐碱地、施肥和灌水一举三得的好处。郑国渠建成后，泾水沿着渠道源源不断地灌溉着沿线的大片农田，使原来贫瘠的渭北平原，一变而为"无凶年"的沃野。郑国渠所流经的三原、高陵、泾阳、富平等地的土地得到了灌溉，亩产高达一钟之多，相当于现今亩产125kg左右，这在当时生产力条件下是了不起的产量。郑国渠的建成，有力地促进了当地农业生产的发展，增强了秦国的经济实力。公元前221年，秦终于完成了统一大业。

第一节　灌溉制度与灌排技术

【课程导航】

问题1：什么是灌溉制度？

问题2：充分灌溉和非充分灌溉条件下的灌溉制度如何确定？

问题3：地面灌水技术的类型和适用条件如何？

6-1

灌溉制度与
灌排技术

水资源在不同地区、不同年份和季节分配不均匀，供水与需水在时间和空间上不一致是导致旱涝灾害发生的根本原因。农业生产需要通过灌溉排水，调节地区水情，改善农田水分状况，为作物生长创造适宜的环境。灌溉是按照作物的需水要求，通过灌溉系统有计划地将水量输送和分配到田间，并采用一定的灌水技术以补充农田水分不足的水利措施；排水是通过修建排水系统将农田内多余的地面水和地下水排入容泄区以及除涝治碱的水利措施。灌溉和排水可以促进农业生产的发展，并为高产和稳产提供保障。

一、灌溉制度

农作物的灌溉制度是根据作物需水特性和当地气候、土壤、农业及灌水技术等条件，为作物高产及节约用水而制定的适时适量的灌水方案。其主要内容包括灌水定额、灌水时间、灌水次数和灌溉定额。灌水定额是指一次灌水在单位灌溉面积上的灌水量，灌溉定额是指播种前和全生育期内单位面积上的总灌水量，即各次灌水定额之和。

1. 充分灌溉条件下的灌溉制度

充分灌溉条件下的灌溉制度，是指灌溉供水能够充分满足作物各生育阶段需水量要求情况下制定的灌溉制度。灌溉工程一般按充分灌溉条件下的灌溉制度来进行规划和设计，当灌溉水源充足时，也按照这种灌溉制度来进行灌水。灌溉制度可根据水量平衡原理、灌溉试验资料或群众丰产灌水经验来制定。

旱作物依靠主要根系从土壤中吸取水分，只有主要根系吸水的土层中储水量在一定范围内，土壤的水、气、热状况才能满足作物的正常生长需要。用水量平衡原理制定旱作物的灌溉制度，就是以作物主要根系吸水层为灌水时的土壤计划湿润层，用水量平衡原理分析计算其储水量的变化情况，按照适合作物生长需要的储水量条件，来确定灌水定额、灌水时间、灌水次数和灌溉定额。

旱作物生育期内任一时段计划湿润层中含水量的变化，取决于需水量和来水量的多少，其关系可用下列平衡方程式表示：

$$W_t - W_0 = W_T + P_0 + K + M - ET \tag{6-1}$$

式中　W_t、W_0——时段初和时段末土壤计划湿润层内的储水量，mm 或 m³/亩；

$\quad\quad W_T$——由于计划湿润层增加而增加的水量，mm 或 m³/亩，如计划湿润层在时段内无变化则无此项；

$\quad\quad P_0$——时段内保存在土壤计划湿润层内的有效雨量，mm 或 m³/亩；

$\quad\quad K$——时段 t（单位为日，以 d 表示，下同）内的地下水补给量，mm 或 m³/亩，即 $K = kt$，k 为 t 时段内平均每昼夜地下水补给量，mm 或 m³/（亩·d）；

$\quad\quad M$——时段 t 内的灌溉水量，mm 或 m³/亩；

$\quad\quad ET$——时段 t 内的作物田间需水量，mm 或 m³/亩，即 $ET = et$，e 为 t 时段内平均每昼夜的作物田间需水量，mm/d 或 m³/（亩·d）。

为了满足农作物正常生长的需要，任一时段内土壤计划湿润层内的储水量必须经常保持在一定的适宜范内，即通常要求不小于作物允许的最小储水量（$W_{\min}$）和不大于作物允许的最大储水量（$W_{\max}$）。在天然情况下，由于各时段内需水量是一种经常的消耗，而降雨则是间断的补给。因此，当某些时段内降雨很小或没有降雨时，往往使土壤计划湿润层内的储水量很快降低到或接近于作物允许的最小储水量，此时即需进行灌溉，以补充土层中消耗的水量。

2. 非充分灌溉条件下的灌溉制度

在缺水地区或时期，由于可供灌溉的水资源不足，不能充分满足作物各生育阶段的需水要求，从而只能实施非充分灌溉，在此条件下的灌溉制度称非充分灌溉制度。非充分灌溉是允许作物受一定程度的缺水和减产，但仍使单位水量获得最大的经济效益，有时也称为不充足灌溉或经济灌溉。

非充分灌溉的情况比充分灌溉要复杂，不仅要研究作物的生理需水规律，研究什么时候缺水、缺水程度对作物产量的影响，而且要研究灌溉经济学，使投入最小获得产量最大。非充分灌溉的基本原理可用效益和费用函数来说明，见图 6-1。图 6-1 中的纵坐标为效益或费用，横坐标为投入的水量。倾斜的直线代表某灌溉工程的年费用，包括水费、动力费和管理费用等。一般来说，它是随投入水量的增加而相应地按一定比例增加，可以称之为可变生产费用。此直线在纵坐标上的截距代表这一灌溉工程的固定资产

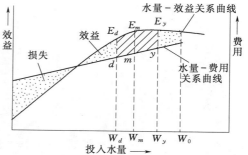

图 6-1　灌溉水量与效益、费用关系曲线

值。曲线表示投入量与灌溉效益的关系，一般随着投入水量的增加，相应的灌溉效益也增加。但如果与年费用结合来考虑，就会引起上述概念的变化，这可以明显地从图中看出。当投入水量达到 W_m 时，其净效益最大，即 E_m 点，该点的曲线斜率恰好与生产费用直线的斜率相等。如果投入的水量继续增加到 W_y 点，这时的作物产量可能是最大，但由于生产费用的增加，E_y 点净效益却不是最大。一般来说，W_y 就是最大供水量，也即达到充分供水的上限。如果用水量继续增加到 W_0，就形成过量用水，产量和效益都要下降。所谓非充分灌溉，就是让用水量适当减少，使其小于 W_y。如果用水量减少至 W_d，这时的净效益（$E_d d$）刚好等于获得最高产量时的净效益（$E_y y$），显然 W_d 就是非充分灌溉的下限。如果用水量继续减少，超过这个限值，则灌溉净效益就会锐减。所以，非充分灌溉的用水范围是在 W_y 与 W_d 之间，即 $W_y > W > W_d$。在这个范围内进行灌溉，虽然获得的作物产量不是最高，但其净效益却始终大于在最高产量时获得的净效益（$E_y y$），这也是把非充分灌溉称为经济灌溉的道理，即用水量虽然减少了，其经济效益仍可能较大或最大。

二、灌排技术

（一）灌水技术

地面灌溉是最古老的，也是目前应用最广泛、最主要的一种灌水技术。地面灌溉是指灌溉水在田面流动的过程中，借重力和毛细管作用湿润土壤，或在田面建立一定深度的水层，借重力作用逐渐渗入土壤的一种方法。这种方法具有田间工程简单、需要设备少、投资省、技术简单、操作方便、水头要求低、能耗少等优点，但又有明显的缺点，如容易破坏土壤团粒结构、表土容易板结、水的利用率低、平整土地工作量大等。地面灌水方法按其湿润土壤的方式不同，又可分为畦灌、沟灌、淹灌、波涌灌、长畦（沟）分段灌等。

1. 畦灌

畦灌是用田埂将灌溉土地分割成一系列畦，灌水时将水引入畦田后，在畦田上形成很薄的水层，并沿畦长方向流动，在流动过程中主要借重力作用逐渐润湿土壤，如图 6-2 所示。

畦灌技术要素主要包括畦田坡度、畦长、畦宽、入畦流量、改水成数。畦田坡度一般为 0.002～0.005，自流灌区的畦长一般以 50～100m 为宜，畦宽为 2～4m，入畦单宽流量控制在 3～8L/(s·m)，畦田的改水成数应根据畦长、畦田坡度、土壤透水性以及入畦流量和灌水定额等因素确定。

图 6-2 畦灌示意图

2. 沟灌

沟灌是在作物行间开挖灌水沟，水从输水沟进入灌水沟后，在流动过程中主要借毛细管作用湿润土壤，如图 6-3 所示。和畦灌比较，其明显的优点是不会破坏作物根部土壤结构，不导致田面板结，能减少田面蒸发损失，多雨季节还可以起排水作用。沟灌技术要素有沟长、沟底比降、入沟流量，根据土壤的透水性强、中、弱进行确定。

3．淹灌（又称格田灌）

淹灌是用田埂将灌溉土地划分成许多格田，灌水时使格田内保持一定深度的水层，借重力作用润湿土壤，如图6－4所示。

图6－3　沟灌示意图　　　　　　　　图6－4　淹灌示意图

淹灌要求格田有比较均匀的水层，为此要求格田地面坡度小于0.0002，而且田面平整。格田的形状一种为长方形或方形，水稻区格田规格依地形、土壤、耕作条件而异，在平原地区，农渠和农沟之间的距离通常是格田的长度，沟渠相间布置时，格田长度一般为100～150m；沟渠相邻布置时，格田长度一般为200～300m。格田宽度则按田间管理要求而定，不要影响通风、透光，一般为15～20m。在山丘地区的坡地上，格田长边沿等高线方向布置，以减少土地平整工作量，其长度应根据机耕要求而定，格田的宽度随地面坡度而定，坡度愈大，格田愈窄。

4．波涌灌（又称间歇灌溉）

波涌灌是利用间歇阀向沟（畦）间歇地供水，在沟（畦）中产生波涌，加快水流的推进速度，缩短沟（畦）首尾受水时间差，使土壤得到均匀湿润。波涌灌较传统的地面沟（畦）灌具有灌水均匀，灌水质量高，田面水流推进速度快，省水、节能和保肥，可实现自动控制等优点，缺点是比畦灌投资大。波涌灌技术要素直接影响灌水质量，应根据地形、土壤情况合理选定。

5．长畦（沟）分段灌

长畦（沟）分段灌是将一条长畦、长沟分为若干个没有横向畦埂的短畦，用塑料软管或地面输水沟将灌溉水输送入畦（沟）灌完为止。优点是节约水量，容易实现小定额灌水，灌水均匀，田间水有效利用率高，灌溉设施占地少，土地利用率高。

（二）排水技术

为了除涝、防渍和制盐，就要排除地面涝水、地下渍水和盐碱冲洗水，并控制地下水位。田间排水系统分为竖井排水和水平排水两大类。竖井排水即用抽水打井的方式进行排水，以降低地下水位；水平排水即是在地面开挖沟道或在地下埋设暗管进行排水。

1．竖井排水

我国北方许多地区地下水埋深较浅，竖井排水发挥了重要作用，主要体现在以下方面。

（1）降低地下水位，防止土壤返盐。在井灌井排或竖井排水过程中，由于水井自地下水含水层中吸取了一定的水量，在水井附近和井灌井排地区内地下水位将随水量的排出而不断降低。地下水降低值一般包括两部分：一部分由于水井（或井群）长期抽水，地下水补给不及，消耗一部分地下水储量，在抽水区内外产生一个地下水位下降漏斗，称为静水位降深；另一部分是由于地下水向水井汇集过程中发生水头损失而产生的，距抽水井愈近，其数值愈大，在水井附近达到最大值。在水井抽水过程中形成的总水位降深称为动水位降深。由于水井的排水作用，增加了地下水人工排泄。地下水位显著降低，有效地增加了地下水埋深，减少了地下水的蒸发，因此可以防止土壤返盐。

（2）腾空地下库容，用以除涝治碱。干旱季节，结合井灌抽取地下水，降低地下水位，不仅可以防止土壤返盐，同时由于开发利用地下水，使汛前地下水位达到年内最低值，这样就可以腾空含水层中的土壤容积，供汛期存蓄入渗雨水之用。地下水位的降低，可以增加土壤蓄水能力和降雨入渗速度。由于降雨时大量雨水渗入地下，因此可以防止田面水形成淹涝和地下水位过高造成土壤过湿，达到除涝防渍的目的，同时还可以增加地下水提供的灌溉水量。

（3）促进土壤脱盐和地下淡化。竖井排水在水井影响范围内形成较深的地下水位下降漏斗。地下水位的下降，可以增加田面水的入渗速度，因而为土壤脱盐创造了有利的条件。在有灌溉水源的情况下，利用淡水压盐可以取得良好的效果。在地下咸水地区，如有地面淡水补给或沟渠侧渗补给，则随着含盐地下水的不断排除，地下水将逐步淡化。

竖井排水除可有效控制和降低地下水位外，还具有减少田间排水系统和土地平整的土方量，不需要开挖大量明沟，占地少和便于机耕，同时在有条件地区可与人工补给相结合，改善地下水水质。但竖井排水需消耗能源，运行管理费用较高，且需要有适宜的水文地质条件，在地表水透水系数过小或下部承压水压力过高时，难以达到预期的排水效果。

2. 水平排水

根据排水方式的不同，田间排水系统有明沟排水系统和暗管排水系统两种形式。

（1）明沟排水系统。这是一种传统的、在我国被广泛采用的田间排水方式，它是田间灌排工程的一个重要组成部分。其布置形式应根据各地的地形和土壤条件、排水要求等因素，并结合田间灌溉工程，因地制宜地合理拟定，从而达到有效地调节农田水分状况的目的。

在地下水埋深较大，无控制地下水位要求的易旱易涝地区，或虽有控制地下水位要求，但由于土质较轻，要求的末级固定渠道间距较大（如 200～300m 以上）的易旱、易涝、易渍地区，排水农沟可兼排地面水和控制地下水位，农田内部的排水沟只能排多余地面水的作用，这时，田间渠系应尽量灌排两用。若农田的地面坡度均匀一致，则毛渠和输水垄沟可全部结合使用，农沟以下可不布置排水沟道，见图 6-5。若农田地面有微地形起伏，则只需在农田的较低处布置临时毛沟，其输水垄沟可以结合使用，见图 6-6。

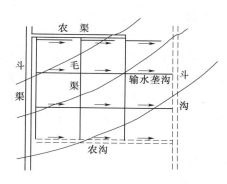

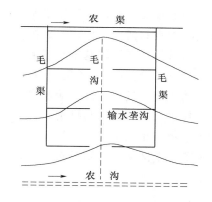

图 6-5　毛渠、输水垄沟灌排两用的
　　　　田间渠系示意图

图 6-6　输水垄沟灌排两用的田间渠系

在土质较严重的易旱、易涝、易渍地区，控制地下水位要求的排水沟间距较小，除排水农沟外，尚须在农田内部布置 1~2 级田间排水沟道。若控制地下水位要求的末级排水沟间距为 100~150m，则可只设毛沟，见图 6-7。毛沟深度一般至少为 1.0~1.2m，农沟深度则在 1.2~1.5m 以上。为加速地表径流的排除，毛沟应大致平行等高线布置，机耕方向应平行于毛沟。若要求末级排水沟间距仅为 30~50m，则在农田内部须布置毛沟和小沟两级排水沟，小沟的方向应大致平行等高线，以利地表径流的排除，见图 6-8。如末级排水沟的深度较大，为便于机耕及少占耕地，则以做成暗管形式为宜。

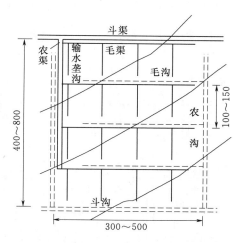

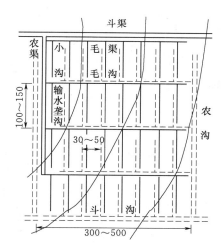

图 6-7　只设毛沟的田间排水网
（单位：m）

图 6-8　设有毛沟和小沟的田间排水沟
（单位：m）

（2）暗管排水系统。暗管排水系统一般由吸水管、集水管（或明沟）、检查井和出口控制建筑物等几部分组成，有的还在吸水管的上游端设置通气孔。吸水管是利用管壁上的孔眼或接缝，把土壤中过多的水分，通过滤料渗入管内。集水管则是汇集吸水管中的水流，并输送至排水明沟排走；检查井的作用是观测暗管的水流情况和在井内进行检查和清淤操作；出口控制建筑物用以调节和控制暗管水流。

暗管排水系统的基本布置形式有以下两种。

1）一级暗管排水系统（图6-9、图6-10）。在田间只布置吸水管，吸水管与集水明沟垂直，且等距离、等埋深平行布置。每条暗管都有出水口，分别向两边的集水明沟排水。暗管一端与排水明沟相连，另一端封闭且距离灌溉渠道5～6m，以防止泥沙入管和防止渠水通过暗管流失。它具有布局简单、投资较少、便于检修等优点，我国大部分地区多采用这种布置形式。

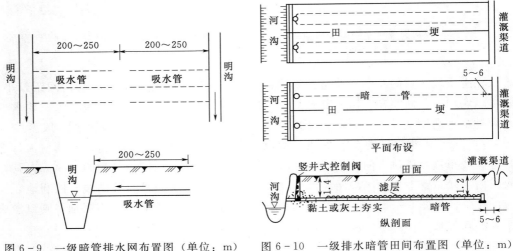

图6-9 一级暗管排水网布置图（单位：m）　　图6-10 一级排水暗管田间布置图（单位：m）

2）二级暗管排水系统（图6-11、图6-12）。暗管由吸水管和集水管两级组成，

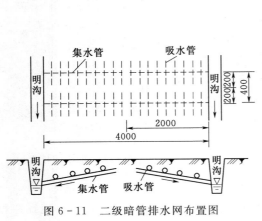

图6-11 二级暗管排水网布置图
（单位：m）

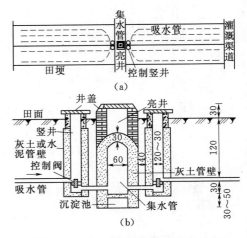

图6-12 二级排水暗管田间布置图
（单位：m）
（a）平面布置图；（b）剖面图

吸水管垂直于集水管，集水管垂直于明沟，地下水先渗入吸水管，再汇入集水管，最后排入明沟。为减少管内泥沙淤积和便于管理，管道比降可采用 $1/500\sim1/1000$，地形条件许可时可适当加大管道比降，以提高管内的冲淤能力，且每隔 $100m$ 左右设置一个检查井。这种类型土地利用率高，有利于机械耕作，但布置较复杂，增加了检查井等建筑物，水头损失较大，用材和投资较多，适用于坡地地区。

二级暗管排水网在田间布置时，应使每个田块的吸水管通过控制建筑物与集水暗管相连。地下排水管道材料主要有瓦管、混凝土管、塑料管等。

【知识拓展】

以你熟悉的一个灌溉工程为例，简要阐述所采用的地面灌水技术有哪些？

【课后练习】

扫一扫，做一做。

第二节　灌　排　系　统　布　置

【课程导航】

问题 1：灌溉渠系规划布置的原则与方法是什么？

问题 2：排水系统规划布置的原则与方法是什么？

6-2

灌排系统布置

灌溉系统是指从水源取水、通过渠道及其附属建筑物向农田供水，经由田间工程进行农田灌水的工程系统，包括渠首工程、输配水工程和田间工程三大部分。在现代灌区建设中，灌溉渠系和排水沟道系统是并存的，两者相互配合，协调运行，共同构成完整的灌区水利工程系统，如图 6-13 所示。

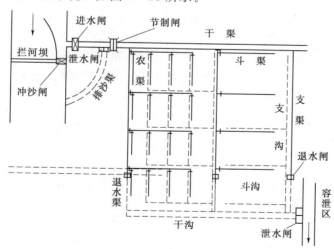

图 6-13　灌溉排水系统示意图

灌溉渠系由各级灌溉渠道和退（泄）水渠道组成。根据控制面积大小和水量分配层次，可将灌溉渠道按干渠、支渠、斗渠、农渠、毛渠的顺序设置。30 万亩以上或地形复杂的大型灌区，必要时可增设总干渠、分干渠和分斗渠；灌溉面积较小的灌区可减少渠道级数。农渠以下的小渠道一般为季节性的临时渠道。

一、灌溉系统布置

（一）灌溉渠系规划布置原则

灌溉渠道系统布置应符合灌区总体设计和灌溉标准要求，并应遵循以下原则。

（1）沿高地布置，力求自流和控制较大的灌溉面积。对面积很小的局部高地宜采用提水灌溉的方式。

（2）灌排结合，统一规划。在多数地区，必须有灌有排，以便有效地调节农田水分状况。

（3）要安全可靠，尽量能避免深挖方、高填方和难工险段，以求渠床稳固、施工方便、输水安全。

（4）力求经济合理，尽量做到渠线短、交叉建筑物少、土石方量少、拆迁民房少。

（5）便于管理，灌溉渠道的位置应参照行政区划确定，尽可能使各用水单位都有独立的用水渠道。

（6）要考虑综合利用，尽可能满足其他部门的要求。

（二）干、支渠的规划布置形式

由于各地自然条件不同，国民经济发展对灌区开发的要求不同，灌区渠系布置的形式也各不相同。按照地形条件，一般可分为山丘区灌区、平原区灌区、圩垸区灌区等。下面讨论各类灌区的特征及渠系布置的基本形式。

1. 山丘区灌区

山区、丘陵区地形比较复杂，岗冲交错，起伏剧烈，坡度较陡，河床切割较深，比降较大，耕地分散，位置较高。一般需要从河流上游引水灌溉，输水距离较长。所以，这类灌区干、支渠道的布置特点是：渠道较高，比降平缓，渠线较长而且弯曲较多，深挖、高填渠道较多，沿渠交叉建筑物较多。渠道常和沿途的塘坝、水库相连，形成"长藤结瓜"式水利系统，以求增强水资源的调蓄利用能力和提高灌溉工程的利用效率。

山区、丘陵区的干渠一般沿灌区上部边缘布置，大体上和等高线平行，支渠沿两溪间的分水岭布置，如图 6-14 所示。

2. 平原区灌区

平原区灌区大多位于河流的中、下游，由河流冲积而成，地形平坦开阔，耕地大片集中。由于灌区的自然地理条件和洪、涝、旱、渍、碱等灾害程度不同，灌排渠系的布置形式也有所不同。

（1）山前平原灌区。山前平原灌区一般靠近山麓，地势较高，排水条件较好，渍涝威胁较轻，但干旱问题比较突出。当灌区的地下水丰富时，可同时发展井灌和渠灌，否则，以发展渠灌为主。干渠多沿山麓方向大致和等高线平行布置，支渠与其垂直或斜交，视地形情况而定，如图 6-15（a）所示。这类灌区和山麓相接处有坡面径流汇入，与河流相接处地下水位较高，因此还应建立排水系统。

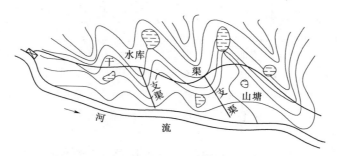

图 6-14　山区、丘陵区干支渠道布置示意图

（2）冲积平原灌区。冲积平原灌区一般位于河流中、下游，坡面坡度较小，地下水位较高，涝碱威胁较大。因此，应同时建立灌、排系统，并将灌、排分开，各成体系。干渠多沿河流岸旁高地与河流平行布置，大致和等高线垂直或斜交，支渠与其成直角或锐角，如图 6-15（b）所示。

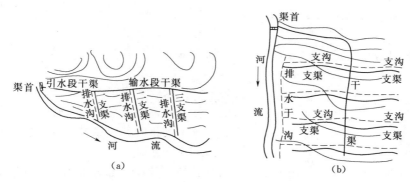

图 6-15　平原区干支渠道布置示意图
（a）山前平原灌区；（b）冲积平原灌区

3. 圩垸区灌区

圩垸区灌区分布在沿江、滨湖低洼地区的圩垸区，地势平坦低洼，河湖港汊密布，洪水位高于地面，必须依靠筑堤圈圩才能保证正常的生产和生活，一般没有常年自流条件，普遍采用机电排灌站进行提排、提灌。面积较大的圩垸，往往一圩多站，分区灌溉或排涝。圩内地形一般是周围高、中间低。灌溉干渠多沿圩垸布置，灌溉渠系通常只有干、支两级，如图 6-16 所示。

（三）斗、农渠的规划布置

1. 斗、农渠的规划要求

在规划布置时除遵循前面讲过的灌溉渠道规划原则外，还应满足以下几点：适应农业生产管理和机耕耕作要求；便于配水和灌水，有利于提高

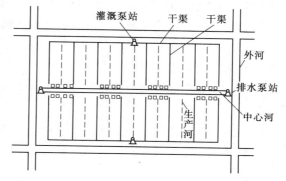

图 6-16　圩垸区干支渠道布置示意图

灌区工作效率；有利于灌水和耕作的密切配合；土地平整工程量较少。

2. 斗渠的规划

斗渠的长度和控制面积随地形变化很大。山区、丘陵地区的斗渠长度较短，控制面积较小。平原地区的斗渠较长，控制面积较大。我国北方平原地区的一些大型自流灌区的斗渠长度一般为 1000～3000m，控制面积为 600～4000 亩。斗渠的间距主要根据机耕要求确定，并和农渠的长度相适应。

3. 农渠的规划布置

农渠是末级固定渠道，控制范围是一个耕作单元。在平原地区通常长为 500～1000m，间距为 200～400m，控制面积为 200～600 亩。丘陵地区农渠的长度和控制面积较小。在有控制地下水位要求的地区，农渠间距根据农沟间距确定。

二、排水系统布置

（一）规划布置原则

排水沟道系统分布广、数量大。因此，在规划布置时，应在满足排水要求的基础上，力求做到经济合理、施工简单、管理方便、安全可靠、综合利用。其规划布置原则如下。

（1）各级排水沟道应尽量布置在各自控制范围内的最低处，以便能获得较好的控制条件，实现顺畅的自流排水。

（2）干沟出口应选择在容泄区水位较低、河床较为稳定的地方。

（3）尽量做到分片控制。根据当地的具体条件，将排水区域进行分区，做到高水高排，低水低排，力争自排，减少抽排，不得不抽排时，应尽可能减少排水泵站的装机容量，一定要防止高水低流，尽可能减少抽排面积。

（4）要充分利用排水区内的湖泊、洼地、河网等滞蓄部分涝水，减少排水流量。

（5）骨干排水系统应尽量利用天然河沟和现有排水设施，降低工程造价。对不符合排水要求的河段应进行必要的改造，如裁弯取直、拓宽浚深、加固堤防等，以提高排水能力。

（6）为更好地发挥灌排系统的作用，一般应将灌溉与排水分开布置，各成系统，以免相互干扰，造成排水和灌溉困难。

（7）排水沟道系统应与土地利用规划、灌溉规划、道路及林带规划等结合进行，统一布置，相互协调，减少占地，避免交叉，便于管理，节约投资。

（8）骨干排水系统应充分考虑引水灌溉、航运和水产养殖等综合利用的要求。

（二）排水沟道布置形式

排水沟道的布置受地形、水文、土质、容泄区以及行政区划和工程现状等许多因素的影响，一般先根据地形和容泄区等条件布置好干沟，然后再逐级进行其他各级沟道的布置。

地形是布置排水沟道的主要依据。因此，常按地形条件将排水区域分为山丘区、平原区和圩垸区三种基本类型。各类地区在规划布置排水沟道时，各有不同的特点。

1. 山丘区

地形起伏大，地面坡度陡，耕地零星分散，冲沟发育明显，排水条件好，有排水出路。这类地区，一般是把天然河溪或冲沟作为排水干、支沟。需要时，只需对天然河沟进行适当的整治，便可顺畅排水。但多雨季节，山洪暴发常对灌区造成威胁。为此，常须沿地形较高的一侧布置山坡截流沟，用以拦截和排泄山洪，确保灌排区安全。

2. 平原区

地形平缓，河沟较多，地下水位高，常有涝渍和盐碱威胁，排水出路有时不畅。这类地区，控制地下水位是突出问题，选择有利的排水出口是规划布置的重点，干、支沟尽量利用原有河沟，需要布置新沟道时，由于地形平坦，常有较多的布置方案，应进行比较，选择最优布置方案。

3. 圩垸区

圩垸区是指周围有河道并建有堤防保护的区域，汛期外河水位常高于两岸农田，存在着外洪内涝的威胁，平时地下水位经常较高，作物常受渍灾，因此防涝排渍是主要任务。

排水系统规划应按地形条件采取高低分开、分片排水、高水自排、坡水抢排、低水抽排的排水措施。为增大沟道滞蓄能力，加速田间排水、减少排涝强度和抽排站装机容量，规划时应考虑留有一定的河沟和内湖面积，以滞蓄部分水量。干支沟应尽量利用原有河道。当天然河道不能满足排水要求时，应按照排灌标准所需要通过的排水流量浚深和拓宽，个别过于弯曲的河段还应裁弯取直，保证排水通畅。对于圩内弯曲凌乱、深浅不一的天然河港湖汊，要大力进行整治，能用则用，不用则废，以保证排水系统的合理布局。对于无法自流排水的地区，应建立排水站进行抽排。

排水地区应根据地形、天然河网分布、容泄区水位和排水面积大小等条件，经过分析比较，进行分区分片。可以把整个排水区域划成一个独立的排水系统，只设一条干沟及一个出水口，集中排入容泄区，见图6-17。

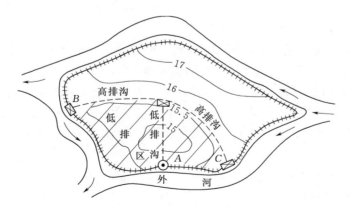

图6-17 分片排水示意图（单位：m）

斗、农渠的布置，应密切结合地形、灌溉、机耕、行政区划和田间交通等方面的要求，统筹考虑，紧密结合，全面规划。地形坡向均匀一致时，可采用灌排相邻的布置形式；地形平坦或有微地形起伏时，可采用灌排相间的布置形式。有控制地下水位要求的地区，农沟的间距必须满足控制地下水位的要求。

【知识拓展】

以你熟悉的一个灌溉工程为例，简要阐述其灌溉排水系统的布置方法。

【课后练习】

扫一扫，做一做。

第三节　渠道及渠系建筑物

6-3

渠道及渠系
建筑物

【课程导航】

问题1：渠道的基本要求有哪些？其基本设计方法如何？

问题2：渠系建筑物有哪些类型？其特点和实用性如何？

一、渠道

渠道是灌溉、发电、航运、给水、排水等水利工程中广为采用的输水建筑物。渠道设计的任务是在完成渠系布置之后，推算各级渠道的设计流量，确定渠道的纵横断面形状、尺寸、结构和空间位置等。

（一）渠道的基本要求

1. 渠道流速要求

渠道中的流速，应小于渠道的允许不冲流速，大于允许的不淤流速。渠道的临界不冲流速，主要取决于渠道的表面材质、过水断面、水深及水力要素等因素。一般土质渠道小于1m/s；石质（包括砌石）渠道不冲流速变幅很大，为2～20m/s；混凝土渠道不冲流速为5～10m/s；沥青混凝土不冲流速为2～3m/s。不淤流速与渠道糙率、渠道水流的挟沙能力等确定，大型渠道的最小平均流速应大于0.5m/s，小型渠道不小于0.3m/s。

2. 渠道渠床稳定

为了使渠道稳定，不仅要保证渠道全线各断面上不发生冲刷和淤积，同时还要保证渠道在平面上的稳定，使其不局部冲刷渠床两岸。

随着渠水深度的增加，临界不淤流速将不断加大（逐渐接近不冲流速），如果水深过大，则很容易发生冲刷。因此，为了在流量加大时保持渠道不冲不淤的稳定流速，应当较多地增加渠底宽度。不冲不淤的渠道一般具有宽而浅的断面，通过的流量愈大，宽深比值亦愈大。

渠道除应满足以上条件外，还应满足输水能力大、渗漏损失小、施工管理方便、工程造价低等条件。

（二）渠道的纵、横断面设计

渠道的断面设计包括横断面设计和纵断面设计，两者是互相联系、互为条件的。在实际设计中，纵、横断面设计应交替，并且反复进行，最后经过分析比较确定。

合理的渠道断面设计，应满足以下几方面的具体要求：①有足够的输水能力，以满足灌区用水需要；②有足够的水位，以满足自流灌溉的要求；③有适宜的流速，以满足渠道不冲、不淤或周期性冲淤平衡，以满足纵向稳定要求；④有稳定边坡，以保证渠道不坍塌、不滑坡；⑤有合理的断面结构形式，以减少渗透损失，提高灌溉水利用系数；⑥尽可能在满足输水的前提下，兼顾蓄水、养殖、通航、发电等综合利用要求；⑦尽量做到工程量最小，以有效地降低工程总投资；⑧施工容易，管理方便。

1. 渠道横断面设计

（1）渠道横断面的形状。常见的有梯形、矩形、U 形等。一般采用梯形，它便于施工，并能保持渠道边坡的稳定；岩石渠道，宜采用矩形断面；小型渠道，可采用预制 U 形渠道。

为了提高渠道的稳定性、水的利用率，减少渗漏损失，缩小渠道断面，可根据《渠道防渗工程技术规范》（GB/T 50600—2010）采取各种防渗措施，防渗渠道横断面形式如图 6-18 所示。

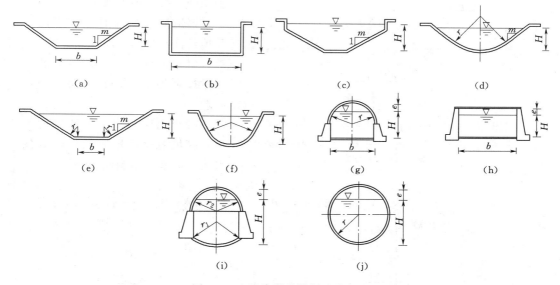

图 6-18 防渗渠道横断面示意图

（a）梯形断面；（b）矩形断面；（c）复合形断面；（d）弧形底梯形断面；（e）弧形坡脚梯形断面；（f）U 形断面；（g）城门洞形暗渠；（h）箱形暗渠；（i）正反拱形暗渠；（j）圆形暗渠

（2）渠道横断面结构。渠道横断面结构有挖方断面、填方断面和半挖半填断面三种形式（图 6-19），主要是渠道过水断面和渠道沿线地面的相对位置不同造成的。规划设计中，常采用半挖半填的结构形式，或尽量做到挖填平衡，以避免深挖、高填，以减少工程量，降低工程费用。

（3）渠道横断面设计。渠道横断面设计主要内容是根据渠道设计参数，通过水力计算（明渠均匀流公式）确定横断面尺寸。对于梯形渠道，横断面设计参数主要包括渠道流量、边坡系数、糙率、渠底比降、断面宽深比以及渠道的不冲、不淤流速等。

2. 渠道纵断面设计

灌溉渠道不仅要满足输送设计流量的要求，而且要满足水位控制的要求。渠道纵断面设计的任务是根据灌溉水位要求确定渠道的空间位置。一般纵断面设计主要内容

147

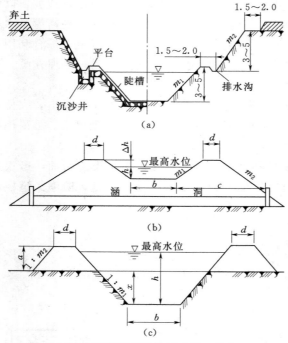

图 6-19 渠道横断面结构示意图（单位：m）

(a) 挖方渠道横断面示意图；(b) 填方渠道横断面示意图；
(c) 半挖半填渠道横断面示意图

包括：确定渠道纵坡比降、设计水位线、最低水位线、最高水位线、渠底高程线、渠道沿程地面高程线和堤顶高程线，绘制渠道纵断面图。渠道的纵断面如图6-20所示。

渠底纵坡比降是指单位渠长的渠底降落值。渠底比降不仅决定着渠道输水能力的大小、控制灌溉面积的多少和工程量的大小，而且还关系着渠道的冲淤、稳定和安全，必须慎重选择确定。

渠道纵坡选择时应注意以下几项条件：

（1）地面坡度。渠道纵坡应尽量接近地面坡度，以避免深挖高填。

（2）地质情况。易冲刷的渠道，纵坡宜缓，地质条件较好的渠道，纵坡可适当陡一些。

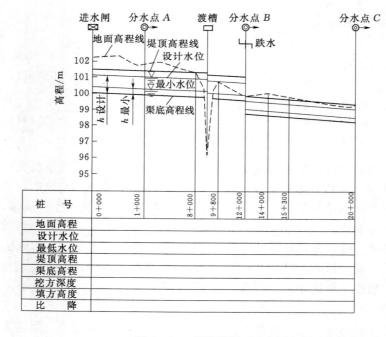

图 6-20 渠道纵断面示意图与渠系建筑物图例

（3）流量大小。流量大时纵坡宜缓，流量小时可陡些。

（4）含沙量。水流含沙量小时，应注意防冲，纵坡宜缓；含沙量大时，应注意防淤，纵坡宜陡。

（5）水头大小。提水灌区水头宝贵，纵坡宜缓；自流灌区水头较富裕，纵坡可以陡些。

【例 6 - 1】　某灌区三支渠渡槽入口处渠道设计流量 $Q_设=7.17\mathrm{m}^3/\mathrm{s}$，采用梯形断面，渠底宽度 2.4m，边坡系数 $m=1.5$，渠道比降 $i=1/5000$，渠床糙率 $n=0.025$，渠道不冲流速为 0.80m/s，为防止渠床杂草滋生，最小允许流速为 0.4m/s，试设计该渠道过水断面尺寸。

解：采用试算法，计算过程如下。

（1）初拟渠底宽度 $b=2.4\mathrm{m}$，假设水深 $h=2\mathrm{m}$，作为第一次试算。

（2）计算渠道横断面的水力要素：

$$\omega=(b+mh)h=(2.4+1.5\times2)\times2=10.8(\mathrm{m}^2)$$

$$\chi=b+2h\sqrt{1+m^2}=2.4+2\times2\times\sqrt{1+1.5^2}=9.61(\mathrm{m})$$

$$R=\frac{\omega}{\chi}=\frac{10.8}{9.61}=1.12(\mathrm{m})$$

$$C=\frac{1}{n}R^{1/6}=\frac{1}{0.025}\times1.12^{1/6}=40.76(\mathrm{m}^{1/2}/\mathrm{s})$$

（3）计算渠道设计流量：

$$Q=\omega C\sqrt{Ri}=10.8\times40.76\times\sqrt{1.12\times0.0002}=6.59(\mathrm{m}^3/\mathrm{s})$$

（4）校核渠道设计流量：

$$\Delta Q=\left|\frac{Q_{设计}-Q_{试算}}{Q_{设计}}\right|\times100\%=\left|\frac{7.17-6.59}{7.17}\right|\times100\%=8.09\%>5\%$$

因为计算结果经校核不符合设计要求，需要重新试算。分别假设水深 $h=2.05\mathrm{m}$，$h=2.06\mathrm{m}$，$h=2.08\mathrm{m}$，按照上述步骤重复计算，将计算结果列入表 6 - 1。

表 6 - 1　　　　　　　　　　　　　渠道横断面尺寸计算表

h/m	ω/m^2	χ/m	R/m	$C/(\mathrm{m}^{1/2}/\mathrm{s})$	$Q/(\mathrm{m}^3/\mathrm{s})$	流量校核 $\Delta Q/\%$
2.05	11.22	9.79	1.15	40.94	6.97	2.79
2.06	11.31	9.83	1.15	40.94	7.02	2.00
2.08	11.48	9.90	1.16	41.00	7.17	0.00

根据计算表 6 - 1 可以看出，$h=2.08\mathrm{m}$，符合设计流量要求。

该渠道的设计底宽为 2.4m 时，设计水深对应的准确值为 2.08m。

（5）校核渠道流速：

$$v=\frac{Q_{设计}}{\omega}=\frac{7.17}{11.48}=0.62(\mathrm{m}/\mathrm{s})$$

设计流速满足校核条件，即 0.4m/s<0.62m/s<0.80m/s。

二、渠系建筑物

为了准确调节水位、控制流量、分配水量、穿越各种障碍，满足灌溉、水力发电、工业及生活用水的需要，在渠道上兴建的水工建筑物，统称渠系建筑物。

渠系建筑物的种类较多，按其主要作用可分为以下几种。

1. 控制建筑物

控制建筑物主要作用是调节各级渠道的水位和流量，以满足各级渠道的输水、配水和灌水要求，如进水闸、节制闸、分水闸等。

2. 泄水建筑物

泄水建筑物主要作用是保护渠道及建筑物安全，用以排放渠中余水、入渠的洪水或发生事故时的渠水，如退水闸、溢流堰、泄水闸等。

3. 交叉建筑物

交叉建筑物是渠道经过河谷、洼地、道路、山丘等障碍时所修建的建筑物，主要作用是跨越障碍、输送水流。如渡槽、倒虹吸管、桥梁、涵洞、隧洞等。常根据建筑物运用要求、交叉处的相对高程，以及地形、地质、水文等条件，经比较后合理选用。

4. 落差建筑物

落差建筑物是渠道通过地面坡度较大的地段时，为使渠底纵坡符合设计要求，避免深挖高填，调整渠底比降，将渠道落差集中所修建的建筑物，如跌水、陡坡等。

5. 量水建筑物

量水建筑物是为了测定渠道流量，达到计划用水、科学用水而修建的专门设施，如量水堰、量水槽、量水喷嘴等。工程中，常利用符合水力计算要求的渠道断面或渠系建筑物进行量水，如水闸、渡槽、陡坡、跌水、倒虹吸等。

6. 防沙建筑物

防沙建筑物是为了防止和减少渠道的淤积，在渠首或渠系中设置冲沙和沉沙设施，如冲沙闸、沉沙池等。

7. 专门建筑物

专门建筑物是方便船只通航的船闸、利用落差发电的水电站和水力加工站等。

8. 利民建筑物

利民建筑物是根据群众需要，结合渠系布局，修建方便群众出行、生产的建筑物，如行人桥、踏步、码头、船坞等。

（一）渡槽

渡槽是输送水流跨越沟谷、道路、河渠等的架空输水建筑物。它一般由进出口连接段、槽身、支承结构及基础等组成。槽身放置在支承结构上，槽身重及水重等荷载通过支承结构传给基础，基础再传给地基。渡槽一般适用于渠道跨越深宽河谷或较广阔的洼地等情况，具有水头损失小、便于通航、管理运用方便等特点，是采用最多的一种交叉建筑物。渡槽按支承结构形式可分为梁式、拱式、桁架式、组合式及悬吊式或斜拉式等。其中梁式和拱式是两种最基本也是最常用的渡槽形式。

1. 梁式渡槽

梁式渡槽（图 6-21）可分为简支梁式，悬臂梁式及连续梁式三种，常用的断面形式有矩形和 U 形。矩形槽身按其运用及受力条件可分为无拉杆和有拉杆两种情况。

U 形槽身横断面由半圆加直段构成，槽顶一般设顶梁和拉杆，支座处设端肋。U 形槽比矩形槽水力条件更好，纵向刚度更大。

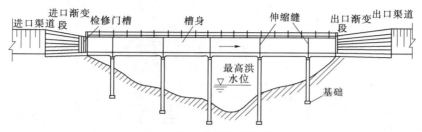

图 6－21　梁式渡槽示意图

梁式渡槽的支承结构形式有重力墩、排架等多种形式。其中，重力墩可分为实体墩和空心墩两种形式，排架可分为单排架、双排架及 A 形排架等形式。

2. 拱式渡槽

拱式渡槽与梁式渡槽相比，主要区别在于支撑结构。按照主拱圈的结构形式可分为板拱、肋拱和双曲拱；按主拱圈设铰情况可分为无铰拱、双铰拱等；按建筑材料可分为砌石拱和混凝土拱等形式；根据拱上结构形式的不同，拱式渡槽又可分为实腹式和空腹式两类。

拱式渡槽由槽身、主拱结构、拱上结构、基础等部分组成，如图 6－22 所示。

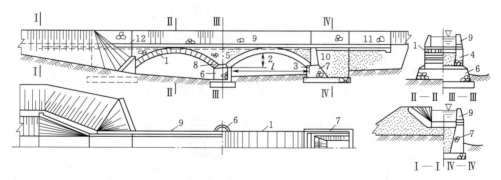

图 6－22　拱式渡槽示意图

1—主拱圈；2—拱顶；3—拱脚；4—边墙；5—拱上填料；6—槽墩；7—槽台；
8—排水管；9—槽身；10—垫层；11—渐变段；12—变形缝

（二）倒虹吸管

倒虹吸管是输送渠水通过河渠、山谷、道路等障碍物的有压输水建筑物。与渡槽相比，它具有造价低廉、施工方便、利于河道泄洪、水头损失较大等特点，在小型工程中应用较多。

倒虹吸管一般由进口、管身、出口三部分组成，如图 6－23 所示，其中进口段一般包括渐变段、进水口、拦污栅、闸门及沉沙池等。管身断面有圆形、箱形等形状。圆形管具有水流条件好、受力条件好的优点，在工程实际中应用较广，主要用于高水头、小流量情况。箱形管分矩形和正方形两种，可做成单孔或多孔，适用于低水头、

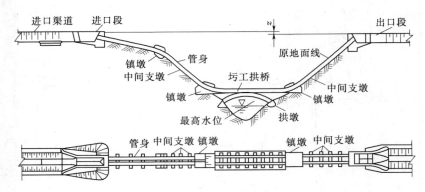

图 6-23 倒虹吸管示意图

大流量情况。根据流量大小、运用要求及经济效益等，可采用单管、双管或多管方案。倒虹吸管的材料主要采用钢筋混凝土、铸铁和钢材等。

（三）涵洞

涵洞是当渠道与道路、溪谷等障碍物相交时，为输送渠水或宣泄溪谷来水，在交通道路或填方渠道下修建的交叉建筑物。涵洞一般由进口、洞身、出口三部分组成，如图 6-24 所示。涵洞根据断面形状可分为圆形涵、箱涵、拱形涵洞等。渠道上的输水涵洞一般是无压的，上下游水位差较小，流速一般在 2m/s 左右，可不考虑专门的防渗、排水和消能问题。排洪涵洞可以是有压的、无压的或半有压的，应根据流速的大小及洪水持续时间，并考虑消能防冲、防渗及排水问题综合确定。

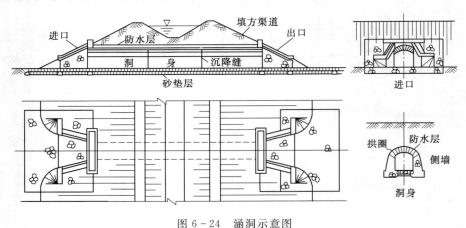

图 6-24 涵洞示意图

（四）跌水

水流呈自由抛射状态跌落于下游消力池的落差建筑物叫跌水。跌水主要用于调节渠道纵坡，还可用于渠道分水、排洪、泄水和退水。

跌差小于 3～5m 时布置成单级跌水，跌差超过 5m 可布置成多级跌水。单级跌水由进口连接段、跌水口、消力池和出口连接段组成，如图 6-25 所示。

（五）陡坡

水流沿着底坡大于临界坡度的明渠陡槽呈急流下泄的落差建筑物称为陡坡，是另

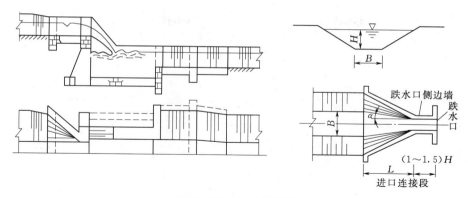

图 6-25 跌水示意图

一种形式的落差建筑物。陡坡的进口连接和控制缺口的布置形式与跌水相同，但对进口水流平顺和对称的要求较跌水更严格，以使下泄水流平稳、对称且均匀地扩散，为下游消能创造良好条件。陡坡段水流速度较高，若其进口及陡坡段布置不当，将产生折冲波致使水流翻墙和气蚀。在陡坡的控制缺口处，可设置闸门控制水位及流量，其优点是既能排沙又能保证下泄水流平稳、对称且均匀地扩散。

陡坡由进口连接段、控制缺口（或闸室段）、陡坡段、消力池和出口连接段组成，如图 6-26 所示。

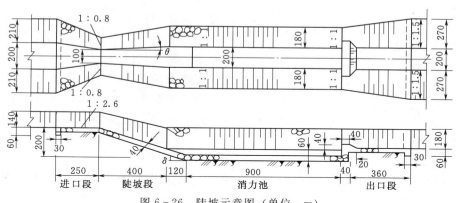

图 6-26 陡坡示意图（单位：m）

（六）量水设施

量水设施是渠道上用以量测水流流量的水工建筑物及特设量水设施的总称。其作用是按照用水计划准确、合理地向各级渠道和田间输送水量，为合理征收水费提供依据。

量水堰是一种在渠中设置标准堰型，使水流形成堰流，利用相应的堰流公式计算流量的量水设施，剖面形式可分为薄壁堰、宽顶堰、三角剖面堰等。

1. 薄壁堰

通常在金属薄板上设置缺口制成薄壁堰。水流由缺口经过时具有锐缘堰流的性质，在距堰板上游一定距离观测水位，即可按堰流公式或事先绘制好的水位流量图表得到流量。薄壁堰由行近渠道（含观测设施）、堰板、下游渠道三段组成，如图 6-27 所示。堰板缺口形状有矩形堰、梯形堰及三角形堰等。

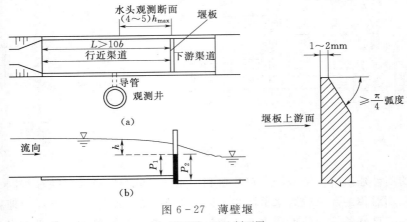

图 6-27 薄壁堰
(a) 平面图；(b) 剖面图

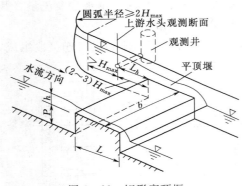

图 6-28 矩形宽顶堰

2. 宽顶堰

标准宽顶堰有矩形宽顶堰与圆头平顶堰两种。矩形宽顶堰的堰顶上下游顶角均为直角（图 6-28），必须设在顺直、均匀而稳定的渠段，并与矩形衬砌的行近渠槽同宽，堰体上下游断面应竖直并垂直于建堰渠槽的槽边和槽底。该堰具有外形简单、便于修建或装配安装、较经济等优点，可用于较小水位差，比较适用于中等流量和大流量。其缺点是流量系数不固定，上游顶角容易损坏而影响量测精度。

【知识拓展】

以你熟悉的一个灌区工程为例，简要阐述所采用的渠道和渠系建筑物的类型有哪些？

【课后练习】

扫一扫，做一做。

第四节 节 水 灌 溉

【课程导航】

问题 1：常见的节水灌溉技术有哪些？各有什么特点？如何布置？

随着我国人口的增加，城市化进程的加快，工农业生产进一步发展，全国各地的用水量及耗水量持续增加，造成我国水资源紧缺，供水矛盾进一步加剧。农业灌溉用

6-4
节水灌溉

水是名副其实的"用水大户",大约占到总用水量的65%。因此,发展节水灌溉是势在必行和行之有效的节水途径。

一、低压管道灌溉

管道输水灌溉技术在田间灌水技术上,属于地面灌溉,它是以管道代替明渠以提高全系统水的利用系数的一种工程形式。灌水时,管道系统工作压力一般不超过0.2MPa,故称低压管道输水灌溉工程,简称管道输水工程。

（一）管道输水工程系统的组成与类型

1. 低压管道输水系统的组成

管道输水系统由水源与取水工程、输水配水管网系统和田间灌水系统三部分组成。

（1）水源与取水工程。管道输水系统的水源有井泉、沟渠、水库等。水质应满足农田灌溉用水标准。井灌区取水部分除选择适宜的机泵外,还应安装压力表及水表。

（2）输水配水管网系统。输水配水管网系统是指系统中的各级管道、管件、分水设施、保护装置和其他附属设施。在大型灌区、管网可由干管、分干管、支管、分支管等多级管道组成。

（3）田间灌水系统。田间灌水系统是指分水口以下的田间部分。为达到灌水均匀、减少田间损失,提高全系统水的利用系数的目的,通常应进行土地平整,将长畦改为短畦,或给长栓接移动软管。

2. 管道输水工程的分类

管道输水工程可按其输配水方式、管网形式、固定方式、输水压力和结构形式等进行分类。通常按固定方式可分为固定式、半固定式、移动式三大类。

（1）固定式。管道输水系统中的各级管道及分水设施均埋入地下,固定不动。给水栓或分水口直接分水进入田间沟、畦。其管道密度大、标准高,一次性投资大,管理方便,灌水均匀。

（2）半固定式。管道输水系统的机泵、地下输水管道和出水口是固定的,而地面软管是可以移动的,灌水时通过埋设在地下的固定管道将水输送到控制一定灌溉面积的出水口,再接上地面移动软管送入沟、畦。这是目前井灌区低压管道输水系统的主要形式。

（3）移动式。管道灌溉系统中除水源外,机泵和地面管道都是可移动的。这样可以实现小定额灌溉,对于土壤渗漏严重、地面沟灌水量损失大的地区,具有显著的节水效果。

（二）管道输水工程的优点

（1）节水节能。管道输水系统可以减少渗漏和蒸发损失,其输水过程中水的有效利用率可达90%以上,而土渠输水灌溉,其水的有效利用率只有45%左右。

（2）省地省工,输水快。灌水及时,管道代替土渠输水,一般可减少占地2%~4%。

（3）改善田间灌水条件,促进增产增收。管道输水灌溉,缩短了轮灌周期,能适时适量供水,有效满足作物生长需要。

（4）适应性强，管理方便。管灌不仅能满足灌区微地形及局部高地农作物的灌溉，而且能适应当前农业生产责任制的要求。灌水时户与户之间干扰少，矛盾少。

（三）管道系统布置

1. 管道系统布置的基本原则

管道系统布置应和排水、供电等统筹安排、紧密结合；管网布置力求管线总长度最短，控制灌溉面积最大，管线应平顺，减少拐弯；田间末级地埋管道的布置，应与灌水方向、终止方向及地形坡度相适应；并根据当地经济、技术情况，因地制宜的选择管材。

2. 固定管网布置

根据水源位置、浇灌面积、田块形状、地面坡度、作物种植方向等条件，管网布置成树枝状或环状两类。

（1）水源位于田块一侧时，一般采用一字形、T形、L形三种形式，其适用于水井出水量 20～40m³/h、控制灌溉面积 50～100 亩、田块的长宽比（l/b）小于 3 的情况。当水井出水量为 60～100m³/h、控制面积为 150～300 亩时，可布置成梳齿状、鱼骨形或环状。

（2）机井位于田块中心，一般采用 H 形或环形布置，这两种形式适用于井出水量 40～60m³/h、控制面积 100～150 亩、田块长宽比（l/b）不大于 2 的情况。

3. 半固定式管网布置

半固定式管道系统的布置和固定式管道的布置大致相同。三级布置时，干管和支管是固定的，末级管是移动的软管。支管间距一般为 300m 左右，每隔 50m 设一个给水栓，用以连接软管。平原井灌区半固定式管网布置大多数采取树状网或环状网，两者各有优点，需因地制宜通过技术经济比较确定。

二、喷灌

（一）喷灌系统的组成

喷灌通常需要借助水泵加压，常用离心泵、长轴井泵、潜水电泵等机组；如果有足够的压力差，也可以利用天然水头进行自压喷灌。喷灌系统一般由水源、水泵、动力设备、管网、喷头及田间工程组成，如图 6-29 所示。

（二）喷灌系统的分类

喷灌系统按获得压力的方式分为机压式和自压式，按喷洒特征分为定喷式和行喷式，按主要组成部分是否移动分为固定式、半固定式和移动式三类。

1. 固定式

喷灌系统各组成部分除喷头外，在整个灌溉季节（常年）都是固定的。水泵和动力机组成固定的泵站，干管和支管埋入地下，

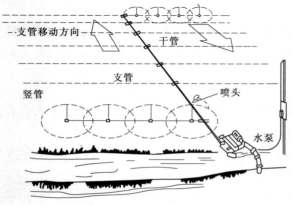

图 6-29 喷灌系统示意图

进行轮灌。优点是使用操作方便，运行费用低，工程占地少；缺点是工程投资大，设备利用率低，固定的竖管对机耕有影响。

2. 半固定式

在整个喷灌系统中，动力、水泵和干管是固定的，干管上装有许多给水栓，支管和喷头是移动的。支管与喷头在一个位置喷灌完毕后，可移至下一位置。

3. 移动式

在整个灌溉系统中，只有水源是固定的，而水泵、动力、管道及喷头都是移动的，一套设备可以在不同的地块上轮流使用，提高了设备的利用率，降低了单位面积设备的投资。其特点是使用灵活、劳动强度大、路渠占地较多。

（三）喷灌工程的布置

管网的布置形式有两种形式：第一种是树状管网，一般可分为丰字形、梳齿形，主要适用于土地分散、起伏的地区；第二种是环状管网，由很多闭路环组成。优点是当某一水流方向上管道出现事故，可由其他管道继续供水；其缺点是水力计算复杂。

喷头的选择与组合间距。选择喷头首先要考虑喷头水力特性能适合作物和土壤特点，喷头的水力特性一般包括额定流量、工作压力、雾化指数等。对于幼嫩作物，压力不宜太大，雾化程度要好；对于黏性土壤，由于入渗速度慢，因此，就要采用较低的喷灌强度，而对于沙土，可加大喷灌强度。

喷头的喷洒方式有很多种，如全圆喷洒、扇形喷洒、矩形喷洒、带状喷洒等。在管道式喷灌系统中，主要采用全圆喷洒，而在田边路旁或房屋附近则使用扇形喷洒。

喷头的组合形式，一般用相邻 4 个喷头平面位置组成的图形表示。喷头的基本布置形式有两种：矩形组合和平行四边形组合。一般情况下，无论是矩形组合还是平行四边形组合，应尽可能使支管间距 b 大于喷头间距 a，这样可以节省支管用量，降低系统投资或避免频繁移动支管。

三、微灌

微灌是按照作物生长所需的水和养分，利用专门设备或自然水头加压，再通过低压管道系统末级毛管上的孔口或灌水器，将有压水流变成细小的水流或水滴，直接送到作物根区附近，均匀、适量地施于作物根层所在部分土壤的灌水方法。微灌是当今世界上用水最省、灌水质量最好的现代灌溉技术。

（一）微灌系统的组成与分类

1. 微灌系统的组成

微灌系统由水源工程、首部枢纽、输配水管网和灌水器等组成，如图 6 - 30 所示。

水质符合微灌要求的水，均可作为微灌的水源。另外，根据需要修建的引水、蓄水和提水工程，以及相应的输配电工程，统称为水源工程。

首部枢纽担负着整个系统的驱动、检测和调控任务，通常由水泵及动力机、控制阀门、水质净化装置、施肥装置、测量和保护设备组成。

微灌系统的输配水管网一般分为干、支、毛三级管道。

灌水器有滴头、微喷头、涌水器和滴灌袋等形式，对应的水流出流方式也有多

157

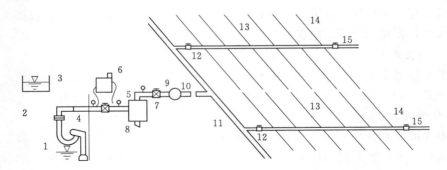

图 6-30 微灌系统示意图

1—水泵；2—供水管；3—蓄水池；4—逆止阀；5—压力表；6—施肥罐；7—过滤器；8—排污管；
9—阀门；10—水表；11—干管；12—支管；13—毛管；14—灌水器；15—冲洗阀门

种，灌水器安装在毛管上或通过连接小管与毛管连接，或置于地表，或埋入地下。

2. 微灌系统的分类

微灌常常按选用的灌水器进行分类，可分为以下几类。

(1) 滴灌。将具有一定压力的灌溉水，通过管道和管道滴头，滴入植物根部附近土壤的一种方法。由于滴头细小，消杀了水中具有的能量，因此，能缓慢均匀地湿润土壤，水的利用率高达 95%，较喷灌更能节水增产，同时可以结合灌溉给农作物施肥。

按管道的固定程度，滴灌可分为固定式、半固定式和移动式三种。

(2) 微喷灌。利用塑料管道输水，通过很小的喷头将水喷洒在土壤或作物表面进行的局部灌溉。与喷灌相比，微喷头的工作压力较小，可节约能源；与滴灌相比，微喷头可以喷射水流到空中，且微喷头比滴头的湿润面积大。

(3) 渗灌。通过埋在地下作物根系活动层的滴灌带上的滴头或渗头将水灌入土中的灌水方式。其特点是省水、省电、省肥，但管道间距较大时灌水不够均匀。

(4) 涌灌。在末级毛管上安装涌水设备，使灌溉水形成间歇小股水流，以浸润土壤的灌水方法。此方式的工作压力很低，不易堵塞，适合地形平坦地区。

(5) 雾灌。与微喷灌相似，只是工作压力较高，喷出的水滴极细，灌水时形成水雾可以调节田间空气湿度。

(二) 微灌系统的特点

(1) 省水。微灌能适时适量地按作物生长需要供水，且全部由管道输水，沿程渗漏和蒸发损失少；一般只湿润作物根部附近的部分土壤，灌水流量小，水的利用率高。

(2) 灌水均匀度高。微灌系统能做到有效控制每个灌水器的出水量，因此，灌水均匀度高，一般可达 80%~90%。

(3) 增产。微灌可根据小面积作物的需要，适时适量地向作物根区供水，为作物生长提供了良好的条件，容易实现稳产高产，提高产品质量，一般可以增产 30% 左右。

（4）节能。由于微灌灌水器湿润的范围小，所需压力也小，一般工作压力为50～150kPa，比喷灌低，而且微灌比地面灌溉省水，可有效减少能耗。

（5）对土壤和地形的适应性强。对于不同的土壤，微灌的灌水速度可快可慢，可以使作物根系层保持适宜的土壤水分，另外，微灌是压力管道输水，因此，不受地形影响。

（6）灌水器容易堵塞。这是微灌应用的主要问题，严重时会影响整个系统的工作，甚至报废。为了防止堵塞，微灌对水质要求较高。

（7）造价较高。由于微灌需要大量设备、管材、灌水器具，一般造价较高。

四、波涌灌溉

（一）波涌灌溉机理

波涌灌溉是以一定或变化的周期，循环、间断地向沟畦输水，即向两个或多个沟畦交替供水。当灌溉由一个沟畦转向另一个灌水沟畦时，先灌的沟畦处于停水落干的过程中，由于灌溉水的下渗，水在土壤中的再分配，使土壤导水性减少，土壤中黏粒膨胀，空隙变小，田面被溶解土块的颗粒运移和重新排列所封堵、密实，形成一个光滑封闭的致密层，从而使田间糙率变小，土壤入渗缓慢，因此水流推进速度相应变快，深层渗漏明显减少。

（二）波涌灌溉系统的分类

波涌灌溉系统主要由水源、管道、多向阀或自动间歇阀等组成。波涌灌溉系统根据管道布置方式的不同，可分为双管系统和单管系统两类。

1．"双管"系统

"双管"波涌灌田间灌水系统如图6-31所示。一般通过埋在地下的暗管管道把水输送到田间，再通过阀门和竖管与地面上带有阀门的管道相连。这种阀门可以自动地在两组管道间开关水流，故称"双管"。通过控制两组间的水流可以实

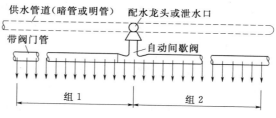

图6-31　"双管"波涌灌田间灌水系统示意图

现间歇供水。当这两组灌水沟结束灌水后，灌水工作人员可将全部水流引到另一放水竖管处，进行下一组波涌灌水沟的灌水。对已具备低压输水管网的地方，采用这种方式较为理想。

2．"单管"系统

"单管"波涌灌田间灌水系统通常是由一条单独带阀门的管道与供水处相连接（故称"单管"），管道上的各出水口则通过低水压、低气压或电子阀控制，而这些阀门均以一字形排列，并由一个控制器控制这个系统，如图6-32所示。

五、小畦"三改"灌水技术

小畦"三改"灌水技术，即"长畦改短畦，宽畦改窄畦，大畦改小畦"的灌水方法。其关键是使灌溉水在田间分布均匀，节约灌溉时间，减少灌溉水的流失，从而促进作物生长健壮，增产节水。

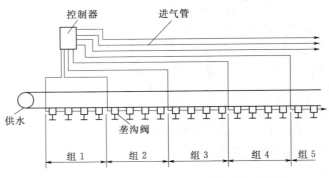

图 6-32　"单管"波涌灌田间灌水系统示意图

1. 小畦灌的技术要点

小畦灌水技术的要点是确定合理的畦长、畦宽和入畦单宽流量。小畦灌"三改"灌水技术的畦田宽度，自流灌区为 2～3m，机井提水灌区以 1～2m 为宜。地面坡度在 1/400～1/1000 范围时，单宽流量为 3～5L/(s·m)，灌水定额为 300～675m³/hm²。畦长，自流灌区以 30～50m 为宜，最长不超过 80m；机井和高扬程提水灌区以 30m 左右为宜。畦埂高度一般为 0.2～0.3m，底宽 0.4m 左右，田头埂和路边埂可适当加宽培厚。

2. 小畦灌的特点

(1) 节约水量，易于实现小定额灌水。大量试验证明，灌水定额随着畦长的增加而增大，因此减小畦长可以降低灌水定额，达到节水的目的。

(2) 灌水均匀，灌溉质量高。由于畦田小，水流比较集中，易于控制水量；水流推进速度快，畦田不同位置持水时间接近，入渗比较均匀；能够防止畦田首部的深层渗漏，提高田间水的有效利用率。另外，由于灌水定额小，可防止灌区地下水位上升，预防土壤沼泽化和盐碱化发生。

(3) 减轻土壤冲刷和土壤板结，减少土壤养分淋失。传统的畦灌畦田大而长，要求入畦单宽流量和灌水量大，容易导致严重冲刷土壤，使土壤养分随深层渗漏而损失。因此，小畦灌溉有利于保持土壤结构，保持土壤肥力，促进作物生长，增加产量。

六、长畦分段灌

长畦分段灌的畦宽为 5～10m，畦长可达 200m 以上，一般为 100～400m。其分水和控水装置如图 6-33 所示。灌水技术要求是确定入畦灌水流量、侧向分段开口间距（即短畦长度与间距）和分段改水时间或改水成数。单宽流量和改水成数的确定参考畦灌有关方法。

长畦分段灌的特点如下。

(1) 节水。长畦分段短灌技术可以实现灌水定额 450m³/hm² 左右的低定额灌水，灌水均匀度、田间灌水储存率和田间灌水有效利用率均大于 80%～85%，且随畦长而增加，与畦长相等的常规畦灌方法比较，可节水 40%～60%。

(2) 省工。灌溉设施占地少，可以省去 1～2 级田间输水渠沟。

（3）适应性强。与常规畦灌方法相比，可以灵活适应地面坡度、糙率和种植作物的变化，可以采用较小的单宽流量，减小土壤冲刷。

（4）易于推广。该技术投资少，节约能源，管理费用低，操作简单，易于推广应用。

（5）便于田间耕作。由于田间无横向畦埂或渠沟，方便机耕和采用其他先进的耕作方法，有利于增产。

七、宽浅式畦沟结合灌水技术

宽浅式畦沟结合灌水技术，是一种适应间作套种或立体栽培作物，"二密一稀"种植的灌水畦与灌水沟相结合的灌水技术。近年来，通过试验和推广应用，已证实这是一项高产、节水、低成本的优良的节水灌溉技术。

1. 宽浅式畦沟结合灌水技术要点

（1）畦田和灌水沟相间交替更换，畦田面宽为 0.4m，可以种植两行小麦（二密），行距 0.1～0.2m。

（2）小麦播种于畦田后，可采用常规畦灌或长畦分段短灌灌水技术进行灌溉，如图 6-34（a）所示。

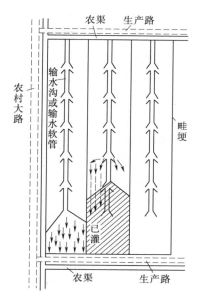

图 6-33　长畦分段灌示意图

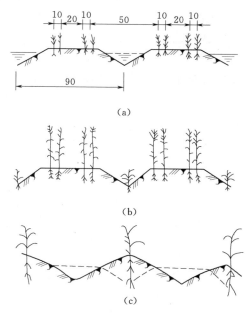

（a）

（b）

（c）

图 6-34　宽浅式畦沟结合条田轮作示意图
（a）小麦播种后畦沟位置（单位：cm）；（b）小麦乳熟期套种玉米；（c）小麦收获后开沟培土

（3）小麦乳熟期，每隔两行小麦开挖浅沟，套种一行玉米（一稀）。套种玉米的行距为 0.9m。在此期间，土壤水分不足，可利用浅沟灌水，为玉米播种和发芽出苗提供良好的土壤水分条件，如图 6-34（b）所示。

（4）小麦收获后，玉米已近拔节期，可在小麦收割后的空白畦田田面处开挖灌水沟，并结合玉米中耕培土，把挖出的畦田田面上的土覆在玉米根部，形成垄梁及灌水沟沟埂，而原来的畦田田面则成为灌水沟沟底，如图 6-34（c）所示。灌水沟的间距正好是玉米的行距，灌水沟的上口宽为 0.5m。这样既能牢固玉米根部、防止倒伏，又能多蓄水分、增强耐旱能力。

宽浅式畦沟结合灌水方法，最适宜在遭遇天气干旱时，采用"未割先浇"技术，以一水促两料作物。

2. 宽浅式畦沟结合灌水技术优点

（1）节水，灌水均匀度高。一般灌水定额为 $525\text{m}^3/\text{hm}^2$ 左右，而且玉米全生育期灌水次比一般玉米地减少 1～2 次，耐旱时间较长。

（2）有利于保持土壤结构。灌溉水流入浅沟后，就由浅沟沟壁向畦田土壤侧渗湿润土壤，对土壤结构破坏少，蓄水保墒效果好。

（3）能促使玉米早播，解决小麦和玉米两茬作物"争水、争时、争劳"的尖锐矛盾和随后秋、夏两茬作物"迟种迟收"的恶性循环问题。

（4）施肥集中，养分利用充分，有利于两茬作物获得稳产、高产。

（5）通风透光好，培土厚，抗倒伏能力强。

这是我国北方广大旱作物灌区值得推广的节水灌溉技术。但该技术也存在一定缺点，即田间沟、畦多，沟和畦要轮番交替更换，劳动强度较大，比较费工。

八、精量灌溉

农作物在生长期内并不总是需要充足的水分，充足供水和适量控水交替实施对提高产量才有利。喷灌、滴灌、微灌等节水灌溉形式，可使水的利用率提高到 85％～90％。精量灌溉是节水灌溉的最高目标，其含义为精确估算出农作物生长所必需的灌溉水量，并采用高效的节水灌溉技术将此水量准确而均匀地灌入作物根系层土壤中。

在一定区域内，由于土壤特性和作物生长特性的空间变异性，要想使整个区域的农作物获得高产、稳产，必须针对不同的土壤特性、作物高产的生理、生态要求与需水规律，借助于现代的电子测试手段、计算机技术与信息技术，实时预测预报农作物最佳生长环境所需的资源投入量，如灌水量、养分（肥料）以及农药等，并采取高效的技术与手段将作物生长所必需的资源量准确而适时地加以实施，使土壤中的水、肥、气、热保持协调关系，最终的目的是实现投入资源的最高产出。

【知识拓展】

以你熟悉的灌溉工程为例，简要阐述所采用的节水灌溉技术有哪些？使用效果如何？

【课后练习】

扫一扫，做一做。

【阶段测试】

扫一扫，做一做。

第六章
练习题

第六章
测试卷

第七章 治河防洪工程

【知识目标】

1. 了解治河工程概念和目的。

2. 了解治河工程规划，掌握四种类型河段的整治措施和工程布局。

3. 了解防洪规划的内容和防洪标准。

4. 掌握常见的工程防洪措施，了解非工程防洪措施的方法与基本内容。

【能力目标】

1. 初步具备根据不同类型河段选择整治措施和工程布局的能力。

2. 初步具备根据不同情况确定防洪标准、选择防洪措施的能力。

【素养目标】

1. 有良好的思想品德、道德意识和献身精神。

2. 树立正确的学习观念，培养"天人合一、师法自然、协同共生"的治水理念。

3. 有健康的身心素质和团结协作精神，具备一定的国际视野。

【思政导引】

黄河治理——人水和谐的美好愿景

黄河，中国古代称大河，发源于青海省巴颜喀拉山脉，流经青海、四川、甘肃、宁夏、内蒙古、陕西、山西、河南、山东9个省、自治区，最后于山东省东营市垦利县注入渤海，全长5464km，是中国第二长河，仅次于长江，也是世界第五长河流。在中国历史上，黄河及沿岸流域给人类文明带来了巨大的影响，是中华民族最主要的发源地，中国人称其为"母亲河"。

治理黄河，最早可追溯到传说中的鲧、禹治河，当时就已在黄河两岸修筑了堤防，但规格各异，秦代开始统一了堤防体系。西汉贾让、东汉王景、元代贾鲁、明末潘季驯和清代的靳辅、陈潢等，对防洪的理论和实践均有重要贡献。西汉末年的治黄战略家贾让，针对汉代黄河河患频发的原因，提出了以"宽河行洪"思想为主的全面治理黄河的上、中、下三种不同对策，上策主张滞洪改河，中策提出筑渠分流，下策则为缮完故堤，贾让还对此进行了对比选优和评估。贾让的"治河三策"对后世产生了重大影响，经后人的发展补充，便形成了宽河、分水放淤和束水攻沙三派学说。至明朝潘季驯（1521—1595年）治黄期间，提出了很多河流演变规律和泥沙运动规律，像"水分则势缓，势缓则沙停，沙停则河饱……水合则势猛，势猛则沙刷，沙刷则河深"这样的关于水沙关系的科学论断，与近代水沙动力学的概念是基本一致的。清朝冯祚泰在治理黄河时明确提出，黄河"浊流之最可恶者莫如沙，而最可爱者亦莫如沙"，利用泥沙"可以淤洼，可以肥田，可以固堤，可以代岸"，这种用沙治黄的策略为今人所借鉴。在 20 世纪 30 年代，我国近代水利的奠基人李仪祉（1882—1938 年）对黄河的治理观点有：泥沙未减，本病难除；中、上游不治，下游难安；兴建水库，蓄洪减沙；综合开发，利用黄河。

中华人民共和国成立以后，在黄河治理开发方面取得了很大成绩。①通过加高加固堤防、整治河道、修建拦蓄洪水和分滞洪水工程，改进暴雨洪水预报与防洪调度等措施，初步建成了防洪体系。②全流域共建成了各类水库 3000 多座，其中大中型水库 170 多座；建成 500kW 以上的水电站 80 多处；有效灌溉面积约 7000 万亩；流域内工农业及城市用水已达 270 多亿 m^3，约占地表水资源的 1/2。③在黄土高原开展了以造林、种草、梯田、淤地坝等为主要内容的水土保持工作。④广泛利用洪水、泥沙，如引洪漫地、高含沙水流灌溉、用挖泥船放淤加固大堤等。

党的二十大报告指出，必须"坚持绿水青山就是金山银山的理念，坚持山水林田湖草沙一体化保护和系统治理，全方位、全地域、全过程加强生态环境保护"，黄河治理所取得的巨大成就，为区域内经济迅速发展和社会长期稳定以及生态环境的改善提供了强有力的保障。

第一节　治 河 工 程

【课程导航】

问题 1：治河的目的是什么？

问题 2：治河工程规划的任务、基本要求、整治设计标准如何？

问题 3：河道整治措施和整治建筑物有哪些？

7-1

治河工程

一、概述

河流无论在自然状态下或在人类活动影响下，由于变动的边界条件和不恒定的来水来沙条件，总是处于不断地变化过程之中。这种变化，在许多情况下可能产生巨大的破坏作用，因此必须采取工程与非工程技术措施加以控制。

治河工程是根据河道整治的目的，结合河段的具体情况，运用河流动力学的基本知识所采取的工程技术措施。

治河的目的包括：防洪、维护航道要求的尺度与改善港口条件、保证引水（包括发电、灌溉引水和生活用水）、防止河岸坍塌以便利用洲滩岸线和保护城镇及农田、保护跨河建筑物、控制泥沙淤积部位、水质保护等。

二、治河工程规划

（一）河势及河势规划

河势具有很广的含义，从某种意义上说，河势主要是指某一河段的水流与河槽的态势，包括格局与走向。其中最主要的是基本流路，或称主流路，它对河道总的状态及发展趋势起着决定性的作用。

河势规划的任务就是在分析研究本河段河床演变规律及水沙运动基本特性的基础

上，综合考虑国民经济各部门的不同要求，因势利导，制定出比较合理的基本流路。当然，这种流路的形成与稳定，需要通过沿河两岸所布设的整治工程措施来实现。

河势规划的内容，一般包括以下几个方面：①河道特性的分析，包括河流地貌特征及沿河地质构成、水文泥沙、河道演变规律等；②河道整治的任务和要求，包括论证国民经济发展对本河道进行河势规划的必要性和可行性，以及各部门对规划的基本要求；③河势规划的原则和目的；④河势规划的设计依据；⑤河道整治工程措施，根据已确定的治导线，设计整治工程的布局，具体工程的位置、尺寸，结构设计，施工顺序及工程概算；⑥河势控制的效益论证。

（二）国民经济各部门对河道的基本要求

国民经济各部门对河道整治的要求，存在着既相适应又相矛盾的方面。在进行河势规划时，既要充分听取各个部门的意见和要求，又要分清主次，协调矛盾，深入分析研究，通过技术经济论证和生态环境评价，提出一个能被各个方面都可以接受的总体规划。

1. 防洪部门对河道的要求

在我国主要江河的治理中，均以防洪安全作为首要目标，无论南方或者北方，山区或者平原，防洪任务都很艰巨繁重，防洪对河道整治的基本要求有以下几点。

（1）每一河段必须有足够的防洪断面，能安全通过该河段的设计洪水流量，即承受相应的洪水水位。

（2）河道应比较顺畅，无过分弯曲或过分束窄的河段，以免汛期泄洪不畅，使洪水位抬高，或者在凌汛中，冰凌阻塞，造成满溢险情。

（3）为了增加泄洪断面而修筑的堤防工程，应达到设计质量标准，具有足够的强度和稳定性，抵御设计标准洪水。

（4）在河道中的某些地段，因水流顶冲，造成河岸崩塌，危及提防、农田、村庄、城镇及交通道路、厂矿或港埠安全时，应积极采取措施，稳定岸线，控制河势。

2. 航运部门对河道的要求

内河航运因具有成本低、运载量大等优点，在国内外交通运输中占据重要地位。航运对河道的基本要求，可简要归纳如下。

（1）应满足通航规定的航道尺度，包括航深、航宽及弯曲半径等。

（2）河道平顺稳定，流速不宜过大，流态不能太乱。

（3）码头作业区深槽稳定，水流平顺。

（4）跨河建筑物应满足船舶的水上净空要求。

上述要求的各项指标，应视航道等级及通航船队的吨位、尺寸而定。

3. 其他部门对河道的要求

取水口工程，要求所在河段的河势稳定，有足够的水位，同时尽可能使进入取水口的水流含沙量较低、泥沙粒径较细，避免渠道严重淤积，减少泵站机械的磨损；桥渡工程，要求河道比较稳定，不允许河槽摆动，要求水流平顺，防止严重的折冲水流冲刷河底，危及桥墩安全，或桥头引堤冲毁而中断交通。

（三）河道整治设计标准

河道整治设计标准一般包括设计流量、设计水位和整治线。

1. 设计流量和设计水位

设计流量和设计水位的确定要根据河道整治的目的、河道特性和整治条件研究确定。针对洪水、中水、枯水河槽的整治，应有各自相应的特征流量和水位，作为设计的基本依据。洪水河槽一般按照当地的防洪标准，选择与之相应的洪峰流量或水位，作为设计河道整治建筑物高程的依据。

2. 整治线

整治线，又称治导线，是河道经过整治后，在设计流量下的平面轮廓线。

整治线的确定最为重要和复杂，它决定了整治水位下的河势，应需反复研究论证和进行多种方案的比较，提出既符合河道自然演变规律，又能最大限度地照顾到各方利益的最佳方案。规划整治线的任务，主要是确定它的位置、宽度和线型。整治线的位置，要根据本河段的演变发展规律，考虑上下游河势、已建整治建筑物的位置，力求整治后的河岸线能平顺衔接，顺应河势，适应水沙变化规律，满足各方面的要求；整治线的宽度即河槽的宽度，可参考本河道主流稳定、流态平顺、流速适中、河岸略呈弯曲、水深沿程变化不大的河段的宽度，并与经验公式比较后确定；对于整治线的线型，实践证明，适度弯曲的单一河段较为稳定，一般将其设计成曲线，并在曲线与曲线之间连以适当长度的直线过渡段。

三、平原河流的整治措施

河道整治的工程措施主要有：①护岸工程，通过丁坝、顺坝、护岸、潜坝、鱼嘴、矶头、平顺护岸等工程，控制河道主流，稳定河势，防治堤防和岸滩冲刷，达到安全泄洪的目的；②裁弯工程及堵汊工程，对过分弯曲河段进行裁弯取直、堵塞汊道等，扩大河道的泄洪能力，使水流集中下泄；③疏浚工程，利用挖泥船等工具，以及爆破、清除浅滩、暗礁等措施，以改善河流的流态，保持足够的行洪能力。对于不同类型河段的治理，应从分析本河段具体特性入手，制定出切合河段实际情况的规划方案和工程设计方案。

平原河流按其平面形态和演变特性的不同可分为顺直型河段、蜿蜒型河段、游荡型河段和分汊型河段四大类型，常见类型示意图如图7-1所示。

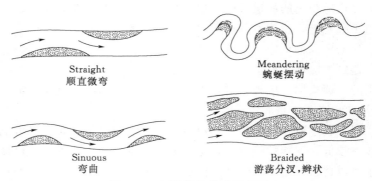

图7-1 河段常见类型示意图

对于不同类型河段的治理，应从分析本河段具体特性入手，制定出切合河段实际情况的规划方案和工程设计方案。

1. 蜿蜒型河段

蜿蜒型河段一般出现在河流的中下游，多位于流量变幅小、中水期较长、河床组成均为可冲刷的土壤的河谷中。我国比较典型的蜿蜒型河段如长江中游的荆江河段、淮河流域的汝河下游、颍河下游和海河流域的南运河等，如图 7-2 所示。

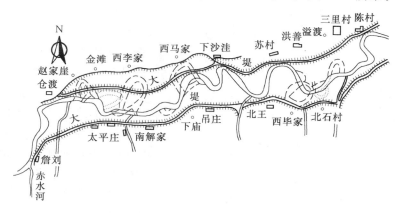

图 7-2 蜿蜒型河段示例图

弯曲河段的弯道凹岸由于受到水流的冲刷，产生的泥沙在凸岸淤积，在纵向输沙基本平衡的状态下，凹岸不断冲刷，凸岸不断淤积，其弯曲程度亦不断加剧，对防洪、航运、引水等各方面都是不利的，应及时加以治理。当河湾发展至适度弯曲的河段时，应对弯道凹岸加以保护，以防止弯道的继续发展和恶化，具体的措施可在凹岸使用护岸工程。

对弯曲程度过大的蜿蜒型河段，可采用人工裁弯的方法，改变其弯曲程度，使其成为适度弯曲的河段。其方法是在河湾的狭颈处，先开挖一较小断面的引河，利用水流本身的能量使引河逐渐冲刷发展，老河自行淤废，从而达到新河通过全部流量。

人工裁弯规划设计的主要内容包括：引河定线、断面设计和护岸工程。引河在设计时，既要保证顺利冲开并满足枯水通航的要求，又要河道平顺且顺乎自然发展趋势，工程量小。衡量人工裁弯可行性的重要指标是裁弯比，根据经验一般控制为 3～7。裁弯方式有内裁和外裁两种（图 7-3），外裁因引河进出口很难与上，下游平顺衔接，且线路较长，较少采用；内裁除因线路较短外，一般在狭颈处容易冲开，对上下游影响也较小，满足正面进水侧面排沙的原则，故多采用。引河断面的设计，要保证引河能及时冲开，考虑施工条件，力求土方开挖量最小。一般设计成梯形，边坡系数按土壤性质、开挖深度和地下水等情况确定，可选为 1:2～1:3；断面大小可设计成最终断面的 1/5～1/15 或原河道断面的 1/20。引河崩塌到设计新河岸线附近时，就应及时护岸，可采用预防石的办法，即事先备足石料，待岸线崩退到预防石处时，自行坍塌，形成抛石护岸。

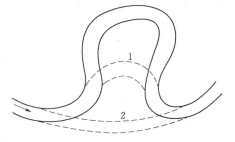

图 7-3 裁弯取直方式
1—内裁；2—外裁

2. 游荡型河段

游荡型河段在我国多分布在华北及西北地区河流的中下游，如黄河下游孟津至高村河段、永定河下游卢沟桥至梁各庄河段等。其主要特点是河道宽浅，滩槽高差较小，洲滩密布，网状河道交织，而且演变特点复杂，河床组成物质松散，泥沙淤积严重，主流摆动不定。游荡型河段如图 7-4 所示。

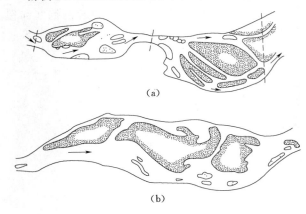

图 7-4 游荡型河段示意图
(a) 黄河花园口；(b) 汉江白家湾

对于游荡型河段的整治原则是以防洪为主，在确保大堤安全的前提下，兼顾引水和航运。采用"以弯导流，以坝护湾"的形式，控制好游荡型河段的河势。在工程布置时，对于河道宽阔、主流横向摆动较大、流向变化剧烈的河段，以坝为主，以垛为辅；对河道狭窄、主流横向摆动不大的河段，则以短坝为主，护坡为辅。由于泥沙问题是游荡型河段难以治理的主要原因，要彻底治理好此种类型河段，应坚持标本兼治、综合处理的方针，即采取"上拦下排，两岸分滞"控制洪水，"拦、排、放、调、挖"处理和利用泥沙。

3. 分汊型河段

分汊型河段一般多出现在河流的中、下游，往往位于上游有节点或较稳定的河道边界条件、流量变幅与含沙量均不过大、沿岸组成物质不均匀的宽阔河谷中。其特点是中水河床在形态上呈现为宽窄交替，宽段存在江心洲，将水流分成两股或多股。

分汊型河段在发展演变过程中主要是洲滩的移动，江心洲在水流的作用下，洲头不断冲刷坍塌后退，洲尾不断淤积延伸，使江心洲缓慢向下游移动；主、支汊的交替兴衰也是其演变特征之一，但周期较长。相对来讲此类河道应当是较稳定的。

在整治分汊型河段时，应首先研究上游河势与本河段河势变化的规律，采取措施稳定上游河势，调整水流和分流水沙比。具体可在分汊河段上游节点处、汊道入口处、弯曲汊道中局部冲刷段以及江心洲首部和尾部分别修建整治建筑物。

四川都江堰水利工程（图 7-5），其在江心垒砌的分水嘴起到分配外江、内江之间流量和稳定江心洲的作用，同时在分汊下游弯曲河道中局部冲刷段以及江心洲尾部分别修建整治建筑物。

在一些多汊的河段或两股汊道流量相差较大的河段，当通航或引水要求增加某

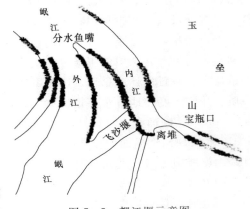

图 7-5 都江堰示意图

一汊道的流量时，可以采用堵汊并流、塞支强干的方法。堵汊的措施视情况不同，可修建挑水坝或锁坝等，对主、支汊有明显兴衰趋势的河段，宜修建挑水坝，将主流逼向另一汊，以加速其衰亡；在中小河流上，为取得较好的整治效果，通常修建锁坝堵汊，在含沙量大的河流上，宜修建透水锁坝，而含沙量小的河流宜采用实体锁坝。当堵塞的汊道较长或汊道比降较大时，也可修建几道锁坝，以保证建筑物的安全。

4. 顺直型河段

顺直型河段往往处于顺直、狭窄的河谷中，或者处于由黏土与沙黏土组成的发育较高的河漫滩和有人工控制情况的宽阔河谷中。中水河床比较顺直或稍有弯曲，河床两侧常有犬牙交错的边滩，深泓线在平面和纵剖面上均呈波状曲线，浅滩与深槽相间，滩槽水深相差不大。例如蜿蜒型河段中比较长的过渡段可以视为顺直型河段，如图 7-6 所示。

顺直型河段的演变特点是边滩在水流的作用下，与河岸发生相对运动，不断平行下移，深槽与浅滩则在水流冲淤作用下不断易位，所以主流深槽和浅滩位置都不稳定，对防洪、航运和引水都不利。

对顺直型河段的整治，应从研究边滩运动规律开始，当河势向有利方向发展时，及时采取措施将边滩稳定下来，然后在横向环流的作用下，河湾形成、发展，当形成有适度弯曲的连续河湾时，采用护岸工程将凹岸保护起来，从而得到有利的河势。对于稳定

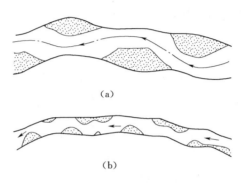

图 7-6 顺直型河段示意图
(a) 浠水关口河段；(b) 韩江高坡河段

边滩的措施，可采用淹没式正挑丁坝群，以利于坝挡落淤，促使边滩淤长，对于多泥沙河道，可采用编篱枋槎等简易措施或其他促淤设施，防冲落淤。当边滩个数较多时，施工程序应从最上游的边滩开始，然后视下游各边滩的变化情况逐步进行整治。

四、河道整治建筑物

河道整治建筑物，即河工建筑物，是以河道整治为目的所修筑的建筑物。按建筑材料和使用年限，可分为轻型（或临时型）和重型（或永久型）整治建筑物；按建筑物与水位的关系，可分为淹没式建筑物和非淹没式建筑物；按建筑物对水流的干扰情况，又可分为透水建筑物、非透水建筑物和环流建筑物。

在整治建筑物中最常用的是护岸工程，它是为保护河岸、防止水流冲刷、控制河势、固定河床而修建的河工建筑物，分为平顺护岸、丁坝护岸和顺坝、锁坝护岸。

（一）平顺护岸工程

平顺护岸是采用具有抗冲性的材料平行覆盖于河岸，以抵抗水流的冲刷，起到保护岸坡的作用。其特点是不挑流，水流平顺，不影响泄洪和航运，但防守被动，重点不突出。按照水流对岸坡的作用和施工条件，可分成护脚工程、护坡工程和滩顶工程三部分。设计枯水位以下为护脚工程，也称护根、护底工程，设计洪水位加波浪爬高和安全超高以上的称为滩顶工程，两者之间为护坡工程。

1. 护脚工程

护脚工程因长年在水下工作，要求能抵御水流的冲刷及推移质的磨损，具有较好的整体性且能适应河床变形，及较好的水下耐腐性。常用的传统形式有抛石护脚、石笼护脚、沉枕、沉排护脚等，新型材料如土工织物近年正被广泛采用。

抛石护脚是在需要防护的地段从深泓线到设计枯水位抛一定厚度的块石，以减弱水流对岸边的冲刷，稳定河势，如图 7-7 所示。其特点是防护效果明显，施工简便易行，工程造价低。设计时主要考虑块石尺寸、稳定坡度、抛石范围和厚度、抛石落距及稳定加固工程量等。施工时应采用先进科学的管理方法来保证施工质量，提高工程管理效率。

石笼护脚是用铅丝、竹篾、荆条等编成各种网格的笼状物，内装块石、卵石或砾石做成的护底材料，如图 7-8 所示。其主要优点是可以充分利用较小粒径的石料，具有较大体积和质量，整体性和柔韧性均较好。近年得到广泛运用。

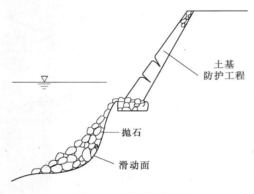

图 7-7 抛石护脚图

图 7-8 石笼护脚

沉枕包括柳石枕和土工织物枕。柳石枕是在梢料内裹以石块，捆扎成直径为 0.8～1.0m 的柱状物体，主要用于新修护岸，见图 7-9。特点是具有一定的柔韧性，入水后紧贴河床，同时可以滞沙落淤。土工织物枕则是由土工织物和沙土填充物构成。

沉排护脚也有柴排和土工织物软体沉排（图 7-10）两类。柴排是用上下两层梢枕做成网格，其间填以捆扎成方形或矩形的梢料（多采用秸料或苇料），上面再压石块的排状物。其厚度根据需要而定，一般为 0.45～1.0m，长度一般为 40～50m，宽度为 8～30m。其主要优点是整体性和柔韧性强，同时坚固耐用，但用料多、成本高，且制作技术和沉放要求较高。土工织物软体沉排则是由聚乙烯编织布、聚氯乙烯塑料绳和混凝土块组成，编织布是沉排的主体，塑料绳相当于排体的骨干，分

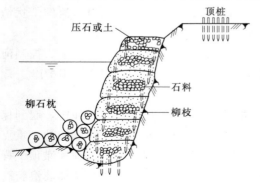

图 7-9 柳石枕

上下两层，混凝土块用尼龙绳固定在网上。

2. 护坡工程

护坡工程主要受到水流冲刷作用，波浪的冲击及地下水外渗的侵蚀，要求建筑材料坚硬、密实，长期耐风化。护坡主要由脚槽、护坡坡面、导滤沟等组成。脚槽主要起到支承坡面不致坍塌的作用；护坡由面层与垫层组成，垫层起反滤作用，面层块石大小及厚度，应能保证在水流和波浪作用下不被冲走；导滤沟设在地下水逸

图 7-10　沉排护脚

出点以下，间距与沟的尺寸视地下渗水流量而定，一般沟的间距为 10m，断面尺寸为 0.6m×0.5m。

3. 滩顶工程

滩顶工程位于设计洪水位加波浪爬高和安全超高以上，该部分的破坏可能会由下层工程的破坏引起，但主要是承受雨水冲刷和地下水的侵入。在处理时，可先平整岸坡。然后栽种树木，铺盖草皮或植草，同时应开挖排水沟或铺设排水管，并修建集水沟，将水分段排出。

图 7-11 为几种常用的平顺护岸断面图。

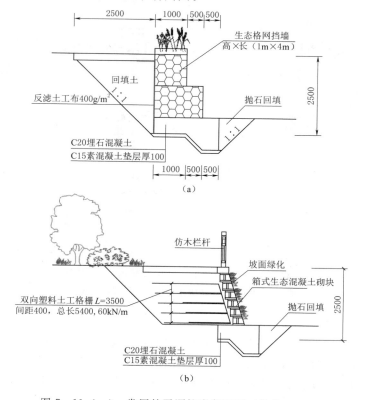

图 7-11（一）　常用的平顺护岸断面图（单位：mm）
（a）生态格网挡墙护岸；（b）箱式生态混凝土砌块挡墙护岸

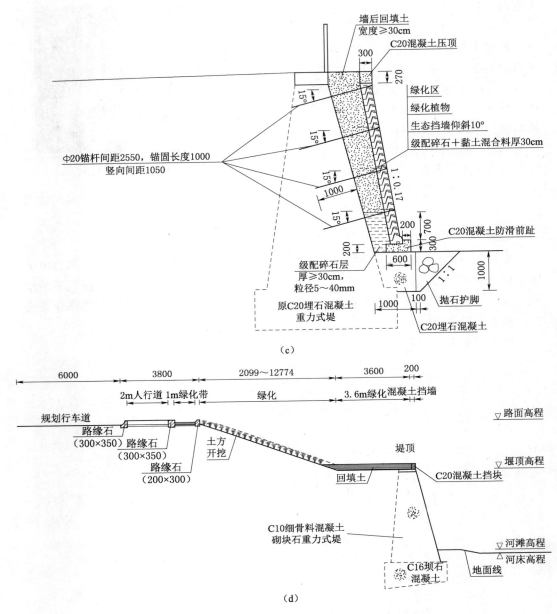

图 7-11（二） 常用的平顺护岸断面图（单位：mm）

(c) 硬质挡墙柔化护岸；(d) 重力式挡墙护岸

（二）丁坝工程

丁坝是一端与河岸相连，另一端伸向河槽的坝形建筑物。丁坝由坝头、坝身和坝根三部分组成，起到挑流和导流的作用，但同时因丁坝改变了水流结构，还可能在坝头位置出现较大的冲刷坑，影响丁坝本身的安全。丁坝的种类很多，根据丁坝坝身透水情况，可分为透水丁坝和不透水丁坝；按坝轴线与水流方向的夹角分为上挑丁坝、正挑丁坝和下挑丁坝，如图 7-12 所示。按丁坝对水流的干扰情况，可分为长丁坝和短丁坝。

特别短的丁坝又常称为矶头、盘头、垛等，按其平面形状可分为人字坝、月牙坝、雁翅坝、磨盘坝等，如图 7-13 所示。这种坝工主要起迎托主流、消杀水势、防止岸线崩退的作用。同时，由于施工简便，防塌效果明显，在稳定河道和汛期抢险中经常采用。

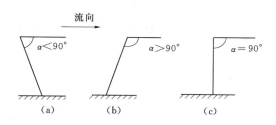

图 7-12　坝轴线与水流方向夹角不同的丁坝
(a) 上挑丁坝；(b) 下挑丁坝；(c) 正挑丁坝

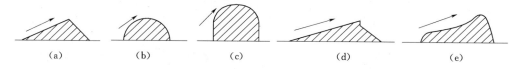

图 7-13　坝垛的平面形态
(a) 人字坝；(b) 月牙坝；(c) 磨盘坝；(d)、(e) 雁翅坝

水流在丁坝之间呈回流状态，流速减缓，使水流中挟带的泥沙沉积。落淤情况和丁坝的位置、间距、坝高、坝长以及坝头的形状有关，也与河道的流量、坡降、含沙量有关。合理而又经济的丁坝间距，应达到既充分发挥每个丁坝的作用，合理分担水势，又能保证两坝间不发生冲刷，保证坝体安全。现阶段大多通过模型试验进行分析研究，也可参考类似工程经验分析。我国黄河下游多采用坝长的 81%～104% 倍，效果较好；长河下游段曾使用坝长的 8～10 倍，险情频发。实际中可采用坝长或河槽水面宽度的 1～3 倍。

丁坝的结构形式也较多，除了传统的沉排丁坝、土丁坝、抛石丁坝、柳石丁坝和枬槎丁坝外，还有一些轻型的丁坝，如工字钢桩插板丁坝、钢筋混凝土井柱坝、竹木导流屏坝和网坝等。在选择时应考虑水流条件、河床地质及丁坝的工作条件，按照因地制宜、就地取材的原则进行。

（三）顺坝、锁坝护岸工程

顺坝是顺着水流方向沿整治线修建的坝形建筑物，它的上游与河岸相连，下游则与河岸有一定的距离。其作用是束窄河槽，引导水流，有时也做控导工程。顺坝也分淹没式与非淹没式，如为整治枯水河床，则坝顶略高于枯水位；如为整治中水河床，则坝顶与河漫滩齐平；如为整治洪水河床，则坝顶略高于洪水位。有时为了加速淤积，防止冲刷，常在坝身和岸边修筑格坝。顺坝与格坝如图 7-14 所示。

锁坝是一种横亘于河中而在中水位或洪水位时允许水流溢过的坝。其作用主要是调整河床，堵塞支汊，保持主河道有一定水深，以利通航。锁坝类型有透水锁坝和实体锁坝两种。锁坝的位置和长度，一般依据河床的具体条件而定，通常建造在汊道的中部或略偏上游处，当汊道较长时也可修筑两道或三道。其结构形式、修筑方法和使用材料，与顺坝、丁坝类似。

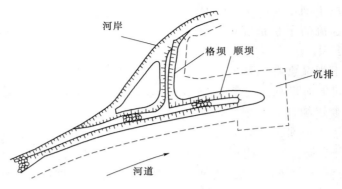

图 7-14 顺坝与格坝

【知识拓展】

利用手机和网络等现代信息技术，收集整治河道的最新工程措施和施工方法。

【课后练习】

扫一扫，做一做。

第二节 防 洪 工 程

7-2

防洪工程

【课程导航】

问题1：防洪规划制定的原则是什么？

问题2：防洪的工程措施和非工程措施有哪些？

一、概述

洪水是江（河）湖水位急剧上涨、来水峰高量大的一种自然现象。通常由暴雨、久雨不晴、风暴潮或融冰化雪等原因形成。中国大部分地区以暴雨洪水为主，在东北和西北地区，也有因融冰化雪形成洪水的。天气变化是造成暴雨进而引发洪水的直接原因。

防洪减灾工作体系是指针对某特定流域或地区，为控制或基本控制常遇洪水，并对超过防御标准的稀遇洪水有应急对策，所采取的工程措施与非工程措施的综合体系。

二、防洪规划

防洪规划是江河流域总体规划的一个组成部分，是根据防洪标准，为防治洪水而采取的一系列综合治理措施。其目的是全面提高江河流域或地区抗御洪水的能力，保障人民生命财产安全，创造安宁的生产生活环境和良好的生态环境，促进社会经济可持续发展。

1.防洪规划的内容

（1）调查研究流域保护区域的基本概况，包括自然地理条件、水文气象和洪水特征、社会经济状况和今后发展趋向。

（2）根据历史洪灾成因及灾情、现有防洪设施、河道安全泄量与抗御洪水的能力、各部门对防洪的要求等，拟定防洪标准，包括拟定河段的设计洪水标准和设计水位。

（3）根据各河段不同防护对象的重要性，洪灾破坏的直接、间接损失，结合防洪措施的具体条件，进行技术经济分析，研究防洪措施。本着除害与兴利相结合，上中下游兼顾，干支流全面规划，统筹考虑。

2. 防洪标准

防洪标准是指防洪保护对象要求达到的防洪（防潮）能力，由所保护地区的重要性而确定。一般可分为重点区、重要区和一般区。重点区为受灾后在政治、经济、国防上发生重大影响，或导致严重后果的地区，其标准应当定得较高；一般区为田亩不多，受灾后影响范围较小，经济损失也不大的地区，防洪标准可低一些；重要区介于上述两者之间，防洪标准低于前者高于后者。

防洪标准的选定方法可以按国家现行规定，依据《防洪标准》（GB 50201—2014），取防护区内要求较高的防护对象的防洪标准。也可以根据流域的特点或各省的情况，采用各流域、各省的统一标准。如长江中下游地区，统一采用实际年法，即以 1954 年实际洪水加 2m 的安全超高，作为长江干流的防洪标准；黄河下游则是按 1958 年洪水为标准。

防洪规划编制的步骤一般是：先进行调查研究，收集资料；其次是整理分析资料；最后比较多种防洪措施，选择最佳方案。

三、防洪措施

防洪措施是防洪规划的具体表现，是指防止或减轻洪水灾害损失的各种手段和措施，包括工程措施和非工程措施。

（一）工程防洪措施

工程防洪措施包括筑堤防洪、蓄洪、分洪、泄洪、滞洪、蓄洪垦殖、水土保持等，分别扼要介绍如下。

1. 筑堤防洪

筑堤防洪是平原地区历史最悠久的防洪措施，也是目前防洪的重要措施之一。堤防是一种挡水建筑物，沿河岸、渠岸、湖岸和海岸修筑，或沿行洪区和围垦区的边缘修筑。作用主要是保护河流两岸平原洼地内的农田、村庄和城市免受洪水淹没。

堤防按修筑的位置可分为河堤、江堤、湖堤、海堤以及水库与蓄滞洪区低洼地区的围堤等，按功能可分为干堤、支堤、子堤、遥堤、隔堤、行洪堤、防洪堤，围堤和防浪堤等，按建筑材料可分为土堤、石堤、土石混合堤和混凝土防洪墙等。我国除建有许多江堤、河堤、湖堤防御洪水外，在沿海地带还建有漫长的海堤（或叫海塘），防御海潮和台风的袭击。

防洪堤的设计主要考虑堤线布置、堤顶高程和断面形式三个主要问题。堤线要平顺，河道两岸有足够的堤距，不缩窄河床，能使河道泄水通畅；堤顶高程等于设计洪水位或设计高潮位加堤顶超高；堤坝的断面与结构形式有关，《堤防工程设计规范》（GB 50286—2013）规定：1 级堤防堤顶宽度不宜小于 8m，2 级堤防堤顶宽度不宜小于6m，3级堤防堤顶宽度不宜小于3m；1、2级土堤的堤坡不宜陡于1：3.0。由于堤线较长，一般土堤采用均质的梯形断面，为了增加堤身边坡的稳定性，有时在堤的一侧或两侧修筑戗台。在风浪较大的地方用石料或混凝土修建护坡。在交通要道处，为了上下堤方便，需要修建马道。

2. 蓄洪

利用山谷水库和湖泊洼地调蓄汛期洪水，防止洪水灾害的措施叫做蓄洪。在河流的上中游兴建水库，拦蓄汛期部分或全部洪水，待汛期过后，再将库内拦蓄的水量利用水利枢纽中的泄水建筑物有计划地下泄。这样一方面拦蓄了洪水，削减了洪峰；另一方面还可以利用拦截洪水形成的落差发电。此外，在灌溉、航运、养鱼等方面也有很大的效益。如长江三峡水利枢纽是长江中下游防洪体系中的关键性骨干工程，控制流域面积100万 km²，是一座以防洪为主，兼顾发电、航运等多目标的综合利用工程。总库容达393亿 m³，其中防洪库容221.5亿 m³，混凝土重力坝坝身共设有23个深孔和22个表孔，最大泄洪能力为11.6万 m³/s，可使荆江河段防洪标准从十年一遇提高到百年一遇。遇千年一遇或更大洪水时，配合分洪、蓄洪工程的运用，可防止荆江大堤溃决，减轻中下游洪灾损失和武汉市的洪水威胁，并为洞庭湖区的根治创造条件。

3. 分洪

堤防防御洪水的能力是有一定限度的，如果超过设计防洪标准，就要采取其他防洪措施来确保堤防的安全，分洪就是其中之一。为了保障保护对象的安全，当河道洪水位将超过保证水位或流量将超过安全泄量时，把超额洪水有计划地分泄于湖泊、洼地，或分注于其他河流，或直泄入海，或绕过保护区在下游仍返回原河道。

（1）直接分流入海。在河流的下游，入海口泄洪不畅，地形条件又允许新开河道，就可直接分流入海。如海河流域防洪规划新开了20多条分洪道直接分流入海，独流减河是最早的一条入海分洪道如图7-15所示。

（2）分流入其他河道。一条河流与相邻河流发生洪水的时间经常不同，这时可将这一条河流容纳不下的部分洪水分入相邻的河流。例如苏北的淮沭新河，就是准备当淮河再遭遇1931年型洪水时，分3000m³/s的淮河洪水通过新沂河入海，如图7-16所示。

（3）分入泛洪区并绕泄至下游。当河段狭窄不能容纳下泄洪水，而由防洪堤所保护的范围又十分重要时，如有合适的地形，可分洪入泛洪区并绕泄至下游，如长江上的荆江分洪工程和汉水的杜家台分洪工程。

4. 泄洪

扩大河道过水能力，使洪水能畅通下泄所采取的措施，叫做

图7-15 独流减河（分洪入海）

泄洪。这些措施包括加高培厚防洪堤（增加河道泄洪能力）、整治河道、扩大行洪区等。整治河道包括拓宽和浚深河槽（图7-17）、裁弯取直、消除阻碍水流的障碍物等，使洪水河床平顺通畅，从而加大泄洪能力。疏浚是采用人力、机械和爆破等方式进行作业，整治则是修建整治建筑物来影响水流流态。两者常互相配合使用。

有些河流为了宣泄特大洪水，除对中、下游阻水河段采取整治

图7-16　淮沭新河（分淮入沂）

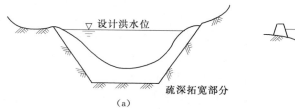

图7-17　疏浚展宽河道
(a) 疏浚拓宽河道横断面；(b) 展宽河道横断面

措施外，还采取开辟行洪区的临时措施。当遇到特大洪水时，在事先预定的河段将干堤间阻水的圩堤临时拆除，利用圩内的耕地通过洪水，以扩大过水断面，降低行洪区上游的水位，从而减轻洪水的威胁。行洪区在一般年份可照常耕种。

5. 滞洪

利用河道附近的湖泊和洼地，引进一部分洪水临时蓄积起来，待洪峰过后再排入原河道，称为滞洪。为了充分发挥江河旁侧湖泊、洼地的滞洪作用，需建闸控制。在河道低水位期开闸预降湖泊、洼地的水位，然后关闸防止倒灌，直至洪峰来到时，开闸引水，削减洪峰，待洪峰过后，再将滞水放出。滞洪示意图如图7-18所示。

利用湖泊、洼地滞洪和前述利用湖泊、洼地蓄洪及分洪有相同点也有不同之处。其相同点是三者都能削减洪峰，减轻下游洪水威胁。不同点在于蓄洪是河道穿过湖泊、洼地，在出口处建闸，在汛期可同时兼施蓄泄；滞洪是利用河

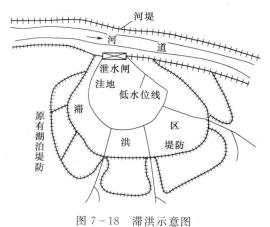

图7-18　滞洪示意图

道旁侧的湖泊、洼地，进出口合建一个闸，在汛期不能同时兼施蓄泄，只有先滞蓄后排泄；分洪是利用河道旁侧的湖泊、洼地，在进口建一个闸，在出口另建一个闸，可以同时滞蓄和排泄，如图 7-19 所示。一般地讲，蓄洪是蓄而为用，滞洪是滞而不用，故水库的防洪库容在正常高水位以上的部分也叫做滞洪库容。

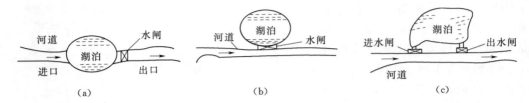

图 7-19　蓄洪、滞洪、分洪原理比较示意图
(a) 蓄洪；(b) 滞洪；(c) 分洪

6. 水土保持

水土保持是一种针对高原及山丘区水土流失现象而采取的根本性治山治水措施，它对减少洪灾很有帮助。河道演变逐渐向恶化方向发展，其主要原因是受流域内上游地区水土流失的影响。为此，要与当地农田基本建设相结合，综合治理并合理开发水、土资源；广泛利用荒山、荒坡、荒滩植树种草，封山育林，甚至退田还林；改进农牧生产技术，合理放牧、修筑梯田、采用免耕或少耕技术；大量修建谷坊、塘坝、小型水库等工程。这些措施有利于尽量截留雨水，减少山洪，增加枯水径流，保持地面土壤防止冲刷，减少下游河床淤积，这不但对防洪有利，还能增加山区灌溉水源，改善下游通航条件等。

(二) 非工程防洪措施

非工程措施是 20 世纪 50 年代以来逐步形成的防洪减灾的一种新概念。它是通过行政、法律、经济和技术等手段，调整洪水威胁地区的开发方式，加强防洪管理，以适应洪水的天然特性，减轻洪灾损失，节省防洪基建投资和工程维修管理费用。

我国现阶段建成使用的非工程防洪措施主要有以下方面。

1. 洪水预报和警报系统

在洪水到达之前，利用卫星、雷达、计算机收集到的实时水文气象数据，进行综合处理，作出洪峰、洪量、洪水位、流速、到达时间、洪水历时等洪水特征的预报，及时提供给防汛指挥部门进行洪水调度，必要时对洪泛区发出警报，组织居民撤离，以减少洪灾损失。

2. 防汛指挥调度通信系统

目前，国家已基本建成连接七大流域管理机构和 21 个重点省、市防汛指挥部的微波干线和微波站，并先后在长江荆江分洪区和洞庭湖区、黄河的三花（三门峡至花园口）区间和北金堤滞洪区、淮河正阳关以上蓄洪区等，建成了融防汛信息收集传输、水情预报、调度决策为一体的通信系统。

3. 洪泛区管理

中华人民共和国成立后，我国相继颁布了《中华人民共和国水法》《中华人民共和国防洪法》《中华人民共和国河道管理条例》等法规，用以管理和约束洪泛区的建设与发展。按洪水危险程度和排洪要求，将不宜开发区和允许开发区严格划分开。允许开发区也根据可能淹没的概率规定一定用途，并通过政府颁布法令或条例进行管理，防止侵占行洪区，达到经济合理地利用洪泛区。同时，应限制洪泛区的人口自然增长率，鼓励人口外流，限制人口内迁。

4. 洪水保险和防洪基金

洪水保险，即对淹没概率不同的地区，对开发利用者强制收取不同保险费，从经济上约束洪泛区的开发利用。中国人民保险公司自 1980 年恢复以来，也开展了此项业务，在 1981 年四川大水，1991 年上海大暴雨，1998 年长江、松花江大洪水等的善后处理中，起到了良好作用。

防洪基金是政府性基金，所收费用全部用于重点防洪保安工程建设与维护、大中型病险水库的处理，收取对象为有销售收入的企、事业单位和城乡个体户以及在职职工，个体工商户的防洪基金由各地方工商局代收，上缴财政。

第七章
练习题

第七章
测试卷

【知识拓展】

1. 利用网络或调研方式，了解某实际工程所采取的防洪工程措施和非工程措施有哪些？

2. 利用网络或调研方式，了解某实际防洪工程所采取水土保持措施有哪些？

【课后练习】

扫一扫，做一做。

【阶段测试】

扫一扫，做一做。

第八章 水利工程施工

【知识目标】

1. 了解水利工程施工的特点和内容。

2. 掌握施工导流的方式和截流的过程。

3. 了解土方及地下工程的开挖方法、常用的开挖机械和土方压实的方法。

4. 掌握钢筋的加工方式。

5. 掌握混凝土浇筑的工艺流程。

6. 了解水利工程施工组织的作用、分类、施工进度计划和施工方案编制。

【能力目标】

1. 初步具备根据不同情况确定导流与截流方法的能力。

2. 初步具备根据具体情况选择水利工程施工方法的能力。

【素养目标】

1. 树立正确的学习观念，具备独立思考、有效沟通与团队合作的能力，具备一定的国际视野及服务社会的信念与态度。

2. 收集与本次课有关的专业信息，了解水利工程施工技术革新的信息，了解相关技术对环境、社会及全球的影响。

3. 有良好的思想品德、道德意识和献身精神，培养"追求卓越、精益求精、用户至上"的工匠精神。

【思政导引】

志丹苑水闸——用工匠精神铸就精品

2001年5月，位于上海延长西路与志丹路交叉路口的志丹苑遗址被发掘。志丹苑遗址是一座建于元代的水闸遗址，总面积 $1300m^2$ 左右，整座水闸由闸门、闸墙、过水石面、木桩等组成。从保存现状看，志丹苑水闸设计精心、结构严密，所用石、木、铁质材料等皆经过精心选材，做工考究，是迄今考古发现的保存最好的元代水闸遗址。通过对志丹苑遗址的考古发现，其水闸施工大致分为三个步骤：

第一步，基础工程。志丹苑水闸基础采用密集的木桩和夯实基础，这是对软土地基常用的处理方法，至今依然使用这类手段提高土质地基的承载力。所谓"石工之坚与不坚，全视底桩之有力无力"。志丹苑水闸所选木料基本为松木，这也与《水利集》的记载相同，书中称"下桩，用松桩"。木桩根据长短、粗细还有上、中、下的质量之分，"上等长者一丈八尺，径一尺"，可做石桩，也就是处于水闸之下，作为支撑水闸主体的木桩。而中等者，直径为九寸、七寸，分别作为撒星桩、挨桩。根据考古发现，志丹苑水闸使用木桩总数估计在万根左右，其直径大致为 20~30cm。这些木桩从闸底一直铺设到水闸主体以外，形成了范围较大的基础工程。志丹苑水闸遗址发掘时，还发现在木桩之间特别是在近桩顶部的空隙之间有用瓦砾、砂土等夯实的迹象。

第二步，水闸主体工程：在志丹苑水闸主体施工时，首先铺设龙骨本，然后再铺衬石枋（万年枋）。《水利集》中对龙骨木、衬石枋的尺寸和铺设方法都有详细的要求。比如龙骨木一般"长二丈，径一尺"，铺设时"顺闸安置"。衬石枋要"长二丈，阔一尺二寸"，拼缝处还要用铁钉加固。志丹苑水闸在过水石面以下发现有木板，应该就是所谓的龙骨木和衬石枋。从局部解剖来看，衬石枋呈窄条形，宽的数厘米，沿水流方向顺铺。

衬石枋铺设完成后，铺设石板，也就是过水石面，又称底石。志丹苑水闸过水石面的石板都是精心打造的，石板的边缘都做出企口，拼合时可防止移位。同时，为了加强石板间的连接，在两石接缝处还凿缝以铁锭榫连接。

底石铺设完成后，建造闸门和闸墙。闸门由两根粗大的长方体青石柱组成，相对的内侧留有凹槽，以便闸板上下。志丹苑水闸闸墙以闸门为中心，自下而上垒砌。闸墙砌石，有着严格的要求，砌好后，外面石缝务须严密，以竹篾签试不入为好。砌好之后外面还要勾缝，使其严整，防止水流冲刷破坏。为了防止闸墙向河内倾斜，志丹苑水闸建造时采用暗收的方法，每层石条边缘凿出数厘米凸脊，垒砌时自下而上逐层向内收敛。

第三步，石闸加固工程：水闸主体建好后，还需要采取一些加固措施，以防止水闸整体位移。志丹苑水闸在闸墙外砌有砖墙，宽 1m 左右，闸墙与砖墙高度相当，两者之间填灰浆。在砖墙外还堆砌荒石，荒石形状不规则，表面加工痕迹明显，为切割石条、石板等留下的边角料，当为废物利用。闸墙、砖墙、荒石三者牢固连接成一体。

此外，为了保证建筑物的稳定，在水闸主体和岸边，工人们用大量的砖瓦碎砾、陶瓷残片等掺合泥土夯实。为了检查夯筑质量，监工常常使用锥试注水的方法，观察渗水的速度，以判断是否达到工程要求。

上述表明，志丹苑水闸的设计和施工是十分严谨的，这一点还可以从木桩上的注记得以证明。除了有官方戳印之外，还发现在木桩上部有许多墨书题记，如"地立佰柒拾号""黄立三佰肆拾号"等。题记的首字"地""黄"应该是"天地玄黄"的顺序，它是《千字文》开篇的第一句话。由于《千字文》的广泛影响，后来计数也用了《千字文》的文字顺序。志丹苑水闸木桩上桩号的题记，说明施工中每一个细节都有详细记录，也表明了志丹苑水闸的重要性。

第一节 水利工程施工的特点和内容

【课程导航】

问题 1：水利工程施工有哪些特点？

问题 2：水利工程施工的内容有哪些？

8-1

水利工程施工的特点和内容

一、水利工程施工的特点

水利工程施工受自然条件的影响较大，涉及专业工种较多，施工组织和管理比较复杂。一般水利工程施工具有以下特点。

（1）受水流影响较大。水利水电工程施工多在河流上进行，因而需要采取导流、截流、基坑排水、施工度汛、施工期通航及下游供水等措施，以保证工程施工的顺利进行。

（2）受地形地质及水文地质条件影响较大。水利水电工程施工经常遇到复杂的地形地质条件，如岩溶、软弱夹层、断层破碎等，因而要进行相应的地基处理，以保证施工质量。

（3）受水文气象条件影响较大。水利水电工程多为露天施工，需要采取适合冬季、夏季、雨季等不同季节的施工措施，保证工程施工质量和进度。

（4）质量安全问题突出。水利水电工程一般都是挡水或过水建筑物，这些建筑物的安全往往关系到国计民生和下游千百万人民生命财产的安全，因此必须确保施工质量与安全。

（5）施工安全隐患多。水利水电施工中的爆破工程、高空作业、地下作业等常平行交叉进行，对施工安全很不利，施工中需要全方位注意施工安全，防止发生安全事故。

（6）施工组织复杂。水利水电工程由许多单项工程组成，工程量大、工种多、施工强度高、施工干扰大。因此，要统筹规划，重视施工现场的组织与管理，运用系统工程学原理，因时因地选择最优的施工方案。

（7）临时辅助设施多。水利水电工程往往在交通不便的地区，施工准备工作量大，需要修建为施工服务的场内外交通道路和辅助设施，还需要修建生活、办公用房等。

（8）涉及利益广。水利水电工程往往涉及其他许多经济部门的利益，所以水利工程施工必须全面规划、统筹兼顾、合理安排。

二、水利工程施工的内容

水利水电工程施工内容主要包括以下九个方面。

（1）施工准备工程，包括技术准备、物资准备、劳动组织准备、施工现场准备、施工场外准备等内容。

（2）施工导流工程，包括导流、截流、围堰及度汛、临时孔洞封堵与初期蓄水等。

（3）地基处理，包括桩基、防渗墙、灌浆、沉井、沉箱以及锚喷等。

（4）土石方施工，包括土石方开挖、土石方运输、土石方填筑等。

（5）混凝土施工，包括混凝土原材料制备、储存，混凝土制备、运输、浇筑、养护，模板制作、安装，钢筋加工、安装，埋设件加工、安装等。

（6）金属结构安装，包括闸门安装、启闭机安装、钢管安装等。

（7）水电站机电设备安装，包括水轮机安装、水轮发电机安装、变压器安装、断路器安装以及水电站辅助设备安装等。

（8）施工机械，包括挖掘机械、铲土运输机械、凿岩机械、疏浚机械、土石方压实机械、混凝土施工机械（如水泥储运系统、砂石集料加工系统、混凝土搅拌设备、混凝土运输设备、混凝土平仓振捣设备）、超重运输机械、工程运输车辆等。

（9）施工管理，包括施工组织、监督、协调、指挥和控制。按专业划分为计划、技术、质量、安全、供应、劳资、机械、财物等管理工作。

【知识拓展】

查阅相关资料，进一步加深对水利工程施工特点和内容的理解。

【课后练习】

扫一扫，做一做。

第二节　施工导流与截流

8-2 ▶
施工导流

【课程导航】

问题1：什么是施工导流？导流方式有哪些？各适用于什么情况？

问题2：什么是截流？截流方式有哪些？各适用于什么情况？

一、施工导流

河流上修建水利水电工程时，为了使水工建筑物能在干地上施工，需要用围堰围护基坑，并将河水引向预定的泄水通道往下游宣泄，这就是施工导流。广义上说施工导流工程可概括为采取"导、截、拦、蓄、泄"等工程措施解决整个施工过程与河道水流蓄泄之间的矛盾，避免水流对建筑物造成不利影响。

导流方式大体分两类：一是河床外导流，即用围堰一次性拦断全部河床，将河道水流引向河床外的明渠、隧洞或涵管等建筑物，并导向下游；二是河床内导流，采用分期导流，即将河床分段用围堰挡水，使河道水流分期通过被束窄的河床或坝体底孔、缺口、坝下涵管、厂房等建筑物，并导向下游。

（一）全段围堰法导流

全段围堰法导流是指在河床外距主体工程轴线（大坝、水闸等）上下游一定距离各修筑一道拦河围堰，使河道中的水流经河床处修建的临时泄水道或永久泄水建筑物下泄，待主体工程建成或者接近建成时，再将临时泄水道封堵或者将永久泄水建筑物的闸门关闭。

该方法一般适用于枯水期流量不大，河道狭窄的中小河流，按其导流泄水建筑物的类型可分为明渠导流、隧洞导流、涵管导流等。

1. 明渠导流

明渠导流为在河床一侧设置导流明渠，将河水导向下游的泄水方式，如图8-1所示。明渠导流方式适用于河流流量较大，河床一侧有较宽台地、垭口或古河道的坝址。后期导流需要时，可在混凝土坝上设置导流底孔或缺口；土石坝可设置泄水孔。

2. 隧洞导流

隧洞导流是在河岸边开挖隧洞，在基坑的上下游修筑围堰，施工期间河道的水流

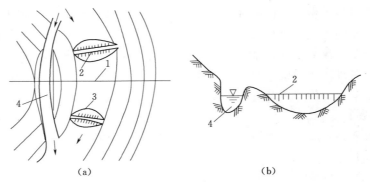

图 8-1 明渠导流示意图

（a）平面图；（b）剖面图

1—坝轴线；2—上游围堰；3—下游围堰；4—导流明渠

由隧洞下泄，见图 8-2。这种导流方式适用于河谷狭窄、两岸地形陡峻、地质条件良好、分期导流和明渠导流均难以采用的山区河流。

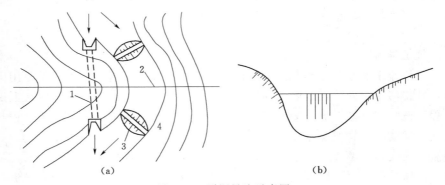

图 8-2 隧洞导流示意图

（a）平面图；（b）剖面图

1—隧洞；2—坝轴线；3—围堰；4—基坑

3. 涵管导流

涵管导流是利用埋置在坝下的涵管将河水导向下游的导流方式，见图 8-3。这种导流方式在土石坝工程中采用较多。由于涵管的泄水能力较低，所以一般用于流量较小的河流上或只用来担负枯水期的导流任务。

（二）分段围堰法导流

分段围堰法导流也称河床内导流或者分期围堰法导流，见图 8-4。通常在流量较大的平原河道或河谷较宽的山区河流上修建混凝土坝枢纽时采用，还可以满足通航、过木、排冰等要求。

所谓分段，就是将河床围成若干个干地基坑，分段施工。所谓分期，就是从时间上将导流过程分为若干阶段。分段和分期的数量不一定相同，段数越多，施工越复杂，期数越多，工期拖延越长。因此，工程中两段两期导流采用得最多。如图 8-5 所示。

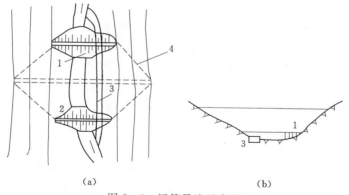

图 8-3　涵管导流示意图

（a）平面图；（b）剖面图

1—上游围堰；2—下游围堰；3—涵管；4—坝体轮廓线

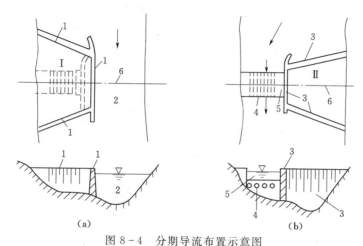

图 8-4　分期导流布置示意图

（a）一期导流（束窄河床导流）；（b）二期导流（底孔与缺口导流）

1—一期围堰；2—束窄河床；3—二期围堰；4—底孔；5—坝体缺口；6—坝轴线

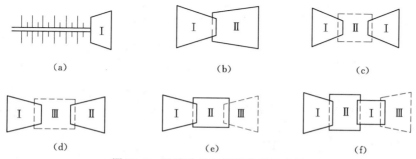

图 8-5　导流分期与围堰分段示意图

（a）两期一段围堰；（b）两期两段围堰；（c）两期三段围堰；（d）三期三段
围堰之一；（e）三期三段围堰之二；（f）三期四段围堰

分期导流按不同时期泄水道的特点又可分为：束窄河床导流和通过永久建筑物导流。

1. 束窄河床导流

束窄河床导流通常用于分期导流的前期阶段，特别是一期导流。其泄水道是被围堰束窄后的河床。当河床覆盖层是深厚的细土粒层时，则束窄河床不可避免会产生一定的冲刷。对于非通航河道，只要这种冲刷不危及围堰和河岸的安全，一般都是许可的。

2. 通过永久建筑物导流

（1）永久泄水建筑物导流。修建低水头闸坝枢纽时，一期基坑中通常布置有永久性泄水建筑物，可供二期导流泄水使用。如葛洲坝工程一期基坑中布置有泄水闸和冲沙闸，二期导流时，泄水闸正常导流泄水使用，遇到特大洪水时，冲沙闸也参与二期导流。

（2）底孔导流。利用设置在混凝土坝体中的永久底孔或临时底孔作为泄水通道，是二期导流经常采用的方法，在混凝土坝工程施工中较广泛采用。采用一次拦断法修建混凝土坝时，其后期导流也常利用底孔导流，见图8-6。

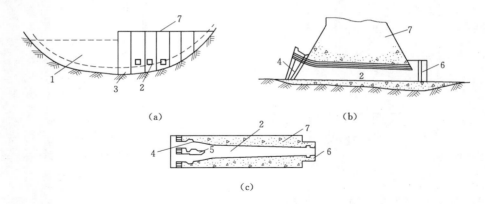

图8-6　底孔导流示意图

（a）二期施工时下游立视图；（b）底孔纵断面；（c）底孔水平剖面

1—二期修建坝体；2—底孔；3—二期纵向围堰；4—封闭闸门门槽；5—中间墩；

6—出口封闭门槽；7—已浇注的混凝土坝体

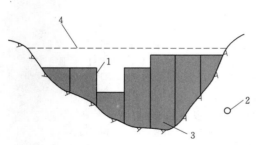

图8-7　坝体缺口过水示意图

1—过水缺口；2—导流隧洞；3—坝体；4—坝顶

（3）缺口导流。在山区河流上，汛期河水出现暴涨暴落。对于混凝土坝，当导流建筑物不足以宣泄全部流量时，为了不影响坝体施工进度，使坝体的非缺口部分在涨水时仍可能继续施工，可以在未建成的坝体上预留临时缺口措施，以便配合导流建筑物宣泄汛期洪峰流量，待洪峰过后，上游水位回落，再继续修筑缺口，见图8-7。通常，缺口需与底孔或其他泄水建筑物联合工作，不作为一种单独的导流方法，否则，缺口处的坝体将无法继续升高。

（4）梳齿孔导流。其示意图见图8-8，主要用于低水头闸坝枢纽。这种方法和底孔及缺口导流相比，区别在于完建阶段的施工方法不同。梳齿孔是主要泄水道，在完建阶段，只能使梳齿孔按一定顺序轮流过水，并轮流在闸门掩护下浇筑孔口间的混凝土。

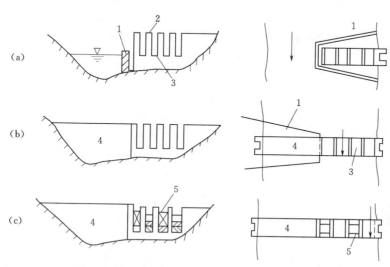

图8-8 梳齿孔导流示意图
（a）修建阶段第一期；（b）修建阶段第二期；（c）完建阶段
1—围堰；2—闸墩；3—梳齿孔；4—坝体；5—闸门

二、截流

当导流泄水建筑建成后，应抓住有利时机，迅速截断原河床水流，迫使河水经完建的导流泄水建筑物下泄，然后在河床中全面展开主体建筑物的施工，这就是截流工程。分段围堰法和全段围堰法截流过程见图8-9。

截流过程一般为：先在河床的一侧或两侧向河床中填筑截流戗堤，逐步缩短河床，称为进占。戗堤进占到一定程度，河床束窄，形成流速较大的泄水缺口称为龙口。为了保证龙口两侧堤端和底部的抗冲稳定，通常采用工程防护措施，如抛投大块石、铅丝笼等，这种防护堤端的措施叫裹头。封堵龙口的工作称为合龙。合龙后，龙口段及戗堤本身仍然漏水，在戗堤全线设置防渗措施，这一工作叫闭气。与闭气同时，为使围堰能挡住可能出现的洪水，必须立即加高培厚围堰，使之迅速达到相应设计水位的高程以上。所以，截流工程的主要过程就是戗堤进占、龙口裹头及护底、合龙、闭气及加高培厚围堰等四项工作。

截流工程是整个水利枢纽施工的关键，它的成败直接影响工程进度。截流工程的难易程度取决于：河道流量、泄水条件；龙口的落差、流速、地形地质条件；材料供应情况及施工方法、施工设备等因素。

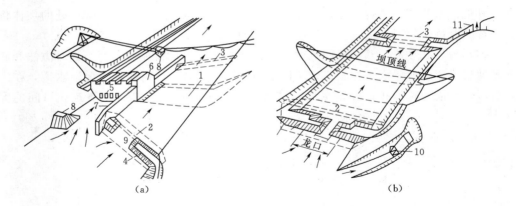

图 8-9 截流过程示意图

（a）分段围堰截流过程；（b）全段围堰截流过程

1—大坝基坑；2—上游围堰；3—下游围堰；4—戗堤；5—底孔；6—已浇混凝土坝体；

7—二期纵向围堰；8——期围堰的残留部分；9—龙口；10—导流

隧洞进口；11—导流隧洞出口

（一）截流方式

截流按不同的合龙方法可分为平堵、立堵、混合堵三种方法。

1. 平堵

平堵截流是指沿戗堤轴线，在龙口处设置浮桥或栈桥，或利用跨河设备如缆机等，沿龙口全线均匀地抛筑戗堤，逐层上升，直至戗堤最后露出水面，河床断流，见图 8-10。

图 8-10 平堵法截流示意图

由于平堵截流过程中龙口宽度未缩窄，故单宽流量在戗堤升高过程中逐步减小，可以减小对龙口基床的冲刷，所以特别适用于易冲刷的地基上截流。此方式由于抛投强度大，对机械化施工有利，但在深水高速的情况下，架设浮桥、栈桥比较困难，而且有碍通航，因此限制了它的采用。

2. 立堵

立堵截流是指利用自卸汽车配合推土机等机械设备，由河床一岸向另一岸，或由两岸向河床中间抛投各种物料形成戗堤，逐步进占束窄龙口，直至合龙截断水流，见图 8-11。

由于抛投进占在戗堤顶面的干地进行，有利于采取适宜的抛投技术。但龙口单宽流量随龙口缩窄而增大，流速也相应增高，直至最后接近合龙时方急剧下降，故水力

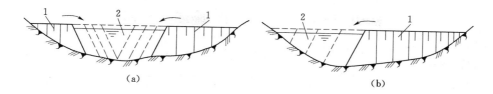

图 8-11 立堵法截流示意图
(a) 双戗进占；(b) 单戗进占
1—戗堤；2—龙口

学条件比平堵截流差。另外，由于端部进占，工作面相对较小，故施工强度受到限制。但是立堵法无需架设浮桥或栈桥，简化了截流准备工作，因而赢得时间，节约投资。

3. 混合堵

采用立堵结合平堵的方法。有先平堵后立堵和先立堵后平堵两种。用得比较多的是首先从龙口两端下料，保护戗堤头部，同时进行护底工程并抬高龙口底槛到一定高程，最后用立堵截断河流。平堵可以采用船抛，然后用汽车立堵截流。

（二）截流材料种类

截流抛投材料主要有块石、石串、装石竹笼、帚捆、柴捆、土袋等，当截流水力条件较差时，还需采用人工块体，一般有四面体、六面体、四脚体及钢筋混凝土构件等（图 8-12）。

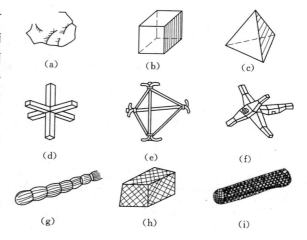

图 8-12 截流抛投材料
(a) 块石；(b) 混凝土六面体；(c) 混凝土四面体；(d) 钢筋混凝土构架；(e) 钢构架；(f) 装配或钢筋混凝土构架；(g) 柳石枕；(h) 填石铅丝笼；(i) 填石竹笼

在中小型工程截流中，因受起重运输设备能力限制，所采用的单个石块或混凝土块体的重量不能太大。石笼或石串，一般在龙口水力条件不利的条件下使用。某些工程，因缺乏石料，或因河床易冲刷，也可以根据当地条件采用梢捆、草土等材料截流。

【知识拓展】

以你熟悉的一个工程为例，简要说明其采用的导流和节流方式。

【课后练习】

扫一扫，做一做。

第三节　水利工程施工技术

【课程导航】

问题1：土方工程的施工机械有哪些？其施工方法是什么？

问题2：地下工程开挖方式有哪些？其具体施工技术是什么？

问题3：钢筋混凝土工程施工内容有哪些？其施工方法是什么？

一、土方工程施工

在水利工程建筑中，土方工程施工应用非常广泛。有些水工建筑物，如土坝、土堤、土渠等，几乎全部是土方工程。我国80％的大型水库是土石坝，95％以上的小型水库是土石坝。土方工程的基本施工过程是开挖、运输和填筑，根据实际情况采用人工、机械、爆破或水力冲填等方法施工。

（一）土的工程分级

从广义的角度而言，土包括土质土和岩石两大类。由于开挖的难易程度不同，水利水电工程中沿用十六级分类法，通常把Ⅰ～Ⅳ级叫土，Ⅴ级以上的叫岩石。同一级土中各类土壤的特征有着很大的差异。例如坚硬黏土和含砾石黏土，前者含黏粒量（粒径<0.005mm）在50％左右，而后者含砾石量在50％左右。它们虽都属Ⅳ级土，但颗粒组成不同，开挖方法也不尽相同。

实际工程中，对土壤的特性及外界条件应在分级的基础上，进行分析认真确定土的级别，土的级别不同，其开挖难度也不同，考虑的开挖方法和机械业不同，见表8-1。

表8-1　　　　　　　　　　　一般工程土壤分级表

土质级别	土质名称	自然湿密度/(g/cm³)	外形特征	开挖方法
Ⅰ	沙土、种植土	1.65～1.75	疏松、黏着力差或易透水，略有黏性	用锹或略加脚踩开挖
Ⅱ	壤土、淤泥、含壤种植土	1.75～1.85	开挖时能成块，并易打碎	用锹需用脚踩开挖
Ⅲ	黏土、干燥黄土、干淤泥、含少量砾石黏土	1.80～1.95	黏手、看不出砂粒或干硬	用镐、三齿耙开挖或用锹需用力加脚踩开挖
Ⅳ	坚硬黏土、砾质黏土、含卵石黏土	1.90～2.10	土壤结构坚硬，将土分裂后成块状或含黏粒、砾石较多	用镐、三齿耙开挖

（二）土方开挖方式

1. 人工及半机械化开挖

这种方法一般是用来开挖土方、全风化岩石或靠近建基面的开挖。开挖强度低，用工量大，但是开挖质量有保证。

2. 机械开挖

土方多采用机械开挖，用于土方开挖的机械有单斗挖掘机、多斗挖掘机、铲运机械等，用于场地开阔、方量大的土方及软弱岩石开挖，施工强度高、进度快、生产能力高。

3. 水力开挖

利用高压水将土冲走。这种方法需要施工现场有充足水源且地形比较有利，所以用水量大、环保要求高。

（三）土方开挖机械

1. 单斗挖掘机

单斗挖掘机是一种循环作业的施工机械，在土石方工程施工中最常见。单斗式挖掘机由工作装置、行驶装置和动力装置组成。按其行走机构的不同，可分为履带式和轮胎式；按其传动方式不同，可分机械传动和液压传动两种；按工作装置不同，可分为正向铲、反向铲、拉铲和抓铲等（图 8-13）。

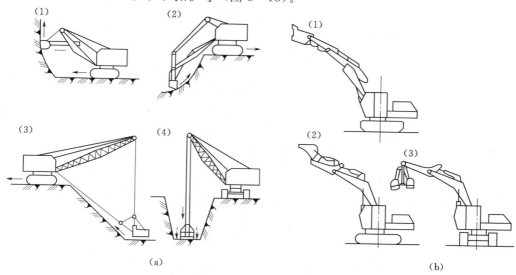

图 8-13　单斗挖掘机
（a）机械式；（b）液压式
（1）正向铲；（2）反向铲；（3）拉铲；（4）抓铲

（1）正向铲挖掘机。正向铲挖掘机由推压和提升完成挖掘，开挖断面是弧形，特点是装车轻便、灵活、回转速度快、位移方便，适应能力强。最适于挖停机面以上的土方，开挖高度超过挖土机挖掘高度时，可采取分层开挖，装车外运（图 8-14）。

由于稳定性好，铲土力大，可以挖各种土料及软岩、岩渣。它的特点是循环式开挖，由挖掘、回转、卸土、返回构成一个工作循环，生产率大小取决于铲斗大小和循环时间长短。正铲的斗容从 $5m^3$ 至几十立方米。

（2）反向铲挖掘机。反向铲挖掘机用来开挖停机面以下的土方，其最大挖土深度和经济合理深度随机型而定。反铲的斗容有 $0.5m^3$、$1.0m^3$、$1.6m^3$ 几种，目前最大斗容已超过 $3m^3$。

由于反铲挖掘机挖土时后退向下，强制切土，故其稳定性和挖掘力比正铲挖掘机差，只用来挖Ⅰ、Ⅱ级土，硬土要先进行预松；适用于小型基坑、基槽和管沟开挖，

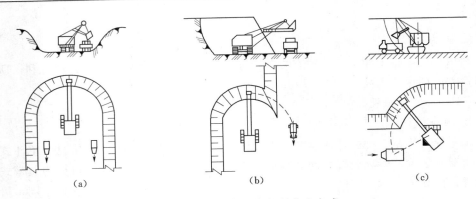

图 8-14 正向铲挖掘机的作业方式

(a) 正向挖土，后方卸土；(b) 正向挖土，侧向卸土；(c) 侧向挖土，侧向卸土

边坡开挖及坡面修整，部分水下开挖。

(3) 拉铲挖掘机。拉铲挖掘机适宜于开挖停机以下的土石料，可用于挖掘Ⅰ～Ⅲ类土，最适用于水下土砂及含水量大的土方开挖，在大型渠道、基坑及水下砂卵石开挖中应用广泛（图 8-15）。

开挖方式有沟端开挖和沟侧开挖两种，前者适用于开挖宽度和卸土半径较小的情况，后者用于开挖宽度大、卸土距离远时。

(4) 抓铲挖掘机。抓铲挖掘机（图 8-16）适用于开挖土质比较松软、施工面狭窄而深的基坑，深槽以及河床清淤等工程，最适宜于水下挖土，或用于装卸碎石、矿渣等松散材料，抓铲能在回转半径范围内开挖基坑中任何位置的土方。

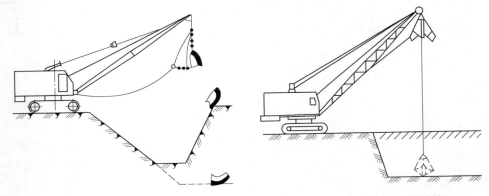

图 8-15 履带式拉铲挖掘机　　　　　图 8-16 履带式抓铲挖掘机

2．多斗式挖掘机

多斗式挖掘机是一种连续作业式挖掘机械，按构造不同，可分为链斗式和斗轮式两类（图 8-17、图 8-18）。链斗式是由传动机械带固定在传动链条上的土斗进行挖掘的，多用于挖掘河滩及水下砂砾料；斗轮式以固定在转动轮上的土斗进行挖掘的，多用于挖掘陆地上土料。

3．铲运机械

(1) 装载机。装载机（图 8-19）是一种挖运连续作业高效率的综合作业机械设

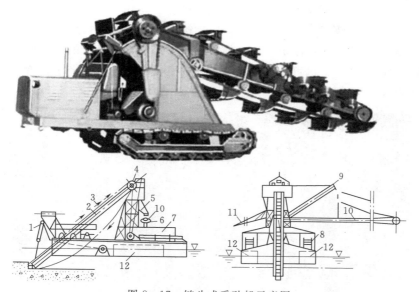

图 8-17 链斗式采砂船示意图

1—斗架升索；2—斗架；3—链斗；4—主动链轮；5—卸料漏斗；6—回轮盘；7—主机房；

8—卷扬机；9—吊杆；10—皮带机；11—泄水槽；12—平衡水箱

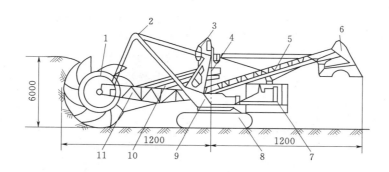

图 8-18 斗轮式挖掘机构造图（单位：mm）

1—斗轮；2—升降机构；3—操作室；4—中心料斗；5—送料皮带机；6—双槽卸料斗；

7—动力系统；8—履带；9—转台；10—受料皮带机；11—斗轮臂

备。主要用于铲取松散物并进行装、运、卸作业，还可对岩石、硬土进行轻度的铲掘作业，并能用于清理。刮平场地、牵引作业。如更换工作装置，还可完成推土、挖土、起重（抓举）及卸载棒状物料等工作。

图 8-19 装载机

193

装载机按行走装置可分为轮胎式和履带式两种。轮胎式装载机（图8-20）与地面接触压力低、生产效率高、适应性强，因此被广泛使用；缺点是在潮湿的地面上作业时，易打滑，且轮胎价格昂贵、易磨损，适用于松散土、轻质土、基坑清淤以及无地下水影响的河渠开挖，也可用于较松软土体的表层剥离、地面平整、场地清理等工作，其运距不超过150m为宜。

图8-20 CAT9920轮胎装载机

（2）铲运机。铲运机（图8-21）是一种典型的铲土运输机械，铲斗能从地面薄层取土，并将土斗装满；铲斗装有车轮，便于将土运到较远处卸料；能在行驶中将土从斗中卸出，并铺成所需要的厚度，铲运机能独立完成铲土、运土、卸土和平土作业，对行驶道路要求低，操作灵活，运转方便，生产效率高。

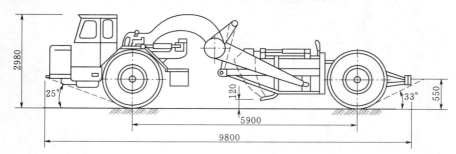

图8-21 CLz自行式铲运机（单位：mm）

（3）推土机。推土机是以履带式拖拉机为原动机械，另加装有切土片的推土器而形成的一种铲土机械，既可薄层切土又能短距离推土，如图8-22所示。推土机主要用于平整场地、开挖宽浅渠道等，还可用于推平其他机械卸置的土堆，拖拉其他无动力的机械，推土机适用于推Ⅰ～Ⅲ类土，其距离宜在100m以内，运距30～50m时生产效率较高，挖深不宜大于1.5～2.0m。

（四）土料压实方法

土料不同，物理力学性质不同，在压实过程中要求作用的外力也不同，黏性土

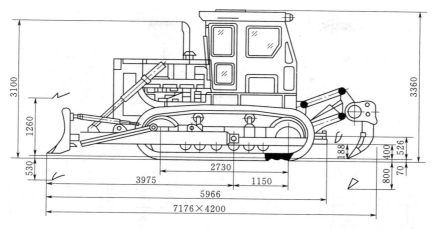

图 8-22　T180 推土机（单位：mm）

料凝聚力大，对含水量大小反应比较敏感，要求压实作用的外力能克服凝聚力，非黏性土凝聚力小，但内摩擦力相应较大，要求压实作用能克服颗粒间的内摩擦力。不同的压实机械设备产生的压实作用外力不同，大体可分为静压碾压、夯击和震动碾压等基本类型（图 8-23）。

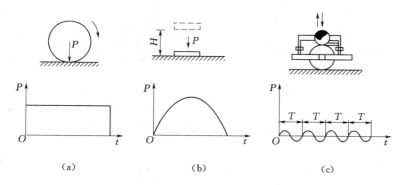

图 8-23　土料压实作用外力示意图
（a）静压碾压；（b）夯击；（c）震动碾压

（五）压实机械

常用的压实机械如图 8-24 所示，碾压机具主要是靠沿土面滚动时碾滚本身重量，在短时间内对土体产生静荷重作用，使土粒互相移动而达到密实。

1. 平碾

平碾又称光面碾或光碾压路机，平碾的构造如图 8-24（a）所示。一般平碾的重量（包括填料重）为 5~12t，沿滚筒宽度的单宽压力为 200~500N/cm，铺土厚度一般不超过 20~25cm。平碾构造简单，易于制造，但平碾碾压质量差，效率低，较少采用。

2. 肋碾

肋碾的构造如图 8-24（b）所示，一般采用钢筋混凝土预制，肋碾单位面积的压

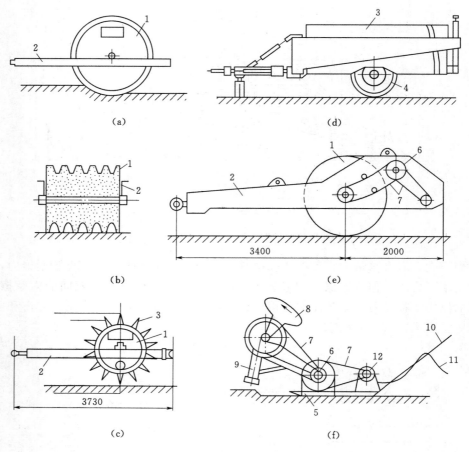

图 8-24 土方压实机械（单位：mm）

（a）平碾；（b）肋碾；（c）羊脚碾；（d）气胎碾；（e）振动碾；（f）蛙夯

1—碾滚；2—机架；3—羊脚；4—充气轮胎；5—压重箱；6—主动轮；7—传动皮带；

8—偏心块；9—夯头；10—扶手；11—电缆；12—电动机

力较平碾大，压实效果比平碾好，可减少土层的光面现象，用于黏性土的碾压。

3. 羊脚碾

碾压滚筒表面设有交错排列的羊脚，羊脚底面积小，对土壤的单位压力大，羊脚碾的构造如图 8-24（c）所示。羊脚碾适用于压实黏性土，对于非黏性土，由于插入土体中的羊脚使无黏性颗粒产生向上和侧向移动，会降低压实效果，所以不适用于压实非黏性土。

4. 气胎碾

气胎碾是一种拖式碾压机械，分单轴和双轴两种，图 8-24（d）所示是单轴气胎碾。单轴气胎碾的主要构造是由装载荷载的金属车厢和装载轴上的 4~6 个充气轮胎组成。碾压时在金属车厢内加载，将气胎充气至设计压力值。

5. 振动碾

振动碾是一种振动和碾压相结合的压实机械，如图 8-24（e）所示。它是由柴油机带动与机身相连的附有偏心块的轴旋转，致使碾滚产生高频振动。非黏性土料在振动作用下，土料间的内摩擦力迅速降低，细颗粒填入粗颗粒间的空隙，使土体密实。而对于黏性土，由于土粒比较均匀，在振动作用下，压实效果不如非黏性土。

6.蛙夯

蛙夯是由电动机带动偏心块旋转，在离心力的作用下使夯头上下跳动而夯击土层，如图8-24（f）所示。它既可用来压实黏性土，也可用来压实非黏性土。一般用于施工场地狭窄、碾压机械难以施工的部位。

二、地下工程开挖技术

在水利工程中，常遇到的地下工程有地下发电厂房、地下变电站、地下泵站、导流洞、泄水洞、引水洞、溢洪洞等。

地下工程开挖方式有全断面开挖法、台阶法、导洞开挖法三种。开挖方式的选择主要取决于围岩类别、断面尺寸、机械设备和施工技术水平。合理选择开挖方式，对加快施工进度，节约工程投资，保证施工质量和施工安全意义重大。

（一）全断面开挖法

全断面开挖法是将整个断面一次钻爆开挖成型，待地下工程全部开挖完后或部分开挖，根据围岩允许暴露的时间和具体施工安排再进行衬砌和支护。这种施工方法适用于围岩坚固完整的场合。全断面开挖，工作面较大，工序作业干扰相对较小，施工组织工作比较容易安排，掘进速度快。如图8-25所示，它采用钻孔台车钻孔，装碴机向电瓶车牵引的斗车装碴，衬砌采用钢模台车立模，由混凝土泵及其导管运输混凝土进行浇筑。

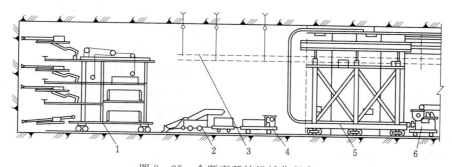

图8-25　全断面开挖机械化程序

1—钻孔台车；2—装碴机；3—通风管；4—电瓶车；5—钢模台车；6—混凝土泵

在小断面隧洞（一般断面面积小于$16m^2$）施工中，如果采用半断面正台阶法开挖或先导洞后扩大的方法施工，由于工作面狭小，将给开挖工作带来很大困难，因此一般采用全断面开挖法。对于中等断面及大断面的隧洞，只要地质情况允许，山岩压力不很大，无需支护或仅局部需要简单的临时支护时，则应根据施工的具体条件，尽量采用全断面开挖法。

（二）台阶开挖法

当地下工程断面较大，或采用全断面开挖在技术、安全、经济等方面不够理想时，可采用台阶开挖法。台阶可沿水平面分下台阶掘进和上台阶掘进，也可沿宽度分区，即左右竖直台阶掘进，如图8-26所示。

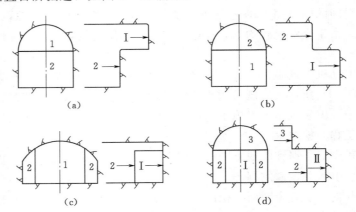

图8-26 台阶开挖法

(a) 下台阶掘进；(b) 上台阶掘进；(c) 竖直台阶掘进；(d) 综合台阶掘进
1、2、3—开挖顺序

下台阶掘进法是先挖断面上部，再挖下部。上部超前，上下层同时爆破。通风散烟后，迅速清理好台阶上的石碴，就可以在台阶上钻孔，使下层出碴与上层钻孔同时作业。下层爆破由于增加了临空面，可以少用炸药。这种方式适用于断面较大，围岩稳定性好，但又缺乏钻孔台车等大型机械设备的情况。在掘进过程中要求上、下两层同时爆破，掘进深度应大致相同。

上台阶法是先挖下部，再挖上部。上部的开挖因自由面增加及岩体自重作用，可节省炸药，但安全处理和支护工作需进行两次。

（三）导洞开挖法

导洞开挖法就是在开挖断面上先开挖一个小断面洞（即导洞）作为先导，然后再扩大至设计要求的断面尺寸和形状。这种开挖方式，可以利用导洞探明地质情况、解决施工排水问题，导洞贯通后还有利于改善洞内通风条件，扩大断面时导洞可以起到增加临空面的作用，从而提高爆破效果。

导洞开挖，根据导洞位置不同，有上导洞、下导洞、中间导洞和双导洞等不同方式。

1. 上导洞开挖法

导洞布置在隧洞的顶部，断面开挖对称进行，开挖与衬砌程序如图8-27所示。这种方法适用于地质条件较差、地下水不多、机械化程度不高的情况。其优点是安全问题比较容易解决，如顶部围岩破碎，开挖后可先行衬砌，以策安全，缺点是出渣线路需二次铺设，施工排水不方便，顶拱衬砌和开挖相互干扰，施工速度较慢。

2. 下导洞开挖法

导洞布置在断面的下部，如图8-28所示。这种开挖方法适用于围岩稳定、洞线较长、断面不大、地下水比较多的情况。其优点是：洞内施工设施只铺设一次，断面

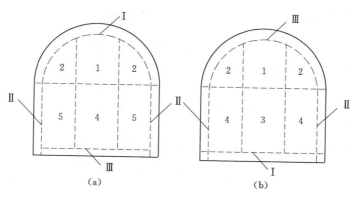

图8-27　上导洞开挖与衬砌施工顺序

（a）先拱后墙衬砌；（b）先墙后拱衬砌

1、2、3、4、5—开挖顺序；Ⅰ、Ⅱ、Ⅲ—衬砌顺序

扩大时可以利用上部岩石的自重提高爆破效果，出渣方便，排水容易，施工速度快；缺点是：顶部扩大时钻孔比较困难，石块依自重爆落，岩石块度不易控制。如遇不良地质条件，施工不够安全。

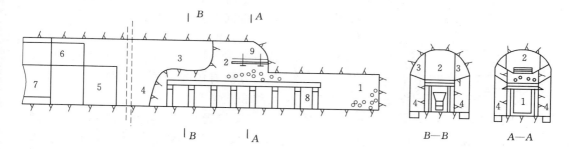

图8-28　下导洞开挖法施工顺序

1—下导洞；2—顶部扩大；3—上部扩大；5—边墙衬砌；6—顶拱衬砌；

7—地板衬砌；8—漏斗棚架；9—脚手架

3. 中间导洞开挖法

导洞在断面的中部，导洞开挖后向四周扩大。这种方法适用于围岩坚硬，不需临时支撑，且具有柱架式钻机的场合。柱架式钻机可以向四周钻辐射炮眼，断面扩大快，但导洞与扩大部分同时并进，导洞出渣困难。

4. 双导洞开挖法

双导洞开挖又分为两侧导洞法和上下导洞法两种。两侧导洞开挖法是在设计开挖断面的边墙内侧底部分别设置导洞，这种开挖方法适用于围岩松软破碎、地下水严重、断面较大，需边开挖边衬砌的情况。上下导洞法是在设计开挖断面的顶部和底部分别设置两个导洞，这种方法适用于开挖断面很大、缺少大型设备、地下水较多的情况，其上导洞用来扩大，下导洞用于出渣和排水，上下导洞之间用竖井连通。

三、钢筋混凝土工程施工

(一) 钢筋加工

运至工厂的钢筋应有出厂合格证明和试验报告单，运至工地后应根据不同等级、钢号、规格及生产厂家分批分类堆放，不得混淆，且应立牌以资识别，并按施工规范要求，使用前应作拉力和冷弯试验，需要焊接的钢筋应做好焊接工艺试验。

钢筋的加工包括调直、去锈、切断、弯曲和连接等工序。

1. 钢筋调直去锈

调直12mm以下的钢筋，主要采用卷扬机拉直或用调直机调直，用冷拉法调直钢筋，其矫直冷拉率不得大于1%（Ⅰ级钢筋不得大于2%）。对于直径大于30mm的钢筋，可用弯筋机进行调直。

2. 钢筋剪切

切断钢筋可用切断机进行。对于直径22～40mm的钢筋，一般采用单根切断，对于直径在22mm以下的钢筋，则可一次切断数根。如图8-29所示，工作时切口上的两个刀片互相配合后切断钢筋，对于直径大于40mm的钢筋，要用氧气切割或电弧切割。

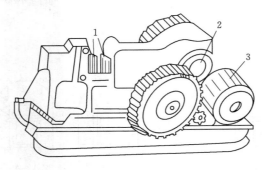

图8-29　钢筋切断机
1—切口刀片；2—偏心轴；3—电动机

3. 钢筋连接

钢筋连接常用的连接方法有焊接连接、机械连接和绑扎连接。

（1）钢筋焊接。钢筋的焊接质量与钢材的可焊性、焊接工艺有关。常用的焊接方法有闪光对焊、电弧焊、电渣压力焊和点焊等。

1）闪光对焊。具有生产效率高、操作方便、节约钢材、焊接质量高、接头受力性能好等许多优点。适用于直径10～40mm的Ⅰ～Ⅲ级热轧钢筋、直径10～25mm的Ⅳ级热轧钢筋以及直径10～25mm的热处理Ⅲ级钢筋的焊接。

2）电弧焊。利用弧焊机使焊条与焊件之间产生高温电弧，使焊条和电弧燃烧范围内的焊件金属熔化，熔化的金属凝固后，便形成焊缝或焊接接头。电弧焊应用范围广，如钢筋的接长、钢筋骨架的焊接、钢筋与钢板的焊接、装配式结构接头的焊接及其他各种钢结构的焊接等。

钢筋电弧焊可分为搭接焊、帮条焊、坡口焊三种接头形式，如图8-30～图8-32所示。

搭接焊接头：适用于焊接直径10～40mm的Ⅰ～Ⅲ级钢筋。焊接前，钢筋宜预弯，以保证两钢筋的轴线在一直线上，使接头受力性能良好。

帮条焊接头：适用于焊接直径10～40mm的Ⅰ～Ⅲ级钢筋。帮条宜采用与主筋同级别或同直径的钢筋制作；如帮条级别与主筋相同时，帮条直径可以比主筋直径小一个规格；如帮条直径与主筋相同时，帮条钢筋级别可比主筋低一个级别。

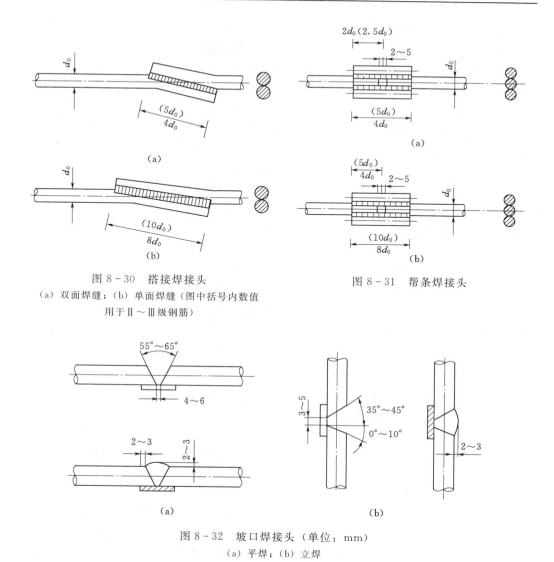

图 8-30　搭接焊接头

（a）双面焊缝；（b）单面焊缝（图中括号内数值
用于Ⅱ～Ⅲ级钢筋）

图 8-31　帮条焊接头

图 8-32　坡口焊接头（单位：mm）

（a）平焊；（b）立焊

坡口焊接头：适用于现场焊接装配现浇式构件接头中直径 18～40mm 的Ⅰ～Ⅲ级钢筋，按位置不同可分为平焊与立焊。

3）电渣压力焊。利用电流通过渣池产生的电阻热将钢筋端部熔化，然后施加压力使钢筋焊接在一起。用于现浇混凝土结构中竖向或斜向（倾斜度在 1∶0.5 范围内）、直径 14～40mm 的Ⅰ、Ⅱ级钢筋的连接，不得用于梁、板等构件中水平钢筋的连接。有自动与手工电渣压力焊。与电弧焊比较，它工效高，成本低。

4）电阻点焊。钢筋骨架和钢筋网中交叉钢筋的焊接宜采用电阻点焊，其所适用的钢筋直径和级别为：直径 6～14mm 的热轧Ⅰ、Ⅱ级钢筋，直径 3～5mm 的冷拔低碳钢丝和直径 4～12mm 的冷轧带肋钢筋。所用的点焊机有单点点焊机（用以焊接较粗的钢筋）、多头点焊机（一次焊数点，用以焊钢筋网）和悬挂式点焊机（用以平面尺寸大的骨架或钢筋网）。

（2）机械连接。钢筋机械连接是通过连接件的机械咬合作用或钢筋端面的承压作用，将一根钢筋受力传递至另一根钢筋的连接方法。对于确保钢筋接头质量，改善施工环境，提高工作效率，保证工程进度具有明显优势。常用的钢筋机械连接类型有挤压连接和锥螺纹连接。

1）带肋钢筋套筒挤压连接。将需要连接的带肋钢筋，插于特制的钢套筒内，利用挤压机压缩套筒，使之产生塑性变形，靠变形后的钢套筒与带肋钢筋之间的紧密咬合来实现钢筋的连接。它适用于钢筋直径为 16～40mm 的 Ⅱ、Ⅲ 级带肋钢筋的连接。

2）钢筋锥螺纹连接。把钢筋的连接端加工成锥形螺纹（简称丝头）通过锥螺纹连接套把两根带丝头的钢筋，按规定的力矩值连接成一体。适用于直径为 16～40mm 的 Ⅱ、Ⅲ 级钢筋的连接。

（二）模板工程

模板工程作业是钢筋混凝工程的重要辅助作业，模板工程量大，材料和劳动力消耗多，正确选择材料组成和合理组织施工，对加快施工速度和降低工程造价意义重大。模板的主要作用是对新浇塑性混凝土起成型和支承作用，同时还具有保护和改善混凝土表面质量的作用。

1. 模板的基本要求

（1）保证工程结构和构件各部分形状尺寸和相互位置的正确。

（2）具有足够的承载能力、刚度和稳定性，以保证施工安全。

（3）构造简单，装拆方便，能多次周转使用。

（4）模板的接缝不应漏浆。

（5）模板与混凝土的接触面应涂隔离剂脱模，严禁隔离剂玷污钢筋与混凝土接搓处。

2. 模板的基本类型

按制作材料，模板可分为木模板、钢模板、混凝土和钢筋混凝土预制模板。

按模板形状可分为平面模板和曲面模板。

（1）按受力条件可分为承重模板和侧面模板；侧面模板按其支承受力方式，又分为简支模板、悬臂模板和半悬臂模板。

（2）按架立和工作特征，模板可分为固定式、拆移式、移动式和滑动式，固定式模板多用于起伏的基础部位或特殊的异形结构如蜗壳或扭曲面，因大小不等，形状各异，难以重复使用，拆移式、移动式、滑动式可重复或连续在形状一致或变化不大的结构上使用，有利于实现标准化和系列化。

（三）混凝土浇筑

1. 混凝土运输

（1）混凝土水平运输。

1）有轨运输。一般有机车拖平板车立罐和机车拖侧卸罐车两种。前者在水电工程建设中应用较广泛，特别是工程量大、浇筑强度高的工程，其优点是运输能力大，运输过程中震动小，管理方便；主要缺点是要求混凝土工厂与混凝土浇筑供料点之间高差小、线路的纵坡小、转弯的半径大，对复杂的地形变化适应性差，土建工程量大，修建工期长。

2）无轨运输。一般指汽车运输，主要有混凝土搅拌车、后卸式自卸车、汽车运立罐及无轨侧卸料罐车等。汽车运输机动灵活，载重量较大，卸料迅速，应用广泛。与铁路运输相比，它具有投资少，道路容易修建，适应工地场地狭窄、高差变化大的特点。但汽车运费高，振动大，容易使混凝土料漏浆和分离，质量不如铁路平台列车，事故率较高。进行施工规划时，应尽量考虑运输混凝土的道路与基坑开挖出碴道路相结合，在基坑开挖结束后，利用出碴道路运输混凝土，以缩短混凝土浇筑的准备工期。

3）架空单轨运输。采用钢桁架和钢柱架设环行的架空运输单轨道，轨道上悬挂用电动小车牵引行驶的混凝土料斗，小车经过拌和楼装料后，驶至卸料点，将混凝土卸入中间转运车，空料斗沿环行单轨驶回拌和楼，如此反复进行。

4）皮带机运输。皮带机运输混凝土可将混凝土运送直接入仓，也可作为转料设备。直接入仓浇筑混凝土主要有固定式和移动式两种。皮带机设备简单，操作方便，成本低，生产率高，但运输流态混凝土时容易分层离析，砂浆损失较为严重，骨料分离严重；薄层运输与大气接触面大，容易改变料的温度和含水量，影响混凝土质量。

（2）混凝土垂直运输。

1）履带式起重机。履带式起重机多由开挖石方的挖掘机改装而成，直接在地面上开行，无需轨道。它的提升高度不大，但机动灵活、适应工地狭窄的地形，在开工初期能及早使用，生产率高。浇筑混凝土，常与自卸汽车配合。

2）门式和塔式起重机。门式起重机又称门机，是一种大型移动式起重设备，如图 8 - 33（a）所示。它的下部为一钢结构门架，门架底部装有车轮，可沿轨道移动。

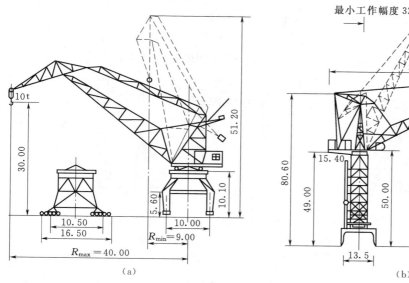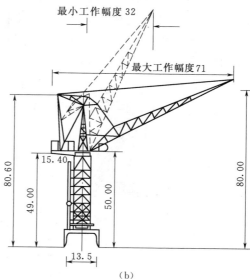

图 8 - 33 门机（单位：m）

（a）四连杆门机；（b）MQ2000 单臂架高架门机

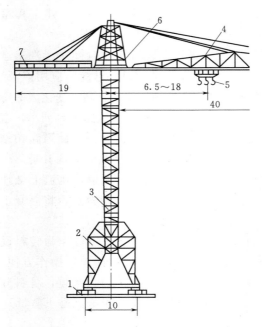

图 8-34 10/25t 塔式起重机（单位：m）

1—车轮；2—门架；3—塔身；4—起重臂；
5—起重小车；6—回转塔架；7—平衡重

门架下可供运输车辆通行，这样便可使起重机和运输车辆在同一高程上行驶，具有结构简单、运行灵活、起重量大、控制范围较大，工作效率较高等优点，因此在大型水利工程中应用较普遍。门机的缺点是塔制高度不大，工作时不能变幅。因此在高坝施工中，已逐渐被高架门机所代替。我国新产的 MQ2000 单臂架高架门机如图 8-33（b）所示，起重高度可达 80m，适宜于浇筑高坝和大型厂房。

塔式起重机又称塔机或塔吊，是在门架上装置高达数十米的钢塔，用于增加起重高度。其起重臂多是水平的，起重小车（带有吊钩）可沿起重臂水平移动，用以改变起重幅度，如图 8-34 所示。塔机可靠近建筑物布置，沿着轨道移动，利用起重小车变幅，所以控制范围是一个长方形的空间，但塔机的稳定性和运行灵活性不如门机，当有 6 级以上大风时，必须停止工作。由于塔顶旋转是由钢绳牵引，塔机只能向一个方向旋转180°或360°之后，再回转，而门机却可任意转动。相邻塔机运行时的安全距离要求大，相邻中心距不小于 34～85m。塔机适用于浇筑高坝，并将多台塔机安装在不同的高程上，以发挥控制范围大的优点。

3）缆式起重机。缆式起重机（缆机）主要由一套凌空架设的缆索系统、起重小车、首塔架、尾塔架等组成，如图 8-35 所示，机房和操纵室设在首塔内。

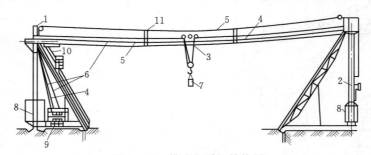

图 8-35 缆式起重机结构图

1—首塔；2—尾塔；3—起重小车；4—承重索；5—牵引索；6—起重索；
7—重物；8—平衡重；9—机房；10—操纵室；11—索夹

缆索系统为缆机的主要组成部分，它包括承重索、起重索、牵引索和各种辅助索。承重索两端系在首塔和尾塔顶部，是缆索系统中的主索；起重索用于垂直方向升降起吊钩；牵引索用于牵引起重小车沿承重索移动。首、尾钢塔架为三角形空间结构、分别布置在两岸较高的地方。

2.混凝土的浇筑

混凝土浇筑的施工过程包括浇筑前的准备作业、入仓铺料、平仓振捣和浇筑后的养护。

（1）浇筑前的准备工作。浇筑前的准备作业包括基础面的处理，施工缝处理、立模、钢筋及预埋件的安设等。

1）基础面处理。对于岩基，一般要求清除到设计基岩面，然后进行整修。用人工清除表面松软岩石、棱角和反坡。并用高压水冲洗，压缩空气吹扫。若岩面上有油污、灰浆及杂物，还应采用钢丝刷反复刷洗，直至岩面清洁为止，再用风吹干经检验合格，才能开仓浇筑。

2）施工缝处理。施工缝是指浇筑块之间临时的水平和垂直结合缝，也就是新老混凝土之间的结合面。为了保证建筑物的整体性，在新混凝土浇筑前，必须将老混凝土表面的水泥膜（乳皮）消除干净，并使其表面新鲜清洁、形成有石子半露的麻面，以利于新老混凝土的紧密结合。但对于要进行接缝灌浆处理的纵缝面，可不凿毛，只需冲洗干净即可。

3）模板、钢筋及预埋件检查。开仓浇筑前，必须按照设计图纸和施工规范的要求，对仓面安设的模板、钢筋及预埋件进行全面检查验收，分项签发合格证，应做到规格、数量无误，定位准确，连接可靠。

4）浇筑仓面布置。浇筑仓面检查准备就绪后，水、电及照明布置妥当后，经质检部门全面检查，发给准浇证后，才允许开仓浇筑。

（2）混凝土浇筑。

1）入仓铺料。平层浇筑法。它是沿仓面长边逐层水平铺填，第一层铺填完毕并振捣密实后，再铺填振捣第二层，依次类推，直至达到规定的浇筑高程为止，如图8-36所示。

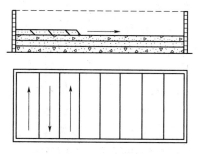

图8-36 平层浇筑法

阶梯浇筑法。铺料顺序是从仓位的一端开始，向另一端推进，并以台阶形式，边向前推进，边向上铺筑，直至浇到规定的厚度，把全仓浇完，如图8-37（a）所示。

斜层浇筑法。当浇筑仓面大，混凝土初凝时间短，混凝土拌和、运输浇筑能力不足时，可采用斜层浇筑法，如图8-37（b）所示。

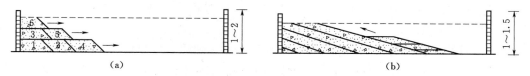

(a)   (b)

图8-37 阶梯浇筑法和斜层浇筑法（单位：m）

（a）阶梯浇筑法；（b）斜层浇筑法

2）平仓。就是把卸入仓内成堆的混凝土均匀铺平到要求的厚度。

3）振捣。振捣的目的是使混凝土密实，并使混凝土与模板、钢筋及预埋件紧密结合，从而保证混凝土的最大密实性。振捣是混凝土施工中最关键的工序，应在混凝土平仓后立即进行。

（3）混凝土的养护。混凝土浇筑完毕后，在一个相当长的时间内，应保持其适当的温度和足够的湿度，以造成混凝土良好的硬化条件，可以防止其表面因干燥过快而产生干缩裂缝，又可促使其强度不断增长。

【知识拓展】

以你熟悉的一个具体工程为例，简要说明土方工程或地下工程或钢筋混凝土工程所采用的施工内容、施工机械和施工方法如何？

【课后练习】

扫一扫，做一做。

第四节　水利工程施工组织

【课程导航】

问题1：什么是施工组织设计？其任务和编制依据是什么？

问题2：施工组织设计的内容有哪些？

问题3：如何进行施工部署？如何编制施工进度计划？如何进行施工总体布置？

施工组织设计是水利工程设计文件的重要组成部分，是编制工程设计概算、招标、投标文件的主要依据。不同设计阶段，施工组织设计要求的工作深度有所不同。

一、概述

1. 施工组织设计任务

施工组织设计的任务是从施工的角度对枢纽布置、主要建筑物的位置、形式进行方案比较；选定施工方案并拟定施工方法；确定施工程序及施工进度；计算工程量及相应的建筑材料、施工设备、劳动力及工程投资需用量；进行各项业务的组织，确定施工场地布置和临时设施等。

根据编制的阶段、范围和作用，施工组织设计分为：以建设项目为对象的施工组织总设计；以单项工程为对象的施工组织设计（或施工计划）；在施工过程中的分部（分项）工程施工组织设计。

2. 施工组织编制依据

（1）设计资料，包括已批准的设计任务书、初步设计（或扩大初步设计）、施工图纸和设计说明书等。

（2）自然条件资料，包括地形、工程地质、水文地质和气象资料。

（3）技术经济条件资料，包括建设地区的建材工业及其产品、资源、劳动力、供水、供电、交通运输、生产、生活基地设施等资料。

（4）施工合同规定的有关指标，包括建设项目交付使用日期，施工中要求采用的新结构、新技术和有关的先进技术指标等。

（5）建设单位、施工企业及相关协作单位的资源情况，可配备的人力、机械、设备和技术状况，以及施工经验等资料。

（6）国家和地方有关现行规范、规程和定额标准等资料。

二、施工组织设计内容

1. 工程概况分析

工程概况包括以下内容：工程所在地点，对外交通运输，枢纽建筑物及其特征；地形、地质、水文、气象条件；主要建筑材料来源和供应条件；当地水源、电源情况，施工期间通航、过木、过鱼、供水、环保等要求；对工期、分期投产的要求；施工用地、居民安置以及与工程施工有关的协作条件等。

2. 施工导流与截流

综合分析导流条件，确定导流标准，划分导流时段，明确施工分期，选择导流方案、导流方式，进行导流建筑物的设计，提出导流建筑物的施工安排，拟定截流、拦洪度汛、基坑排水、通航过木、下闸封孔、供水、蓄水发电等措施。

3. 主体工程施工方案

主体工程包括挡水、泄水、引水、发电、通航等主要建筑物，应根据各自的施工条件，对施工程序、施工方法、施工强度、施工布置、施工进度和施工机械等，进行分析比较优选。

4. 施工交通运输

根据工程对外运输总量、运输强度和重大部件的运输要求，确定对外交通运输方式，选择线路和标准，并提出场外交通工程的施工进度安排。

结合主体工程的施工运输，选定场内交通主干线路的布置和标准，提出工程量。施工期间，如有船、木过坝情况，应专门进行分析论证，提出相应解决方案。

5. 施工辅助企业和大型临建工程

根据工程施工的任务和要求，对骨（土）料开采加工系统，混凝土拌和、制冷系统，钢筋加工厂，预制构件厂，木料加工厂，机械修配系统的位置、规模、工艺、占地面积、建筑面积等进行布置，并提出土建安装进度和分期投产的计划；对导流设施、施工道路、施工栈桥、过河桥梁、风水电、通信系统等临时设施，要作出其工程量和施工进度安排。

6. 施工总体布置

施工总体布置主要是根据工程规模、施工场区的地形地貌、枢纽主要建筑物的施工方案、各临建设施的布置，研究主体工程施工期间所需的辅助企业、交通道路、仓库、施工动力、给排水管线等设施的总体布置问题，使工地形成一个统一的整体（布置图）。

7. 施工进度计划

根据工程的自然条件、工程设计方案、工程施工方案、工程施工特性等，研究确定关键性工程的施工进度，从而确定合理的总工期及相应的总进度。

为了合理安排施工进度，必须分析导流程序、对外交通、资源供应、临建准备等各项控制因素，拟定准备工作、主体工程和结束工作在内的施工总进度，确定各项目的起止日期；对导流截流、拦洪度汛、封孔蓄水、供水发电等控制环节，工程应达到的形象面貌，需做出专门的论证；对土石方、混凝土等主要工程的施工强度和劳动力、主要建筑材料、主要机械设备的需用量，要进行综合平衡。

8. 主要技术及物资供应计划

根据施工总进度的安排和定额资料分析，对钢材、木材、水泥、粉煤灰、油料、炸药等材料和主要施工机械设备，列出总需要量和分年度计划。

9. 拆迁赔偿和移民安置计划

拆迁赔偿和移民安置计划主要包括拆迁数量、征地面积、补偿标准及生活生产安置等。

10. 附图及说明

附图及说明主要包括以下内容：①施工征地范围图及施工总布置图；②施工导流方案综合比较图及施工导流分期布置图；③导流建筑物结构布置图及导流建筑物施工方法示意图，施工期通航过木布置图；④主要建筑物土石方开挖程序及基础处理示意图；⑤主要建筑物的混凝土及土石方填筑施工程序、施工方法及施工布置示意图；⑥地下工程开挖、衬砌施工程序、施工方法及施工布置示意图；⑦机电设备、金属结构安装施工示意图；⑧砂石料系统、混凝土拌和及制冷系统布置图；⑨施工总进度表及施工关键路线图。

三、施工部署

施工部署是对项目实施过程做出的统筹规划和全面安排，包括项目施工主要目标、施工顺序及空间组织、施工组织安排等。它主要解决工程施工中的重大战略问题，是施工组织总设计的核心，也是编制施工总进度计划、设计施工总平面图以及各种供应计划的基础。施工部署正确与否，直接影响建设项目进度、质量和成本三大目标能否实现的关键。其主要内容包括以下几点。

1. 确定工程开展程序

确定建设项目中各项工程合理的开展程序是关系到整个建设项目能否尽快投产使用的重要问题。因此，要根据建设项目总目标的要求，进行合理的确定工程建设项目开展顺序，并从以下几个方面来考虑。

(1) 在保证工期的前提下，实行分期分批建设。这样既可以使每个具体项目迅速建成，尽早投入使用，又可在全局上取得施工的连续性和均衡性，以减少暂设工程数量，降低工程成本，充分发挥项目建设投资的效果。

一般水利建设项目都应在保证工期的前提下分期分批建设。这些项目的每一个单元或分部都不是孤立的，在建设时，需要分几期施工，各期工程包括哪些项目，要根据生产工艺要求、建设部门要求、工程规模大小和施工难易程度、资金状况及技术资源情况等确定。对于同一期工程应是一个完整的系统，以保证各生产系统能够按期投入生产。

(2) 各类分期分批项目的施工应统筹安排、保护重点、兼顾其他，确保工程项目按期投产。一般情况下，应优先考虑的项目有：按生产工艺要求，需先期投入生产或起主导作用的工程项目；工程量大，施工难度大，需要工期长的项目；运输系统、动力系统，如厂内外道路、铁路和变电站；供施工使用的工程项目，如各种加工厂、搅拌站等临时设施；生产上需优先使用的机修、车库、办公及宿舍等设施。

（3）一般项目均应按先地下、后地上，先深后浅，先干线后支线的原则进行安排。如地下管线和路面工程的程序，应先铺设管线，后施工路面。

（4）应考虑季节对施工的影响。如：大规模土方和深基坑开挖，一般要避开雨季；寒冷地区应尽量使房屋在入冬前封闭，在冬季转入室内作业和设备安装。

2. 拟定主要项目的施工方案

施工组织总设计中要拟定一些主要工程项目和特殊分项工程项目的施工方案。这些项目通常是建设项目中工程量大、施工难度大、工期长，在整个建设项目中起关键控制性作用的单位工程以及影响全局的特殊分项工程。其目的是进行技术和资源的准备工作，同时也确保施工顺利开展和现场的合理布置。其重要内容包括以下几个方面：

（1）施工方法和工艺流程的确定，要兼顾技术上的先进性和经济上的合理性，兼顾各工种和各施工段的合理搭接，尽量采用工厂化和机械化，重点解决单项工程中的关键分部工程（如深基坑支护结构）和主要工种的施工方法。

（2）主要施工机械设备的选择，既要使主导机械满足工程需要，发挥其效能，在各个工程上实现综合流水作业，又能使辅助配套机械与主导机械相适应。

（3）划分施工段时，要兼顾工程量与资源的合理安排，以利于连续均衡施工。

3. 明确施工任务划分与组织安排

在明确施工项目的管理机构和体制的条件下，划分各参与方的工作任务，明确各承包单位间的关系，建立施工现场统一的组织领导机构及其职能部门，确定综合的施工队伍和专业的施工队伍，明确各单位间的分工合作关系，划分施工段，确定各施工单位分期分批的主攻项目和穿插项目。

4. 编制施工准备工作计划

施工准备工作是顺利完成项目建设任务的保证和前提，必须从思想上、组织上、技术上和物资供应等方面做好充分准备，并做好全场性的施工准备工作计划。其主要内容如下。

（1）安排好场内外运输，施工用主干道，水电来源及其引入方案。

（2）安排好场地平整方案和全场性的排水、防洪措施。

（3）安排好生产、生活基地，在充分掌握该地区情况和施工单位情况的基础上，规划混凝土构件预制，其他构配件加工，仓库及职工生活设施。

（4）安排好各种材料堆场、库房用地和材料货源供应及运输。

（5）安排好冬、雨季施工的准备。

（6）安排好场区内的宣传标志，为测量放线做准备。

（7）编制新工艺、新结构、新技术与新材料的试制试验计划和培训计划。

四、施工进度计划编制

施工进度计划可用进度横道图或网络图等形式表示。横道图（图 8-38）较为直观，一目了然，但不能反映各工序间的内在联系，一般用于单位工程及单项工程。对于一个工程项目，宜编制网络进度计划图。

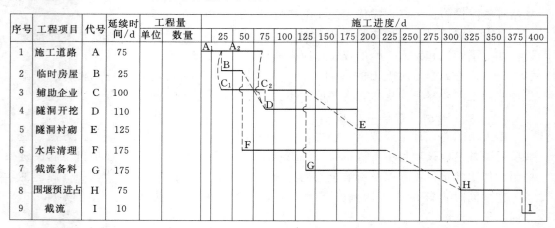

序号	工程项目	代号	延续时间/d	工程量		施工进度/d													
				单位	数量	25	50	75	100	125	150	175	200	225	250	275	300	325	350	375	400
1	施工道路	A	75																		
2	临时房屋	B	25																		
3	辅助企业	C	100																		
4	隧洞开挖	D	110																		
5	隧洞衬砌	E	125																		
6	水库清理	F	175																		
7	截流备料	G	175																		
8	围堰预进占	H	75																		
9	截流	I	10																		

注　1. 实线代表项目及其起止时间。

　　2. 虚线指出项目间的逻辑关系。

　　3. 延续时间一栏数据，系根据工程量和施工能力估算而得的结果，未列出计算过程。

图 8-38　某项目施工进度横道图

五、施工总体布置

1. 施工总体布置的原则及内容

施工总体布置是根据工程特点和施工条件，研究施工期间的各种施工设施的平面和立面布置问题，为顺利施工创造条件。

8-4

施工总体布置

（1）施工总体布置的原则如下：

1）工地可划分为施工区、辅助企业及仓库区、行政管理及生活区。

2）临时工程的布置应与主体工程密切配合，不得妨碍主体工程施工。

3）要尽量减少材料的运转次数和运输距离，场地布置要符合经济合理的原则。

4）布置要符合施工技术规范要求，如混凝土拌和、空压机等要符合有效作用半径。

5）必须考虑防洪度汛、安全、防火、卫生、环保等要求。

6）布置尽量紧凑，少占耕地，并结合以后的城镇规划。

（2）施工总体布置的主要内容如下：

1）根据主体工程的施工要求和地形、地质等条件，进行施工场地分区、辅助企业、大型临时设施等布置。

2）对场内主要交通运输线路、电力供应、供水供气管路等进行综合布置。

3）拟订几种可能方案，进行比较和论证后优选。

2. 施工平面总体布置图

施工平面总体布置图（图 8-39）是施工组织设计的一项主要成果。一般施工平面总体布置图应包括以下内容。

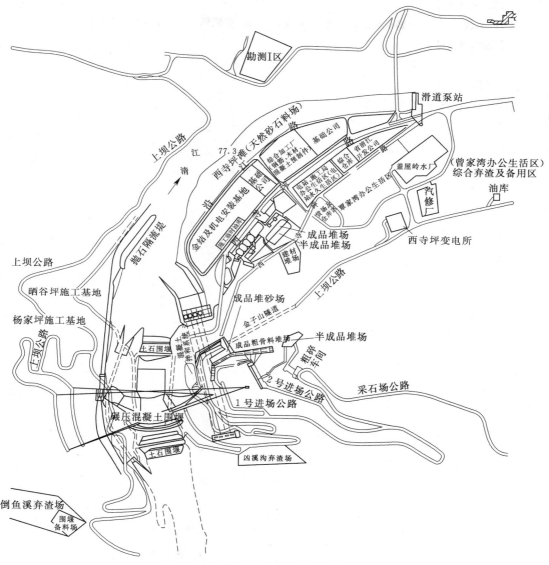

图 8-39　某水利枢纽施工平面总体布置图

（1）地上、地下一切已建和待建的永久建筑物和房屋。

（2）服务于施工的一切临时性建筑物，如各种仓库、生产、生活的各种临时房屋。

（3）各种临时工程建筑物、各种料场及加工系统、混凝土制备系统。

（4）水、电和动力供应系统、运输系统。

（5）其他施工辅助企业以及安全、消防等系统。

在总规划的基础上，先进行各项建筑物的布置，然后布置各种临时设施和线路，最后对施工总体平面布置图进行协调和修整，其比例一般为 1:5000～1:1000。

【知识拓展】

以你熟悉的一个具体工程为例，简要阐述施工组织设计的内容有哪些？

【课后练习】

扫一扫，做一做。

【阶段测试】

扫一扫，做一做。

第八章
练习题

第八章
测试卷

第九章 水利工程管理

【知识目标】

1. 了解水利工程管理的任务与内容。

2. 掌握水工建筑物检查观测的主要内容和手段，了解信息技术在管理中的应用情况。

3. 掌握水工建筑物养护和维修的基本知识、主要技术措施与手段等内容。

【能力目标】

1. 初步具备根据不同情况确定水工建筑物检查观测方法的能力。

2. 初步具备根据不同情况确定水工建筑物养护和维修方法的能力。

【素养目标】

1. 树立正确的学习观念，具备独立思考、有效沟通与团队合作的能力，具备一定的国际视野及服务社会的信念与态度。

2. 了解水利工程管理技术革新的信息，特别是水利信息化管理的相关知识，了解相关技术对环境、社会及全球的影响。

3. 有良好的思想品德、道德意识和献身精神，培养"依法治水、创新治水、科学治水"的理念。

【思政导引】

坝道工程医院——创新创造永远在路上

坝道工程医院是由中国工程院王复明院士倡导成立的、对工程基础设施进行"健康检测、病害诊断、修复加固、应急抢险"的公益性综合服务技术平台。坝道工程医院总院（郑州）于 2017 年 11 月 5 日成立，先后成立了南方总部（惠州）、华中分院（武汉）、建筑地基基础行业分院（郑州）、市政分院（菏泽）、齐鲁交通分院（山东）、轨道交通分院（济南）等 24 家分院，在河南省驻马店市平舆县建立了占地 266 亩的工程医院原型实验场，已形成以地域及行业特色划分的分院服务平台体系。人生了病，可以去医院。道路桥梁、堤坝工程有了问题，该怎么办呢？王复明院士倡导的"工程医院"聚焦解决在建与在服役基础工程的"疑难急险"，由于这些基础工程多为堤坝和道路，因此取名为"坝道工程医院"，同时这也是一个多学科交叉的基础工程综合服务平台，主要是通过汇集国内外一流专家和先进技术，用最经济、最有效、最环保的方式为基础工程"诊病开方"。近几十年来，我国基础工程设施建设发展迅速，规模巨大，但基础工程设施像人一样，随着时间的推移，也会得"慢性病"或"急性病"。基础工程设施的病因非常复杂，有的是因为本身的结构质量缺陷与性能劣化，有的是因为自然灾害、地质环境等外部环境变化而受侵害，还有的是因为人为破坏。水库大坝年久失修、重建轻管，造成大坝渗漏、混凝土碳化和老化、结构失稳、堤防出险等问题，城市道路坍塌、桥梁垮塌事故频发，严重影响人们的出行安全，而针对此类"疑难急险"，工程医院可以进行病害检测、诊断与修复治理，实现"体检在现场，诊断在云端，专家在全球，服务在身边"的效果。坝道工程医院也像人类医院一样，设有综合科室、专业科室和特色科室，可为各类堤坝、路基道面、隧道、地铁、综合管廊、地下管道、地上建筑结构等进行诊治。

我国是世界上水利工程数量最多的国家之一，也是水利工程管理历史最悠久的国家之一。在如今绍兴禹王庙内，保存着数千年之前我国用水管理的碑文。运行了2000多年、闻名中外的四川都江堰工程、桂林兴安的灵渠，堪称世界水利史上的明珠。

水利作为国民经济的基础产业历来受到重视。国家建设了一大批水利水电工程，为抵御水旱灾害和保护人民生命财产发挥了重要作用。然而，由于长期存在"重建设，轻管理"的现象，许多水利工程和设备老化失修，带病运行，效益衰减，影响了工程效益的发挥，甚至造成严重事故，国内外均有不少这样的案例。

1975年8月，因特大暴雨，中国河南省板桥和石漫滩两座大型水库洪水漫坝失事，造成1000余万人受灾。图9-1为板桥水库溃坝场景。

图 9-1　河南省板桥水库溃坝

为贯彻落实党中央、国务院关于进一步扩大内需，促进经济平稳较快增长的决策部署，进一步加强水利工程管理，促进水利建设事业健康发展，需要做好检查观测、养护修理、调度运用、改建扩建等方面工作，从而保持建筑物和设备的良好技术状态，确保工程安全，充分发挥工程效益。

第一节　水利工程管理的任务与内容

【课程导航】

问题 1：水利工程管理的任务是什么？

问题 2：水利工程管理的内容有哪些？

一、水利工程管理的任务

水利工程管理是指通过合理调水用水，除害兴利，最大限度发挥水资源的综合效益；通过检查观测，了解建筑物的工作状态并及时发现隐患；通过养护和修理，保持工程处于良好工作状态；通过科学研究，提高管理水平并逐步实现工程管理现代化。广义的水利工程管理，除以上技术管理工作外，还包括水利工程行政管理、经济管理和法制管理几个方面。

9-1 ▶

水利工程管理
的任务与内容

二、水利工程管理的内容

1. 法制管理

法制管理包括制定管理法规和实施管理法规。管理法规包括社会规范和技术规范，是人们对水利工程设施及在其保护范围内从事活动的准则。自 1979 年以来，国务院颁布了多个水利工程管理法规，如《保护水库安全和水产资源的通令》《水库工程管理通则》《中华人民共和国航道管理条例》《中华人民共和国河道管理条例》等，各级地方政府也先后发布了相应的条例或办法，逐步形成管理法规体系。

2. 调度运用及自动化管理

根据已批准的调度运用计划和指标，结合工程实际情况与用水部门的要求，参照近期水文气象预报资料进行洪水调度和兴利调度。通过大坝安全自动监控系统、防洪调度自动化系统、调度通信和警报系统及供水调度自动化系统等现代化手段，为工程管理科学化与规范化、防汛抢险、保障工程安全、发挥工程效益及降低运行管理费用提供技术保障。

3. 检查观测及资料积累

管理人员通过现场观察和仪器测量，掌握建筑物变形、渗流、应力、温度、水流、冰情、泥沙、崩塌、库区浸没等方面的变化规律，来达到以下目的：为工程正确运用提供科学依据；及时发现异常迹象，确保工程安全；根据观测数据和变化规律，验证原设计正确性；对水质变化动态做好预报；积累、分析及应用技术资料，建立技术档案。

4. 养护修理

为保证水利工程的完整状态和正常运用，对建筑物、机电设备、管理设施及其他附属工程进行日常维护和定期修理。养护和修理是相辅相成的，若不注意对建筑物及机电设备的养护，就会逐渐出现各种损害并导致严重破坏，这时就需要修理。

5. 防汛抢险

防汛抢险是为了防止洪水灾害，确保工程及防护区安全地度过汛期，而进行的一

215

项重要工作。汛期时，要及时了解气象水文状况，预报水情，必要时下达警报；巡查和守护防洪工程，运用防洪系统各项措施，依据水情和工程状况以及防汛调度计划，控制调度洪水，遇有险情立即抢护；当发生超标准洪水时，请示上级同意后采取紧急措施（如分洪、撤离分洪区居民等）以减小损失。

6. 科学研究及应用

为了提高水利工程管理水平，就需要研究如何保证水利工程的安全运行、如何提高工程的经济和社会效益、如何延长工程设施的使用寿命、如何降低运行成本……，通过开展科学试验，研究新技术、新材料和新工艺，并把这些成果应用到水利工程管理当中。

【知识拓展】

查找相关资料，进一步明确水利工程管理的内容和任务。

【课后练习】

扫一扫，做一做。

第二节　水工建筑物的检查与观测

【课程导航】

问题1：水工建筑物检查的类型有哪些？内容与方法如何？

问题2：水工建筑物观测内容与方法有哪些？

问题3：信息技术在检查观测中的应用情况如何？

水工建筑物经常受到各种荷载和水的作用，内部状态不断变化，而且变化常常是隐蔽的，比较缓慢且不易察觉的。因此，需要预埋一定的观测设备和仪器，在施工及正常运用期进行经常的、系统的观察和量测，对水工建筑物的性态进行检查观测。对水工建筑物进行原型观测和运行安全状态的监测主要应达到以下三个方面的效果。

（1）对有隐患的水工建筑物的严密监视，能及时发现和预报其异常现象，使工程缺陷得到及时处理，避免事故的发生。

（2）竣工运行初期，依靠原型观测资料全面了解大坝的实际状态，检验设计的假定和方法，并为后期正常运用和管理提供主要依据。

（3）原型观测是检验和控制施工质量（如温度控制、接缝灌浆）的主要手段。

一、水工建筑物的检查

水工建筑物检查主要是用眼看、耳听、手摸等直觉或辅以简单的工具，从建筑物外观显示出的不正常现象中判断建筑物内部可能发生的问题。

1. 检查的分类

水工建筑物的检查工作主要包括如下内容：

（1）日常巡查。专门技术管理人员每周一次、汛期特别是出现大洪水时每天一次检查。

（2）年度检查。每年组织一两次的专项检查如汛前汛后、用水前后、冻融前后。

（3）特别检查。当遇突发情况如暴雨、大洪水、地震、严重破坏、重要险情时，要特别检查，管理单位组织特别检查，或报请上级主管部门会同检查。

（4）安全鉴定。在工程投入运用的 3～5 年内，对工程进行一次安全鉴定；以后每隔 6～10 年进行一次，由主管部门组织工管、施工、设计、科研等单位及有关专业人员共同参加。

2．检查的内容

对于土工建筑物，如土石坝、堤防等，现场检查观察内容有：土工建筑物的边坡和坝（堤）脚的裂缝、渗水、塌陷等现象。对于堤防工程，还应观察护坡草皮和防浪林的生长情况，护坡和护岸是否完好，堤身是否有挖坑、取土等现象。对于混凝土建筑物的检查内容包括：坝顶、坝面、廊道、消能设施等的裂缝，两岸接头处的渗漏，表面脱落，松软和侵蚀等现象。对于金属结构，应注意观察其有无裂缝以及是否出现焊缝开焊、铆钉松动、生锈等现象。

对于中、小型工程，经常性的观察和检查尤其重要，应发现问题及时，处理问题得当。

二、水工建筑物观测

水工建筑物观测的项目包括：变形观测、裂缝观测、应力和温度观测、渗流观测和水流观测等。观测方法已从单点施测向集中遥测、遥感、自动记录和数据处理、自动显示和闭路电视全观的全面自动化方向发展。

1．变形观测

变形观测包括土石及混凝土建筑物的变形（水平和铅直位移）观测。变形观测可以掌握变形的变化规律，研究有无裂缝、渗漏、滑坡等趋势，是判断水工建筑物正常工作的一项重要的观测项目。

（1）水平位移观测。对于测点在坝体表面上的土坝和混凝土坝，可用视准线法或三角网法施测。视准线法适用于坝顶长度不大于 600m 的直线形坝（如土石坝、重力坝）；三角网法适用于任何坝型。图 9 - 2 是土坝的视准线法水平位移观测布置，图 9 - 3 是拱坝的水平位移三角网法的观测平面布置。

位移标点的布置应根据建筑物的重要性、规模、施工条件以及所采用的观测方法来确定。对土坝要在有代表性、能控制主要变形的地段上选择观测断面，全坝不得少于 3 个断面，断面间距 50～100m。每个断面上的标点数应不少于 4 个（上游正常蓄水位以上至少 1 个）。对混凝土重力坝而言，可在平行坝轴线的坝顶下游坝肩、坝趾及每个坝段中间各设一个标点。对于拱坝，一般用三角网法，应在坝顶上每隔 40～50m 埋设一个标点，至少在拱冠、1/4 拱圈及两岸接头处各埋设一个标点。观测工作基点应置于不受任何破坏而又便于观测的岩石或坚实的土基上。用视准线法观测的工作基点，常将其布置在建筑物两岸每一纵排标点延长线上，在坝顶和坝坡上布置测点，利用工作基点间的视准线来测量各测点的水平位移。而用三角网法进行水平位移观测，则利用 2～3 个已知坐标的点作为工作基点，通过对测点交会算出其坐标变化，从而确定其位移值。

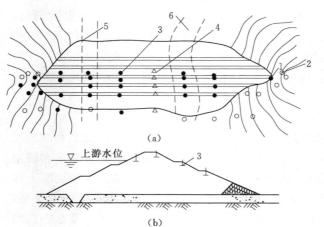

图 9-2　土坝的视准线法水平位移观测布置

（a）平面图；（b）横断面

1—工作基点；2—校核基点；3—位移标点；
4—增设工作基点；5—合拢段；6—原河

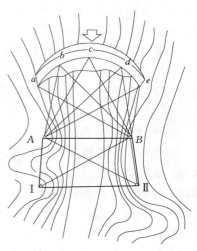

图 9-3　拱坝的水平位移三角网法观测
平面布置

Ⅰ、Ⅱ—校核标点；A、B—三角网工作基点；
a、b、c、d、e—标点或增设工作基点

混凝土和砌石坝的水平位移还可以用引张线法测量。首先在廊道内坝体两端的基点间拉紧一根钢丝作为基准线，然后测量坝体上各测点相对于基准线的偏离值，进而计算水平位移量。另外，混凝土及砌石坝水平位移沿坝体高程不一样，高程越高位移越大，还需要观测坝体水平位移沿高程的分布，并绘制成图，即坝体的挠度，一般用正垂线或倒垂线来观测。

（2）铅直位移（沉陷）观测。土石坝沉陷及其他坝型外部的铅直位移，都可用精密水准仪测定。混凝土坝内的铅直位移由于比较小，除用精密水准仪测定外，还可用精密连通管法量测。

土石坝固结观测的目的是为了了解土石坝在施工及正常运用期坝体内的固结和沉降（垂直位移）的情况。它是在坝体具有代表性的断面，即观测断面内，逐层埋设横梁式沉降仪（图 9-4）、电磁式沉降仪、干簧管式沉降仪、深式标点、水管式沉降仪等，以测量各测点的高程变化，从

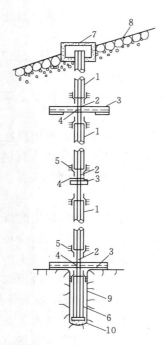

图 9-4　横梁式沉降仪结构

1—套管；2—带横梁的细管；3—横梁；4—U 形
螺栓；5—浸以柏油的麻袋布或棕皮；6—管座；
7—保护盒；8—块石护坡；9—岩石；
10—混凝土底座

而计算出坝体内的固结度和沉降量。固结管一般埋设在原河床、最大坝高、合拢段以及进行过固结计算的剖面内。沉降观测应与坝体其他位移观测、坝体内孔隙水压力变化的观测配合进行，以了解固结、沉降和孔隙水压力分布及消长情况，便于合理安排施工进度，核算坝坡的稳定性。观测的次数，施工期间随坝体的填筑升高，每安装一节套管或细管、标杆、沉降环，和已埋设的各测点进行一次观测；停工期每隔10天观测一次；竣工后，与其他位移、孔隙水压力等项目的测次相同。

　　2. 裂缝观测

　　混凝土建筑物的伸缩缝是永久性的，是随着外部荷载环境（如水库水位、水温、气温）及混凝土温度的变化而开合的。其观测方法是在测点处埋设金属标点或用测缝计进行。一般可在最大坝高、地质情况复杂或进行应力应变观测的坝段的伸缩缝上布置测点。测点的位置，一般可安设在坝顶、坝面和廊道内，一条伸缩缝上的测点不得少于2个。测缝计可选用差动电阻式、电位器式测缝计。需要观测空间变化的，亦可埋设"三向标点"，即三点式金属标点，它由大致在同一水平面上的三个金属标点组成，其中两个标点埋设在伸缩缝的一侧，其连接线平行于伸缩缝，并与在缝的另一侧的一个标点构成三边大致相等的三角形，如图9-5所示。

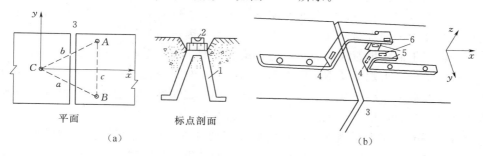

图9-5　三向测缝计

（a）三点式金属标点结构图；（b）型板式三向标点结构安装图

A、B、C—标点；1—埋件；2—卡尺测针卡着的小坑；3—伸缩缝；4、5、6—x、y、z方向的标点

　　混凝土建筑物的非正常情况所产生的裂缝，其长度、宽度和深度的测量根据不同情况采用测缝计（埋设方式如图9-6所示）、设标点、千分表、探伤仪以及坑探、槽探或钻孔等仪器或方法。对于重要裂缝的宽度的变化与发展，一般采用在裂缝两侧的混凝土表面各埋设一个金属标点进行观测，金属标点的结构形式如图9-7所示。

　　对于混凝土面板堆石坝的周边缝，其测点的布置，可根据大坝的级别、地形和地质、面板的规模与尺寸等情况确定，一般布置在正常水位以下的周边缝上。周边缝的测量，常用单向大量程位

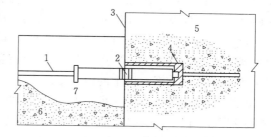

图9-6　测缝计埋设示意图

1—电缆；2—波形管；3—接缝；4—套管；5—高浇筑块；6—低高浇筑块；7—挖去部分

219

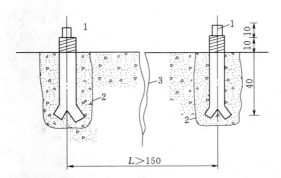

图 9-7 金属标点的结构示意图（单位：cm）
1—游标卡尺卡着处；2—钻孔线；3—裂缝

移计构成的测缝计组，测缝计可用国产的 TSJ 型电位器式（线位移）、3DM-200 型旋转电位器式测缝计等。其具体的构造及安装方法等可参考专门文献。

3. 应力和温度观测

（1）混凝土坝的应力和温度观测。应力观测，可根据工程的重要性、建筑物的类型、受力情况和地基条件，选择一些具有代表性的坝段进行。如对重力坝，一般选择一个溢流坝段和一个非溢流坝段作为观测坝段，在观测坝段上除靠近地基（距地基不小于 5m）布置一个观测截面外，还可根据坝高、结构形式等条件布置几个截面，每个截面上最少布置 5 个测点。对于拱坝一般选择拱冠梁和拱座断面作为观测面。

混凝土坝的内部温度观测，可采用电阻式温度计等，测点分布应该是越接近坝体表面越密。在钢管、廊道、宽缝和伸缩缝附近，测点还应适当加密。坝体内部温度的观测应与坝体周围的水温、气温、基岩温度等外界因素的观测相配合。

（2）混凝土面板堆石坝的面板应力和温度观测。混凝土面板堆石坝的面板应力观测包括混凝土的应力观测及钢筋应力观测两部分，对于一、二级建筑物须同时观测混凝土的温度和应力。应力观测应与坝的上下游水位、气温、挠度和接缝位移等观测配合进行，同步测量，以便对观测结果进行比较分析。

面板的混凝土应力观测须在面板内埋设应变计（或应变计组），同时另外埋设无应力计并做混凝土的徐变试验。应变计（或应变计组）用以观测混凝土的应力应变及非应力应变两者之和，无应力计用以观测混凝土的非应力应变。非应力应变包括由温度、湿度及化学因素共同作用产生的总变形。钢筋应力，用在钢筋的设定部位焊接的钢筋计观测。

面板应力观测的测点应选择在有代表性的板条上（观测板条），所有应变计要埋设在观测板的中性平面（即在板厚度的中间位置），并与板的迎水面平行。所有测点在观测板中性平面上的位置应沿水平向和坡向按规定的网格状排列。钢筋计布置在钢筋网上。应变计及钢筋计还同时应具有测温功能。

（3）土压力观测。土压力的观测常用土压力计，土压力计有边界式（接触式）和埋入式（土中）两类，前者用于测量土与混凝土建筑物表面接触处的接触压力；后者用于测量坝体（土坝）填土的内部土压力。

土坝土压力的观测断面可选取 1~2 个横剖面，在每个断面上按不同高程布置 2~3 排测点。对于心墙坝，每排测点可分别布置在心墙中心线、心墙与坝壳接触面上，以及下游坝壳内，见图 9-8。为计算大小主应力、剪应力，仪器应成组埋设（每组 2~3 个）。如与孔隙水压力计配合埋设，则可求得总应力。

适用于土石坝压力观测的土压力计（埋入式）有钢弦式和差动电阻式。钢弦式仪器长期稳定性好，结构牢固，操作方便，易自动化，分为立式和卧式，它是利用钢弦伸长或缩短而引起自振频率的变化来反应应力的变化，经常采用。

接触面处的土压力观测，在承受填土侧压力的建筑物部位，如岸墙、与土石坝连接的溢洪道等建筑物的边墙，选择受力最大的 1～2 个断面布置测点，

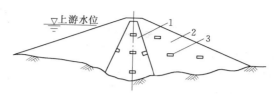

图 9-8　土坝坝体内土压力测点布置示意图
1—心墙；2—坝壳；3—测点

测点在挡土建筑物二分之一墙高度以下布置应密一些，上部可稀一些。

土压力计的埋设，应在混凝土建筑物施工的同时进行，观测后应绘制出断面上的土压力分布图和接触压力过程线。

（4）土坝孔隙水压力观测。土坝孔隙水压力观测的目的是了解土石坝坝身或坝基产生的孔隙水压力大小及其分布与消散情况，以及其对施工阶段的质量、进度的影响，大坝运用期间的渗流状态与坝身稳定状况，以确保大坝安全。孔隙水压力观测应与变形观测、土压力观测配合进行，并应同时观测上下游水位、降雨量和地下水位（包括坝两岸山体内的水位）。

观测设备的布置，一般应在原河床、最大坝高处、合拢段、地基状况较差的横断面布设。观测断面至少应有 2 个（包括最大坝断面），并尽可能与沉降和土压力观测设在同一横断面上，测点应尽量靠近。孔隙水压力观测仪器设备分为水管式、测压管式、钢弦式、差动电阻式和电阻应变片式等，不同结构形式应采用不同的埋设方法。

对孔隙水压力观测资料，应及时整理分析，绘成成果曲线和计算值对比论证，结合施工运用，分析孔隙水压力变化速率、范围和趋势，提出对设计、施工和运用的意见和建议。成果曲线包括：①土坝孔隙水压力过程线；②孔隙水压力与荷载的关系曲线；③孔隙水压力等值线图；④库水位与孔隙水压力水头过程线；⑤沉降量与孔隙水压力关系曲线等。

4. 渗流观测

水工建筑物渗流观测的目的是以水工建筑物中的渗流规律来监视其施工期和运行期的性态和安全，检验理论计算结果。渗流观测的主要内容包括渗流量、扬压力、浸润线、绕坝渗流及孔隙水压力等。

（1）土石坝的渗流观测。土石坝渗流观测的主要项目包括坝体浸润线的位置变化、坝基的渗流动水压力及导渗减压的效能、绕坝渗流情况、渗流量及渗水温度等。

1）浸润线观测。通过测压管可以观测坝体内浸润线的位置变化。观测断面一般布置在最重要、最有代表性，而且能够控制主要渗流情况和估计可能发生问题的地方，例如河床段最大坝高断面、合拢断面和可能产生裂缝的断面等。对大中型工程，观测断面不少于 3 个。测点的布置，在每一个断面内，位置和数目应根据影响浸润线位置的因素和能绘出等水位线或等势线的分布而定。

测压管水位常用测深锤、电测水位计等测量。测压管有金属管、塑料管和无砂混凝土管等几种，其构造大体由进水管段、导管和管口保护等三部分组成。

221

测压管是在土坝竣工后蓄水之前钻孔埋设的，埋设后应及时进行注水试验，检查其灵敏度是否合乎要求。检查合格后应在管口加盖上锁并编号。观测的次数根据坝的稳定情况而定。初次蓄水期，应 3 天观测一次；投入正常运行期，上游水位低于设计水位时，观测次数可以减少，但至少每 10 天观测一次；在汛期，上游水位超过正常水位或上涨较快时，应每天一次。观测时应同时进行上、下游水位观测。

2）渗流量观测。渗流量观测的目的是了解渗流量的变化及水库渗漏水量损失，据此分析土石坝的安全性。坝的渗流量包括坝体渗流量、坝基渗流量和绕渗或两岸地下水补给的渗流量，应尽量做到分区观测，以监测各种渗流量大小的变化及渗透稳定性。

渗流量的观测方法，根据渗流量的大小和汇集条件，一般可采用容积法（适用于渗流量小于 1L/s 的情形）、量水堰法（一般要求渗流量小于 300L/s）和测流速法（渗水能引入具有较规则的平直段的排水沟内时采用）。最常用的是量水堰法。量水堰又分为三种形式，即三角堰（适用于渗流量为 1～70L/s 时）、梯形堰（适用于渗流量为 10～300L/s 时）和矩形堰（适用于渗流量大于 50L/s 时）。

渗流量量测位置布置，一种是一直沿用的下游坝脚附近设堰量测总渗流量；另一种采用分区观测渗流量布置，即不同渗透部位设堰量测局部渗流量。前者易受降雨、发电尾水和人为破坏因素影响，但设备简单，能掌握总渗流量的长期变化情况。

3）绕渗观测。绕渗观测也是浸润面（线）的观测，可用水管式孔隙水压力仪等观测。其观测测点布置，应根据坝型、两岸山体的地质构成情况、防渗与排水措施的形式、坝体与两岸或混凝土建筑物的连接形式等特点而定。图 9-9 是两岸山体的透水性相差不大的均质坝的测点布置，每岸一般要求设 3～4 个观测断面，每个断面上设 3～4 个钻孔，每个钻孔设 2～3 个观测点，且不同钻孔内设的测点最好位于同一高程。

（2）混凝土建筑物的渗流观测。混凝土建筑物的渗流观测包括地基扬压力观测、建筑物内部渗透压力观测、渗流量和绕坝渗流观测、外水压力观测等。

地基扬压力观测，常采用的是测压管或差动电阻式渗压计，测点沿建筑与地基接触面布置。对大中型混凝土建筑物，测压断面不少于 3 个，每个断面测点也不少于 3 个。图 9-10 是重力坝坝基扬压力测点布置图。渗透流量及绕坝渗流的观测方法与土坝相同。混凝土建筑物其他的几种渗流观测可参考专门文献。

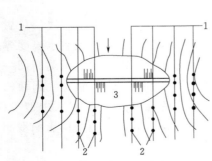

图 9-9　绕坝渗漏测点布置平面图

1—观测断面；2—钻孔；3—均质坝（平面）

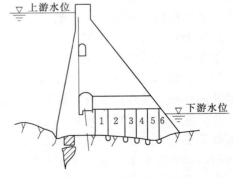

图 9-10　坝基扬压力测点布置图

1～6—测压管

5．水流观测

（1）水流形态的观测。水流形态观测包括水流平面形态、水跃、水面线以及挑射水流的观测等。观测是不定期的，观测时应同时记录上、下游水位，流量，闸门开度，风力和风向等。水流形态观测一般是用水文观测的方法进行，辅以摄影、录像、目测、描绘和描述等。

（2）高速水流的观测。水工建筑物的高速水流会引起建筑物的振动、空蚀等现象，因此要对其产生的振动、空蚀、进气量、过水面压力（脉动压力和负压等）进行观测，其观测部位、方法和设备等，参见《高速水流原型观测手册》。

三、信息技术在检查观测中的应用

随着现代科技的发展，以计算机和通信网络为核心的信息技术革命正深刻地改变着人类的生活和工作方式。作为国民经济基础产业的水利行业同样面临着信息化建设的问题，水利信息化是水利现代化的基础和标志。水利工程检查观测正从传统观测方式向集中遥测、遥感、自动记录和数据处理、自动显示和闭路电视等自动化、信息化方向发展。

9-2

信息技术在水利工程管理中的应用

水利工程管理自动化装置或系统大体上包括水情（降水、水位、地下水位、土壤含水量等）、气象（风向、风速、蒸发量、湿度、温度等）参数的自动检测（或遥测）；河、渠水深、流速、流量、水量的自动检测或遥测；闸群自动控制，工程安全监测自动化、灌溉渠系自动化、喷灌自动控制，其他还有水资源优化调度、防洪抗旱通信调度、办公自动化等。

（一）水情自动测报系统

水情自动测报系统（图9-11）是应用传感、遥测、通信、计算机技术，进行水情数据采集、报送和处理的系统。水情数据包括雨量、水位、流量、地下水位、含沙量、水质、土壤墒情等。

1．任务

建立水情自动测报系统的目的是防洪、兴利和水利调度，其任务是实时收集流域内（或者说目标区域内）的各类水情信息，经过处理后适时作出水情预报（如洪水预报、旱情预报、洪灾预报），争取预见期，最大限度地减少以至避免洪水、旱灾造成的损失。最大限度地发挥工程效益，如优化输配水方案，确保水利工程安全，提高水的利用率，在一定条件下，可多蓄水、多发电等。

2．功能

水情自动测报系统按功能可以分为三大部分，即数据采集、数据传输和数据处理。

（1）数据采集装置通常为一具有 A/D 转换接口的传感器，有时装置还具有显示、存储、打印等功能，这些采集装置往往称之为非电量电测仪。

（2）数据传输包括信道和传输控制装置。信道包括传输介质和信道机，如有线或无线信道及相应的收发信机。传输控制装置负责遥测信号的采集控制，传输控制、发送控制以及可接受遥控指令执行命令等。

（3）数据处理在中心站由计算机完成。通常有两台计算机工作，一台为前置机，一台为主机，完成数据收集、预处理，并根据收集数据的目的作出相应的处理。

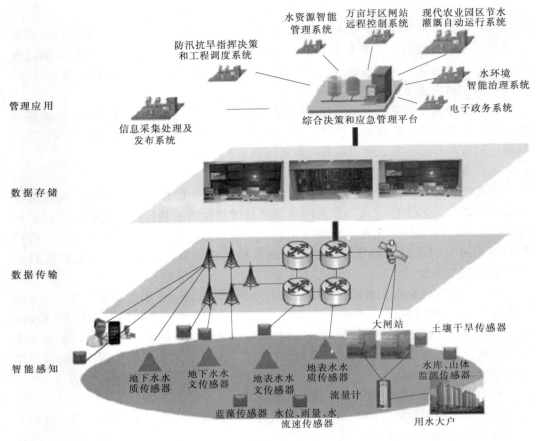

图 9 - 11　水情自动测报系统工作原理图

3. 组成

水情自动测报系统一般由一个中心站，若干个中继站、数个或数十个，甚至上百个各类遥测站组成。

（1）中心站。中心站主要由前置处理机、主机、收发信设备、外围设备及电源等组成。

（2）测站。测站主要由传感器、收发信设备、无线水情遥测仪、电源等组成。

（3）中继站。中继站是遥测站到中心站的中转站，中继站主要由太阳能电池板、蓄电池、天馈线、中继机、双工电台等单元组成，主要负责信号的接收与转发。

（4）水情自动测报系统的组建及运行管理。组建水情自动测报系统应严格按照水文自动测报系统规范执行。

（二）水工建筑物监测系统

水工建筑物监测系统（图 9 - 12）是指通过充分利用现代信息技术，开发出的一套在原型观测技术方面具有先进性、可靠性、通用性和可扩充性的，并能进行自动监测和数据处理分析，保存和辅助观测设备的网络系统，也称为工程安全检测分析评价预报系统。

图 9-12 水工建筑物监测示意图

大坝安全监测数据自动采集系统，按采集方式可分为集中式、分布式和混合式三类。

监测仪器是实现大坝安全监测自动化的基础，其精度和稳定性直接影响到实测数据的可靠性。我国生产的电容式、电感式、步进电动机式、光电耦合阵列 CCD 式、差动变压器式、钢弦式、差动电阻式等十余种，包括垂线坐标仪、引张线仪，静力水准仪、渗压计和 CCD 激光探测仪等，在实践应用中效果较好。

（三）闸门自动控制系统

目前，闸门自动控制系统（图 9-13）主要采用集散型分布式计算机控制系统（DCS 系统），系统总体功能设计如下。

1. 中心站主要功能

（1）中心站对闸门进行实时的监视和控制，通过显示屏或监视器观察闸门运行状态。

（2）中心站对接收的闸门实时数据进行处理后，依用户所提供的模型或要求进行存储、显示或打印。能实现操作命令记录，操作结果记录，具有资料存储、检索、查阅的能力。

（3）中心站根据水位数据与供电监测的数据，决定可否调度

图 9-13 闸门自动控制系统界面

并按照闸门调度运行方案进行群闸实时调度，由计算机发出调度指令，自动控制相关闸门的运行。

（4）控闸过程中，中心站计算机实时对被控闸门及供电质量进行监视和管理，若现场出现控制故障能实时报警，并提示相关的故障现象，存储、打印。

（5）自动实时接收水情遥测系统所需测站的水位、雨量数据，实时自动接收闸前、后水位站发来的水位信息并转发给闸控站。

（6）通过有线或无线通信，中心站可将所需的闸门信息、水位信息或电参量信息发送至上一级监控中心。

2. 闸控站主要功能

（1）自动采集闸门开度（闸位）和有关配电开关状态、电压、电流、压力等工况参数，误差与精度满足规范要求，并将参数自报给中心站，并响应中心站计算机发来的召测命令。

（2）自动监测系统参数，判别电动机能否具备启动运行条件。

（3）根据闸门调度运行方案，随时接收中心站计算机发出的闸门遥控指令，确认正确无误后，启动控制电路，控制相应闸门的升、降、停的运行，并实时反馈控制终端所监测闸门的各项参数及现场工况，控制精度满足用户要求。

（4）在闸门运行过程中如出现倾斜、卡孔、越限、过速、反向运行以及供电不正常（如电压、电流越限、过流、断相）等故障，应立即停机并告警，同时向中心站发送有关信息，标识出可能的故障类别。

（5）具备本地/远方切换测控的功能。进行本地的操作控制，主要是方便现场的功能调试与故障检测和维护。

【知识拓展】

查找相关资料，重点了解信息技术在检查观测中的应用情况。

【课后练习】

扫一扫，做一做。

第三节　水工建筑物的养护和维修

【课程导航】

问题1：水工建筑物养护的内容有哪些？

问题2：水工建筑物维修的内容与方法是什么？

水工建筑物长期与水接触，在复杂的外界自然条件影响和各种外力作用下，其状态随时都在变化。有的遭受侵蚀、腐蚀等化学作用，泄流时的水流还可能产生冲刷、空蚀和磨损等现象；有的存在设计不周，施工不完善或运行管理不当的问题；还有的曾遭遇特大洪水、地震等的破坏，所造成的缺陷，必将逐渐发展影响建筑物的安全运用，严重的还会导致失事。因此，需要对水工建筑物采取积极的经常性的养护和及时维修，以确保工程的安全和完整，充分发挥并扩大工程效益，延长工程使用寿命。

水工建筑物的养护和维修，必须以防为主，防重于抢，首先做好防护，防止缺陷的发生和发展。

一、水工建筑物的养护

水工建筑物的养护是指保持水工建筑物完整状态和正常运用的所进行的日常维护工作，还包括一般的小修小补，是经常的、定期的、有计划和有次序地进行的管理工作。

水工建筑物的养护，按其结构的材料性质，有以下几个方面的主要内容。

1. 土坝养护

土坝最容易产生的问题是土坝的裂缝、滑坡、漏水，排水设施堵塞和破坏，护坡的裂缝、松动、风化和崩塌等。土坝的损坏有一个从小到大、从轻到重、由量变到质变的发展过程。因此，对轻微缺陷要及时处理，防止其扩展。

土坝经常性的养护工作包括如下工序。

（1）土坝的表面，如坝顶、防浪墙、坝坡、平台等要经常检查，保持完整。如有塌陷、散浸、隆起、裂缝、兽穴隐患、护坡松动、垫层流失和架空损坏现象，应分析原因，采取措施，并及时修补。

（2）保持土坝坝面纵横向排水沟及岸坡排水沟的清洁完整，及时清除沟内的障碍和淤积物，保证排水畅通，避免坝后坡积水而形成沉降。

（3）保护好各种观测仪器和埋设的设备，以保证观测工作的准确进行。

（4）结合日常工作，检查所采取的修补措施是否起到预期作用；按安全管理的规定，禁止在坝身上堆放大量物料，禁止在土坝附近取土、爆破等。

2. 混凝土、砌石和钢筋混凝土建筑物养护

（1）建筑物表面应经常保持清洁完整，有磨损、冲刷、剥蚀、风化、裂缝等缺陷，应及时修补，防止其继续发展。

（2）建筑物的排水孔及周围的排水沟、排水管、集水井等各种排水系统，均应畅通，如有淤积、堵塞或破坏时，应加以修复、疏通或增设新的排水。

（3）预留伸缩缝的建筑物要定期检查观察伸缩缝的变化，防止杂物卡塞、堵料流失或止水破坏。

（4）对各种观测设备都要做好保护，如有损坏或失效，应及时处理。

（5）对专门的建筑物应有专门的规章制度。如泄洪建筑物泄洪前后的检查，渡槽、倒虹吸管过水前后的检查，混凝土和砌石坝的安全运行规则，厂房、隧洞、涵管、跌水与陡坡、船闸、鱼道等建筑物的检查等均需有专门而又详尽的规定。

3. 钢、木结构的养护

钢结构应定期除锈、涂漆，并检查铆钉、螺栓是否松动，焊缝是否变形。对露天式压力钢管，应检查钢板及焊缝（尤其是叉管段）有无裂纹、渗水现象，铆钉孔及铆接缝处是否有渗漏现象，铆钉头有无损坏，支墩或镇墩混凝土有无裂缝，伸缩节有无漏水等。对于坝内式或隧洞式压力钢管，主要检查钢管与混凝土衬砌段接头处的淘刷、磨损情况，钢管内壁防腐保护层是否完好，管壁锈蚀程度和发展，焊缝及钢板有无裂纹和漏水等现象。对于闸门，应定期启动，以防止泥沙淤积卡死，检查橡皮止水的老化程度，拦污栅清污是否正常，以及闸门的门叶变形、杆件弯曲或断裂、焊缝开裂、铆钉和螺栓松动与脱落、保护涂料剥落等情况。

对于木结构，应尽量保持干燥，定期涂油漆或沥青进行防腐处理，对个别损坏构件应及时更换。

4. 启闭与动力设备的养护

启闭设备包括动力部分、传动部分、制动器、悬吊装置及附属设备，应保持设备

的清洁，防止灰尘、潮湿，并定期检修；传动部分的轴承、联轴器、齿轮、滑轮等，应定期加润滑油，定期清洗，发现问题及时处理。

二、水工建筑物的维修

（一）土坝的维修

土坝常见的破坏主要是土坝的裂缝、渗漏、滑坡等，由于产生的原理和危害程度不同，所采取的处理方法也不同。

土坝裂缝（图 9-14），按其部位可分为表面裂缝、内部裂缝；按产生的原因可分为干缩裂缝、冻融裂缝、横向裂缝和纵向裂缝。一般的处理方法是：①对于细小的干裂缝（龟裂缝）可只进行翻松夯实处理；②将发生裂缝部分的土料全部挖出重新回填处理，适用于缝深度在 2m 之内而且已停止发展的裂缝；③裂缝部位较深的非滑坡性裂缝，可采取充填灌浆处理。

图 9-14 海南万泉河大坝开裂

土坝渗漏（图 9-15），在允许的正常范围是难以避免的。对于可能引起土体渗透破坏和正常蓄水的异常渗漏应及时处理。按渗漏的部位，可分为坝体渗漏、坝基渗漏、接触渗漏和绕坝渗漏；按渗漏的现象，可分为坝体散浸和集中渗漏两种。在查出渗漏的原因后，可按"上截、下排"的原则进行处理。"上截"是指在上游（坝轴线以上）封堵渗漏入口，截断渗漏途径，防止渗入，主要采取抛土和放淤，重做黏土铺盖、黏土斜墙或截水墙、灌浆等垂直和水平防渗措施；"下排"是指在下游采用导渗和滤水措施，使渗水在不带走土颗粒的前提下，迅速排出，以达到渗透稳定的目的。

土坝的滑坡（图 9-16）是指坝坡局部失去稳定，发生滑动，上部坍塌，下部隆起外移。土坝滑坡，有些是突然发生的，有的则是由裂缝开始。滑坡多是由于滑动体的滑动力超过了滑裂面上的抗滑力所致，或由于坝基上的抗剪强度不足因而连同坝基一起滑动。滑坡的产生有勘测设计、施工和运行管理等方面的原因。在管理工作中，首先应预防和消除形成滑坡的因素，防止滑坡发生；当发现有滑坡先兆时，应及时抢护和处理，防止险情恶化；一旦发生滑坡，则应采取可靠措施，恢复并补强坝坡，提高抗滑能力。滑坡的彻底处理方法有开挖回填、放缓坝坡、增设防滑体（如抛石压

图 9-15　湘江大堤管涌和散浸图

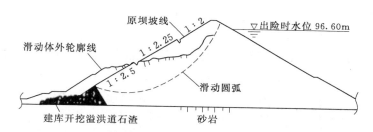

图 9-16　广东省河源新坑水库大坝滑坡剖面示意图

脚、砌石固脚、设镇压台）等。

（二）混凝土、砌石及钢筋混凝土建筑物的维修

1. 表面损坏的维修

水工混凝土、砌石及钢筋混凝土建筑物表面，由于设计考虑不周，施工质量差或管理运用不善和其他因素的影响，会引起不同的损坏，如混凝土表面出现蜂窝、麻面、接缝不平、磨损，冰融和风化引起疏松脱壳（脱落），砌石表面出现的缺损、破裂，以及灰缝和勾缝开裂与剥落等。

表面损坏的原因是多方面的，处理措施也不完全一样。对于因水流边界条件不好引起的表面损坏，主要应采取改善水流边界条件的措施补救，并对已损坏部位进行修补。

对于钢筋混凝土或混凝土建筑物表面损坏，清除损坏部分后，根据不同情况采用不同的修补方法。

（1）当修补面积较大，深度大于 20cm 时，可用普通混凝土、喷混凝土、压浆混凝土或真空作业混凝土回填；深度为 5～20cm，可用喷混凝土或普通混凝土回填；深度为 5～10cm，可用普通砂浆、喷浆或挂网喷浆填补；深度小于 5cm，用预缩砂浆、环氧砂浆或喷浆填补。

（2）当修补面积较小，深度大于 10cm，也可用普通混凝土回填；深度小于 10cm，可用预缩砂浆或环氧砂浆填补；深度在 5cm 左右的小缺陷，可用环氧石膏填补。修补的混凝土强度不得低于原混凝土的强度，水灰比应尽量小。对于砌石表面勾缝剥落，可清除缝内松动的原砂浆体，用水冲洗干净，使之露出砌石，再用高标号水泥砂浆填塞压实，表面抹光。

2. 裂缝的处理

裂缝产生的原因很多，对于表面裂缝，采取的处理方法如下。

（1）表面涂抹，即用水泥浆、水泥砂浆、防水快凝砂浆、环氧基液及环氧砂浆等涂抹在裂缝部位的混凝土（砌石）表面。表面涂抹处理只能用于非溢流表面的堵缝截漏。

（2）表面粘补，即用胶粘剂把橡皮或其他材料粘贴在裂缝部位的混凝土（砌石）表面上，达到封闭裂缝、防渗堵漏的目的。表面粘补主要用于修理裂缝尚未稳定，且对建筑物强度没有影响，尤其用在修补伸缩缝及温度缝时。

（3）凿槽嵌补，即沿裂缝凿一条深槽，槽内嵌填各种防水材料，如环氧砂浆及沥青油膏、干硬性砂浆、聚氯乙烯胶泥、预缩砂浆等，以防止内水外渗或外水内渗。凿槽嵌补主要用于对结构强度没有影响的裂缝。

（4）喷浆修补，即在裂缝部位并已凿毛处理的混凝土表面，喷射一层密实且强度高的水泥砂浆保护层，达到封闭裂缝，防渗堵漏或提高混凝土表面抗冲耐蚀能力的目的。根据裂缝的部位、性质和修理要求等，可采用无筋素喷浆、挂网喷浆、挂网喷浆与凿槽嵌补结合的方法。对于裂缝的内部处理，一般采用钻孔灌浆方法。对于浅缝和某些仅需防渗堵漏的裂缝，可采用骑缝灌浆方法。灌浆材料常用的有水泥和化学材料，视裂缝的性质、开度和施工条件等具体情况而定。对开度大于 0.3mm 的裂缝，一般用水泥灌浆；开度小于 0.3mm 的裂缝，宜采用化学灌浆；渗透流速较大（大于 600m/d）的裂缝或受温度变化影响的裂缝（如伸缩缝），无论开度如何，都宜采用化学灌浆。化学灌浆的材料，视裂缝的性质、开度和干燥情况，有水玻璃、铬木素、丙凝、甲凝、环氧树脂等。其中甲凝多用于较干燥或经处理后无渗水的裂缝补强，能灌细微裂缝，并可在低温下进行灌浆；环氧树脂也多用于较干燥或处理后无渗水裂缝的补强，能灌注 0.3mm 左右的细裂缝。其他材料用于渗水裂缝的堵水止漏。

（三）堤防的维修

堤防是挡水的土工建筑物，它的安全条件与土坝一样，一般的养护和修理的方法也与土坝大致相同。但堤防工程主要是防御流动的洪水，且江、湖、河的水位涨落不易控制，堤身很长，所以堤防的维修有其特殊的一面。

堤防的隐患主要是渗漏（堤身渗漏、接触渗漏和堤基渗漏）及其引起的管涌、岸坡崩塌、堤坡损坏、蚁穴和兽洞等。近年来，在处理堤防的隐患方面应用了许多新的技术和新的材料。堤防的堤基管涌处理方法有垂直防渗技术（包括薄抓斗成槽造墙技术、射水法成槽造墙技术、锯槽造墙技术等）、后压法（即在堤后用吹填技术设盖重）、导渗等。堤防崩岸的治理主要有抛石护脚、铰链混凝土块防护、土工模袋防护、土工织物软体排防护、四面六边透水框架防护等技术。堤身除险加固方法有垂直铺

9-3 ▶

堤防的管理与
维修

塑（用土工防渗膜作为防渗材料）和劈裂灌浆等。

【知识拓展】

以你熟悉的典型工程为例，简要阐述其日常养护内容或某一具体项目的维修方法。

【课后练习】

扫一扫，做一做。

【阶段测试】

扫一扫，做一做。

第九章
练习题

第九章
测试卷

参 考 文 献

［1］ 吴伟民. 水利工程概论［M］. 北京：中国水利水电出版社，2016.

［2］ 吴伟民. 水工建筑物［M］. 郑州：黄河水利出版社，2018.

［3］ 王长运，叶舟. 水利水电工程概论［M］. 郑州：黄河水利出版社，2009.

［4］ 邹冰. 水利工程概论［M］. 2版. 北京：中国水利水电出版社，2006.

［5］ 闫国新. 水利水电工程施工技术［M］. 郑州：黄河水利出版社，2020.

［6］ 中华人民共和国水利部，中华人民共和国国家统计局. 第一次全国水利普查公报［M］. 北京：中国水利水电出版社，2013.

［7］ 中华人民共和国水利部. 防洪标准：GB 50201—2014［S］. 北京：中国计划出版社，2014.

［8］ 水利部水利水电规划设计总院，长江勘测规划设计研究有限责任公司. 水利水电工程等级划分与洪水标准：SL 252—2017［S］. 北京：中国水利水电出版社，2017.

［9］ 中水珠江规划勘测设计有限公司. 混凝土重力坝设计规范：SL 319—2018［S］. 北京：中国水利水电出版社，2018.

［10］ 上海勘测设计研究院有限公司，长江勘测规划设计研究有限责任公司. 混凝土拱坝设计规范：SL 282—2018［S］. 北京：中国水利水电出版社，2018.

［11］ 黄河水利委员会勘测规划设计研究院. 碾压式土石坝设计规范：SL 274—2020［S］. 北京：中国水利水电出版社，2020.

［12］ 水利部水利水电规划设计总院. 混凝土面板堆石坝设计规范：SL 228—2013［S］. 北京：中国水利水电出版社，2013.

［13］ 中国水利水电科学研究院. 橡胶坝工程技术规范：GB/T 50979—2014［S］. 北京：中国计划出版社，2014.

［14］ 国家电力公司中南勘测设计研究院. 溢洪道设计规范：SL 253—2018［S］. 中国水利水电出版社，2018.

［15］ 江苏省水利勘测设计研究院. 水闸设计规范：SL 265—2016［S］. 北京：中国水利水电出版社，2016.

［16］ 中水东北勘测设计研究有限责任公司. 水工隧洞设计规范：SL 279—2016［S］. 北京：中国水利水电出版社，2016.

［17］ 中国水利水电科学研究院. 土石坝安全监测技术规范：SL 551—2012［S］. 北京：中国水利水电出版社，2012.

［18］ 水利部大坝安全管理中心. 混凝土坝安全监测技术规范：SL 601—2013［S］. 北京：中国水利水电出版社，2013.

［19］ 湖北省水利水电勘测设计院. 泵站设计规范：GB 50265—2010［S］. 北京：中国计划出版社，2010.

［20］ 水利部水利水电勘测设计总院，陕西省水利电力勘测设计研究院. 灌溉与排水工程设计标准：GB 50288—2018［S］. 北京：中国计划出版社，2018.

［21］ 陕西省水利电力勘测设计研究院. 灌溉与排水渠系建筑物设计规范：SL 482—2011［S］. 北京：中国水利水电出版社，2011.

［22］ 水利部水利水电勘测设计总院. 堤防工程设计规范：GB 50286—2013［S］. 北京：中国计划出版社，2013.

[23] 长江勘测设计研究院. 水利水电工程施工导流设计规范：SL 623—2017 [S]. 北京：中国水利水电出版社，2017.

[24] 中水东北勘测设计研究有限责任公司. 水利水电工程施工组织设计规范：SL 303—2017 [S]. 北京：中国水利水电出版社，2017.